环境影响评价及其案例分析

朴明月 孙玉伟 主 编

王佳 于梦衍 杜宏学 副主编

清华大学出版社

北京

内 容 简 介

本书以环境要素为主线,系统地介绍了环境影响评价的基本概念、基本理论,以及相关的法律法规、标准体系及环境影响评价的程序和技术方法。本书内容包括环境影响评价的基本概念;环境影响评价制度;工程分析;地表水环境影响评价;地下水环境影响评价;大气环境影响评价;声环境影响评价;生态影响评价;土壤环境影响评价;环境风险评价;污染防治措施。本书不仅注重环境影响评价的基本理论、方法和技术,还注重理论与实践相结合,在部分章节中设有案例分析,以帮助读者了解我国在环境影响评价工作方面的实践。

本书封面贴有清华大学出版社防伪标签,无标签者不得销售。
版权所有,侵权必究。举报:010-62782989,beiqinquan@tup.tsinghua.edu.cn。

图书在版编目(CIP)数据

环境影响评价及其案例分析 / 朴明月,孙玉伟主编;
王佳,于梦衍,杜宏学副主编. -- 北京:清华大学出版
社,2024.8. -- ISBN 978-7-302-66999-9

Ⅰ. X820.3

中国国家版本馆 CIP 数据核字第 2024784W2J 号

责任编辑:颜廷芳
封面设计:刘 键
责任校对:袁 芳
责任印制:杨 艳

出版发行:清华大学出版社
    网 址:https://www.tup.com.cn,https://www.wqxuetang.com
    地 址:北京清华大学学研大厦 A 座   邮 编:100084
    社 总 机:010-83470000   邮 购:010-62786544
    投稿与读者服务:010-62776969,c-service@tup.tsinghua.edu.cn
    质量反馈:010-62772015,zhiliang@tup.tsinghua.edu.cn
    课件下载:https://www.tup.com.cn,010-83470410
印 装 者:三河市龙大印装有限公司
经 销:全国新华书店
开 本:185mm×260mm   印 张:12.75   字 数:283 千字
版 次:2024 年 9 月第 1 版   印 次:2024 年 9 月第 1 次印刷
定 价:39.00 元

产品编号:104701-01

FOREWORD 前·言

　　随着我国社会经济的不断发展,人类生活对于自然环境的损害也随之增大。为了实现经济的可持续发展,我国提出了可持续发展战略。可持续发展战略的提出表明我国已经将环境问题提升到了国家层面。可持续发展战略指的是如何正确处理发展与环境之间存在的相互关系。在可持续发展战略中,环境影响评价是一项能够起到预防和遏制环境问题突发的有效机制。环境影响评价制度具有从源头防止环境污染和生态破坏的重要作用,是环境保护参与综合决策的重要途径。2003 年《中华人民共和国环境影响评价法》(简称《环境影响评价法》)的实施确立了环境影响评价这一环境管理制度的法律地位,是我国环境影响评价制度发展的里程碑。在《环境影响评价法》实施的 20 年间,从项目环境影响评价到规划环境影响评价,再到大区域战略环境影响评价与政策环境影响评价,我国环境影响评价制度实现了飞跃性发展。

　　本书结合最新的环境影响评价相关文件,系统地介绍了环境影响评价的概念、程序和工作流程。内容主要包括环境影响评价的基本概念、环境影响评价制度、工程分析、地表水环境影响评价、地下水环境影响评价、大气环境影响评价、声环境影响评价、生态影响评价、土壤环境影响评价、环境风险评价以及污染防治措施。同时在每一个环境要素和工程分析的章节中均有案例分析。本书可以作为普通高等学校环境类专业的本科教材,也可以作为环境类专业的研究生教学参考书,还可以供生态环境部门、科研机构的人员参阅。

　　本书编写分工如下:朴明月编写第三～第九章,孙玉伟编写第十一章,王佳编写第一、二章,于梦衍和杜宏学编写第十章。全书由主编朴明月统稿审校。此外,毛永欣、谢锦源也参与了部分章节资料的收集和整理工作。

　　在本书编写过程中,我们得到了吉林师范大学相关领导的关心和指导,获得了吉林师范大学教材出版基金的资助。

　　限于编者学识和文字水平,书中难免有疏漏之处,请读者批评、指正。

编　者
2024 年 3 月

目 录

环境影响评价的基本概念

环境影响评价是一门交叉性十分强的学科,也是一门技术性很强的学科。它是强化环境管理的有效手段之一,对确定经济发展方向和环境保护措施等一系列重大决策都有重要作用。充分了解环境影响评价的概念及相关层次,有助于更好地理解这门学科,同时更好地理解学习这门学科的意义。

一、环境影响评价

环境影响评价这一概念是在 1964 年加拿大召开的国际环境质量评价会议上首次提出的,是在人们认识到环境质量的优劣取决于人们对环境产生的影响,仅仅事后评价并无法保证其质量后,而提出的一个新概念。环境影响评价是指对拟议中的建设项目、区域开发计划、规划和国家政策实施后可能对环境产生的影响(或后果)进行的系统性识别、预测和评估,其根本目的是鼓励在规划和决策中考虑环境因素,使人类活动更具环境相容性。

各国对环境影响评价概念的解释并不完全一致,百科大词典中的解释是:"环境影响评价是为规划与决策服务的一项政策和管理手段,是识别、预测和评估拟议的开发项目、规划和政策的可预见的环境影响。"环境影响评价的研究结果可以帮助决策者和公众确定项目能否建设、以什么样的方式建设。环境影响评价并不做出决策,但对于决策者而言却是必须的。

我国在《环境影响评价法》中的解释是:"本法所称环境影响评价是指对规划和建设项目实施后可能造成的环境影响进行分析、预测和评估,提出预防或者减轻不良环境影响的对策和措施,进行跟踪监测的方法与制度。"这说明我国环境影响评价的对象包括规划和建设项目,而不包括政策。

二、环境影响评价的分层体系

最早规定环境影响评价对象的是美国《国家环境政策法》,它规定了应对联邦机构拟采取的主要"行动"可能产生的环境影响进行评估,其后,环境质量委员会对所谓的"行动"进行了解释,明确指出可以将其分成四类,即政策、计划、规划和项目,具体如下。

(一) 政策

政策包括法规、规章,以及依照管理程序法做出的各种解释;公约或国际性的协议、协约;会导致联邦机构的计划或引起现有计划改变的有关政策性的正式文件。

(二) 计划

计划包括联邦机构提出的或批准的、指导或规定联邦资源的使用方式的正式文件,根据这些计划,联邦机构会采取进一步的行动。

(三) 规划

规划包括实施某项政策或计划的一系列的行动;联邦机构为实施某项法规或行政指令而作出的对机构资源进行分配的一系列决定。

(四) 项目

项目即在特定的地域范围内的建设或管理活动,包括通过颁发许可证而批准的建设活动,以及其他的管理决策。

在这四个层次的"行动"中,项目层次的环境影响评价很快被许多国家采用,如瑞典、加拿大、澳大利亚、马来西亚等。我国也在 1979 年颁布的《中华人民共和国环境保护法(试行)》中以法律的形式正式规定了实施环境影响评价制度,但也只是针对建设项目。

这种状况在某种程度上造成了一种误解,即以为环境影响评价只是针对建设项目这一层次。随着许多学者认识到在战略层次上开展环境影响评价的必要性,战略环境评价的概念被提出,并且将其定义为在政策、计划和规划三个层次上的应用。通常来说,政策、计划和规划三个决策层之间并没有明确的界限,各国对其理解也偏差较大。其中,国际影响评价协会建议将其分别定义为:政策,指导性的意向(有明确的目标和优先的考虑),实际的或拟议的指令;计划,实施一般的或特定的一系列活动的战略或设计;规划,拟议的任务,在特定的部门或政策领域实施的活动或计划的手段。

在内容上,规划环境影响评价又可以大致地划分为两个方面:部门规划(或行业规划和专项规划)和区域性规划(或空间规划和土地利用规划)。

实际上,由于决策体系的不同,以及语言习惯的不同,这些概念的含义往往差别很大,尤其是对于"计划"和"规划",在许多国家是可以互换的。中文中的"计划"和"规划"并没有明确的界限,于是现在比较公认的方法是把它们统称为"规划环境影响评价"。同时,由于战略环境评价目前主要是应用在开发计划和规划上,政策层次的应用还很不普遍,因此,目前许多有关战略环境评价的研究内容实际上都属于规划环境影响评价范畴。重新定义后的环境影响评价分层体系如图 1.1 所示。

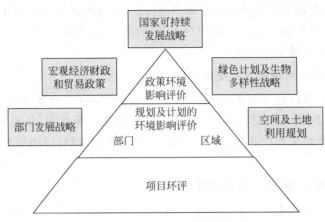

图 1.1 环境影响评价分层体系

规划环境影响评价的对象,应主要是区域发展规划及产业发展规划等,以便在规划决策中充分考虑其可能带来的显著环境影响,采取相应的对策及发展替代方案,从而克服单一建设项目环境影响评价存在的缺陷,更好地满足经济与环境协调发展的要求。我国的规划环境影响评价分为两个层次,上一层是综合性规划和专项规划中的指导性规划,这一层的规划综合性更强,决策层次更高。在现行的法规体系中,要求编制环境影响篇章或说明;下一层则是专项规划,规划的经济活动更具体,范围相对较小。在现行的法规体系中,要求编制环境影响报告书。规划环境影响评价是承上启下的环境影响预防性准入制度,对上衔接区域"三线一单"成果,论证规划确定的产业定位、发展规模和功能布局等的环境合理性,对下细化生态环境准入清单管控要求,为项目环境影响评价提供准入指导。规划环境影响评价应充分发挥优化空间开发布局、推进区域(流域)环境质量改善以及推动产业转型升级的作用,并在执行相关技术导则和技术规范的基础上,将空间管制、总量管控和环境准入作为评价成果的重要内容。

三、环境影响评价的意义

环境影响评价是一门技术性很强的学科,是强化环境管理的有效手段,对确定经济发展方向和环境保护措施等一系列重大决策都有重要作用,具体表现在以下几个方面。

(一)保证开发活动选址和布局的合理性

合理的经济布局是保证环境与经济持续发展的前提条件,而不合理的布局则是造成环境污染的重要原因。环境影响评价是从开发活动所在地区的整体出发,考察开发活动的不同选址和布局对区域整体的不同影响,并进行比较和取舍,选择最有利的方案,以保证建设活动选址和布局的合理性。

(二)指导环境保护措施的设计,强化环境管理

一般来说,开发建设活动和生产活动都要消耗一定的资源,给环境带来一定的污染与破坏,因此必须采取相应的环境保护措施。环境影响评价是针对具体的开发建设活动

或生产活动,综合考虑开发活动的特征和环境特征,通过对污染治理设施的技术、经济和环境论证,得到相对最合理的环境保护对策和措施,从而把因人类活动而产生的环境污染或生态破坏限制在最小范围内。

(三)为区域的社会经济发展提供导向

环境影响评价可以通过对区域的自然条件、资源条件、社会条件和经济发展状况等进行综合分析,掌握该地区的资源、环境和社会承受能力等状况,从而对该地区发展方向、发展规模、产业结构和产业布局等作出科学的决策和规划,以指导区域活动,实现可持续发展。

(四)推进科学决策、民主决策进程

环境影响评价是在决策的源头考虑环境的影响,并要求开展公众参与,充分征求公众的意见,其本质是在决策过程中加强科学论证,强调公开、公正,因此对我国决策民主化、科学化具有重要的推进作用。

(五)促进相关环境科学技术的发展

环境影响评价涉及自然科学和社会科学等广泛领域,包括基础理论研究和应用技术开发。环境影响评价工作中遇到的问题,必然是对相关环境科学技术的挑战,进而可以推动相关环境科学技术的发展。

四、环境影响评价的原则

环境影响评价工作应突出其源头预防作用,坚持保护和改善环境质量。

(一)依法评价

环境影响评价过程中应贯彻执行我国环境保护相关的法律法规、标准、政策,分析建设项目与环境保护政策、资源能源利用政策、国家产业政策和技术政策等有关政策及相关规划的相符性,并关注国家或地方在法律法规、标准、政策、规划及相关主体功能区划等方面的新动向。

(二)科学评价

规范环境影响评价方法,科学分析项目建设对环境质量的影响,为决策提供科学依据。

(三)突出重点

根据建设项目的工程内容及其特点,明确与环境要素间的作用效应关系,根据规划环境影响评价的结论和审查意见,充分利用符合时效的数据资料及成果,对建设项目主要环境影响予以重点分析和评价。

五、环境影响评价的程序

环境影响评价程序分为管理程序和工作程序。

(一)我国环境影响评价管理程序

我国并没有专门的文件规定环境影响评价管理程序,但是在实践中参考了国际通行的流程,建设项目的环境影响评价也是从分类管理、分级审批,即筛选开始的。建设方应根据最新的分类管理和分级审批的文件要求,自行明确编制环境影响评价文件(包括报告书、报告表、登记表)的类型及审批部门,可自主或委托具有环境影响评价文件编制经验的技术单位开展环境影响评价文件的编制工作,期间,需开展公众参与,调查公众的意见。环境影响评价文件需经生态环境部门评估或开展专家评审后出具评估意见,再报审批部门审批。建设方获得批文后方能施工,在施工结束后自主开展环保设施竣工验收工作,完成竣工验收报告(监测报告、调查报告)后方可正式投产,并需在正式运营期间开展跟踪评价和后评价。环境影响评价管理程序如图 1.2 所示。

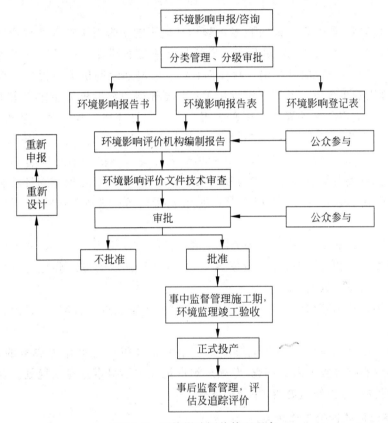

图 1.2　环境影响评价管理程序

在环境影响评价审批过程中,需以环境影响评价文件为载体。原环境保护部 2009 年3 月 1 日修改颁布的《建设项目环境影响评价文件审批程序规定》中,明确规定了环境影响评价文件从申请与受理,审查,到最后批准的审批程序。

1. 申请与受理

建设单位按照《建设项目环境影响评价分类管理名录》的规定,组织编制环境影响报告书、环境影响报告表或者填报环境影响登记表,向环保部门提出申请,提交材料。

2. 审查

生态环境部门受理建设项目环境影响报告书后,认为需要进行技术评估的,由环境影响评估机构对环境影响报告书进行技术评估,组织专家评审。评估机构一般应在30日内提交评估报告,并对评估结论负责。

3. 批准

经审查通过的建设项目,生态环境部门作出予以批准的决定,并书面通知建设单位;对不符合条件的建设项目,生态环境部门作出不予批准的决定,书面通知建设单位,并说明理由。

我国的规划环境影响评价实行审查制而非审批制,且仅对专项规划的环境影响报告书开展审查,环境影响的篇章或者说明则作为规划草案的组成部分直接报送规划审批机关。

规划环境影响评价审查办法由《专项规划环境影响报告书审查办法》(原国家环境保护总局第18号令,2003年)、《关于进一步规范专项规划环境影响报告书审查工作的通知》(环办〔2007〕140号)加以规定。具体而言:专项规划编制机关在报批专项规划草案时,应将环境影响报告书一并附送审批机关;专项规划的审批机关在作出审批专项规划草案的决定前,应当将专项规划环境影响报告书送同级环境保护行政主管部门,由同级环境保护行政主管部门会同专项规划的审批机关对环境影响报告书进行审查。

环境保护行政主管部门应当自收到专项规划环境影响报告书之日起30日内,会同专项规划审批机关召集有关部门代表和专家组成审查小组,对专项规划环境影响报告书进行审查;审查小组应当采取会议等形式进行,必要时可以进行现场踏勘,并提出书面审查意见。

参加审查小组的专家,应当从国务院环境保护行政主管部门规定设立的环境影响评价审查专家库内的相关专业、行业专家名单中,以随机抽取的方式确定。专家人数应当不少于审查小组总人数的1/2。

环境保护行政主管部门应在审查小组提出书面审查意见之日起10日内将审查意见提交专项规划审批机关。

专项规划审批机关应当将环境影响报告书结论及审查意见作为决策的重要依据。专项规划环境影响报告书未经审查,专项规划审批机关不得审批专项规划。在审批中未采纳审查意见的,应当作出说明,并存档备查。

(二)环境影响评价工作程序

我国环境影响评价的主要技术工作由环境影响评价机构完成。对于环境影响评价机构而言,环境影响评价的工作是从接受建设单位委托开始的,直至环境影响评价文件报批结束。环境影响评价工作一般分为三个阶段,即调查分析和工作方案制定阶段,分析论证和预测评价阶段,环境影响报告书(表)编制阶段,具体工作程序如图1.3所示。

环境影响评价工作主要体现在环境影响报告书的编制上,因为环境影响评价程序中各环节的内容都会反映到环境影响报告书中。环境影响报告书的内容一般包括概述、总则、建设项目工程分析、环境现状调查与评价、环境影响预测与评价、环境保护措施及其可行性论证、环境影响经济损益分析、环境管理与监测计划、环境影响评价结论和附录附件等内容。编写报告书时,文字应简洁、准确,文本应规范,计量单位应标准化,数据应真

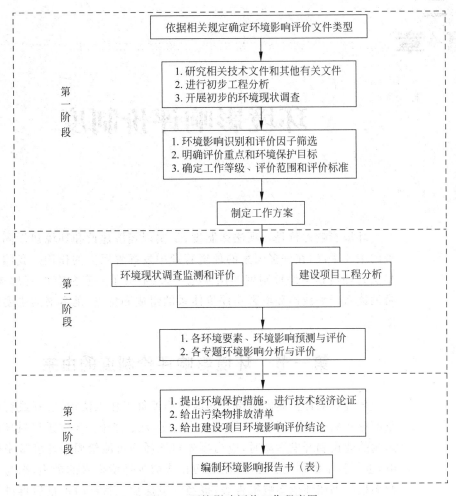

图 1.3 环境影响评价工作程序图

实、可信,资料应翔实,应强化对先进信息技术的应用,图表信息应满足环境质量现状评价和环境影响预测评价的要求。

环境影响报告表应采用规定格式,可根据工程特点、环境特征,有针对性地突出环境要素或设置专题开展评价。

环境影响报告书(表)内容涉及国家秘密的,应按国家涉密管理有关规定进行处理。

思 考 题

(1) 如何理解我国环境影响评价分层体系间的对应关系?
(2) 如何理解环境影响评价对环境污染的预防意义?

环境影响评价制度

环境影响评价是一项法律制度,是实现经济建设和环境建设同步发展的主要手段,在许多国家的环境管理中发挥着巨大的作用。我国是最早实施环境影响评价制度的国家之一,已形成了一套独有的管理体系。帮助读者了解我国环境影响评价体系的组成和特点,是本书的主要目标之一。

第一节　环境影响评价制度的由来

环境影响评价制度是指把环境影响评价工作以法律、法规或行政规章的形式确定下来,从而必须遵守的制度,是法律中关于在进行对环境有影响的建设和开发活动时,应当事先对该活动可能给周围环境带来的影响,进行科学的预测和评估,制定防止或减少环境损害的措施,编写环境影响报告书或环境影响报告表,报经环境保护主管部门审批后再进行设计和建设的各项规定的总称。

1969 年美国颁布《国家环境政策法》,要求所有的联邦机构必须对拟采取的"行动"可能产生的环境影响进行全面和充分分析。该项法案自1970 年 1 月 1 日起实施,从此环境影响评价成为一个系统化、程序化的制度,许多国家和国际性组织(如世界银行等)先后采纳了该项制度,以在决策拟议的行动方案能否实施前,充分考虑其可能产生的环境影响并提出能够缓解此类影响的措施。

在美国制定环境影响评价制度后,许多国家和组织纷纷效仿,如1970 年世界银行设立环境与健康事务办公室,对其每个投资项目的环境影响作出审查和评价;瑞典(1970 年)、苏联(1972 年)、加拿大(1973 年)、澳大利亚(1974 年)、马来西亚(1974 年)、德国(1976 年)、菲律宾(1979 年)、泰国(1979 年)等也相继建立了环境影响评价制度;1974 年联合国环境规划署与加拿大环境部在加拿大联合召开了第一次环境影响评价会议;1984 年 5 月联合国环境规划署理事会在第 12 届会议中,建议组织各国环境影响评价专家进行环境影响评价研究,为各国开展环境影响评价提供了方法和理论基础;1987 年 6 月联合国环境规划署理事会作出"关于环境影响评价的目标和原则"的第 14/25 号决议;1992 年联合国环境与发展大会在里约热内卢召开,《里约环境与发展宣言》原则十七宣告:"对于拟议中可能对环境产生重大不利影响的活动,应进行环境影响评价,并作为一项国家手段,应由国家主管部门作出决定。"这标志着环境影响评价作为一项有效的支持可持续发展的手段,已得到国际社会的普遍认可,目前已有 100 多个国家建立了环境影响评价制度。

第二节　我国环境影响评价制度的发展

由于历史的原因,我国的环境保护工作开始于 20 世纪 70 年代,而环境影响评价一直是其重要的组成部分。我国环境影响评价的发展历程,基本与环境保护工作的发展历程一致,可大致分为五个阶段。

一、准备阶段（20 世纪 70 年代）

1973 年 8 月,第一次全国环境保护会议在北京召开,会议通过的"全面规划、合理布局、综合利用、化害为利、依靠群众、大家动手、保护环境、造福人民"的环境保护工作方针初步孕育了环境影响评价的思想。此后,在我国一些大城市中,开展了区域性的环境质量的现状评价。1979 年 9 月,我国颁布了《中华人民共和国环境保护法（试行）》,该法以法律的形式正式规定了我国实施环境影响评价制度。

二、发展阶段（20 世纪 80 年代）

1981 年颁布的《基本建设项目环境保护管理办法》对环境影响评价的适用范围、评价内容、工作程序等作了较为明确的规定,把环境影响评价制度纳入基本建设项目审批程序中。1986 年 3 月颁布的《建设项目环境保护管理办法》(国环字第 003 号)对建设项目环境影响评价的范围、程序、审批和报告书(表)编制格式都作了明确规定,并于同年颁布《建设项目环境影响评价证书管理办法(试行)》,开始对从事环境影响评价的单位进行资质审查。随后,国家环保局陆续颁布了《关于建设项目环境管理问题的若干意见》(1988 年)、《关于建设项目环境影响报告书审批权限问题的通知》(1986 年)、《建设项目环境影响评价证书管理办法》(1989 年)、《关于颁发建设项目环境影响评价收费标准的原则与方法(试行)的通知》(1989 年)等一系列文件,细化了我国环境影响评价制度的实施办法。同时,大中型建设项目的环境影响评价工作稳步开展,到该阶段后期,基本做到了90％以上的执行率。

1989 年,《中华人民共和国环境保护法》正式颁布,其中第三条规定:"建设污染环境的项目,必须遵守国家有关建设项目环境管理的规定。"该法还规定:"建设项目的环境影响报告书,必须对建设项目产生的污染和对环境的影响作出评价,规定防治措施,经项目主管部门预审,并依照规定的程序报环境保护行政主管部门批准。环境影响报告书经批准后,计划部门方可批准建设项目设计任务书。"这从法律上进一步确定了环境影响评价制度的设立。

三、完善阶段（20 世纪 90 年代）

《中华人民共和国环境保护法》正式颁布后，我国的环境保护工作全面步入规范化阶段，建设项目的环境影响评价制度也日渐成熟。环保部门于 1990 年 6 月颁布了《建设项目环境保护管理程序》，进一步明确了建设项目环境影响评价的管理程序和审批资格。1993 年开始颁布一系列的环境影响评价技术导则，从技术上规范环境影响评价的工作，使环境影响报告书的编制有章可循。1998 年，国务院发布实施《建设项目环境保护管理条例》，提升了我国环境影响评价制度的法律地位，进一步对环境影响评价做出了明确的规定。为了配合该法规条例的贯彻落实，原国家环境保护总局还陆续公布了《建设项目环境影响评价资格证书管理办法》《建设项目环境保护分类管理名录》《关于执行建设项目环境评价制度有关问题的通知》等，使得我国在建设项目层次上的环境影响评价制度日渐完善。

四、提高阶段（21 世纪初期）

2002 年 10 月 28 日，第九届全国人大常委会第三十次会议讨论通过了《中华人民共和国环境影响评价法》（以下简称《环境影响评价法》），并于 2003 年 9 月 1 日开始实施。《环境影响评价法》一方面标志着我国环境影响评价制度法律地位的进一步提高，另一方面将环境影响评价的范围从建设项目扩大到政府规划，在历经四年的讨论、修改后最终获得通过，标志着我国环保事业的历史性突破，也展现了我国在政府决策层次关注环境影响、实现科学发展的决心。《环境影响评价法》实施后，环保主管部门抓住机遇，先后掀起了三次"环境影响评价风暴"，使得环境影响评价的社会认知度迅速提高，进一步促进了我国环境影响评价制度的良性发展。该阶段在深入完善建设项目环境影响评价的同时，还开展了规划环境影响评价的试点、推广，在交通规划、工业发展规划、农业发展规划等领域取得了长足的进步，尤其是 2009 年 8 月 12 日国务院第 76 次常务会议通过的《规划环境影响评价条例》，进一步完善了规划环境影响评价的法规体系，强化了规划环境影响评价在环境管理体系中的作用，使得环境影响评价工作向不断提高的方向发展。

五、改革阶段（党的十八大后）

2012 年 11 月 8 日，党的十八大召开以后，政府开始改变行政审批过多的管理方式。环境影响评价尽管依旧是行政审批必不可少的，但在简政放权的大势下，也开展了全方位的改革。此外，2014 年 11 月中央第三巡视组进驻生态环境部，开展了重拳打击腐败的专项巡视，发现了建设项目环境影响评价中存在的大量腐败问题，这也迫使环保管理部门加大审批制度改革。2016 年 7 月 2 日第十二届全国人民代表大会常务委员会第二十一次会议修订了《环境影响评价法》，弱化了行政审批、强化了规划环境影响评价、加大了未批先建的处罚力度。同年 7 月 15 日，生态环境部发布了"关于印发《'十三五'环境影响评价改革实施方案》的通知"，具体部署了改革的任务，以进一步完善环境影响评价制度。2018 年 12 月 29 日，第十三届全国人民代表大会常务委员会第七次会议第二次修正

《环境影响评价法》,取消了建设项目环境影响评价资质行政许可事项,进一步体现了政府职能转变,把"放管服"作为全面深化改革的重要内容。

第三节 我国环境影响评价制度的组成

我国环境管理体系确立之初,制定的环境保护三大基本政策是:预防为主、谁污染谁治理、强化环境监督管理;形成的八项制度包括:环境影响评价制度、"三同时"制度、排污收费制度、环境保护目标责任制度、城市环境综合整治定量考核制度、排污许可证制度、污染集中控制制度、污染限期治理制度。其中环境影响评价制度和"三同时"制度是体现"预防为主"政策的基本管理手段,两者紧密配合,起到从源头控制污染的作用,"三同时"制度实际上是环境影响评价制度的竣工验收阶段。随着新《环境保护法》的实施,环境保护的原则扩展为"保护优先、预防为主、综合治理、公众参与、损害担责",环境管理制度也得到了进一步的完善,环境影响评价在新时代的环境管理制度体系中仍占据重要位置。

我国环境影响评价制度是由一系列的法律、法规、行政规章、标准等组成的,总体上可以分为法规体系和标准体系两大部分。

一、法规体系

我国环境影响评价法规体系包括宪法、环境保护基本法、单项法、行政法规、部门规章、地方性法规和规章,以及缔结和签署的国际公约和签订的国际条约等。这些层次之间的关系是:法律的效力高于法规、后法的效力优于前法、地方性法规不得违背国家法律法规、国际法与国内法不一致时执行国际法(国内法或签署时有保留或声明的除外)。

(一)宪法中的有关规定

《中华人民共和国宪法》(1982年)有关环境保护的条款有两条。第九条规定:"国家保障自然资源的合理利用,保护珍贵的动物和植物。禁止任何组织或者个人用任何手段侵占或者破坏自然资源。"第二十六条规定:"国家保护和改善生活环境和生态环境,防治污染和其他公害。"

这些规定是制定环境保护法律法规的依据,是我国环境保护工作的最高准则,也是确定环境影响评价制度的最根本的法律依据和基础。2018年通过的《中华人民共和国宪法修正案》更是将"生态文明"写入宪法,这标志着我国将深入贯彻绿色发展理念,进一步从源头加强环境保护。

(二)环境保护基本法中的规定

《中华人民共和国环境保护法》是我国环境保护的基本法,在环境法律体系中占有核心地位,它对环境保护的重大问题作出了全面的原则性规定,是其他单项环境立法的依据。该法1979年实施试行版后于1989年12月26日第七届全国人民代表大会常务委员会第十一次会议通过正式施行,在实施25年后于2014年4月24日经第十二届全国人民代表大会常务委员会第八次会议修订通过,并于2015年1月1日正式实施修订版。有关环境影响评价的条款在该法中扩充为三条。

第十四条："国务院有关部门和省、自治区、直辖市人民政府组织制定经济、技术政策,应当充分考虑对环境的影响,听取有关方面和专家的意见。"

第十九条："编制有关开发利用规划,建设对环境有影响的项目,应当依法进行环境影响评价。未依法进行环境影响评价的开发利用规划,不得组织实施;未依法进行环境影响评价的建设项目,不得开工建设。"

第四十一条："建设项目中防治污染的设施,应当与主体工程同时设计、同时施工、同时投产使用。防治污染的设施应当符合经批准的环境影响评价文件的要求,不得擅自拆除或者闲置。"

(三)单项法中的规定

环境保护单项法是以保护自然资源和防治环境污染为宗旨的一系列单行法律,包括污染防治单项法、生态保护单项法、环境制度实施法等。

我国环境影响评价制度最核心的单项法是《中华人民共和国环境影响评价法》《中华人民共和国水污染防治法》《中华人民共和国大气污染防治法》《中华人民共和国土壤污染防治法》《中华人民共和国固体废物污染环境防治法》《中华人民共和国环境噪声污染防治法》《中华人民共和国放射性污染防治法》《中华人民共和国海洋环境保护法》。

(四)环境保护行政法规

国务院已制定 100 多部防治环境污染、环境破坏以及保护和合理利用自然资源的行政法。环境保护行政法规包括条例、实施条例、实施细则等,其中 1998 年颁布的国务院第 253 号令《建设项目环境保护管理条例》标志着环境影响评价制度在法律层次上的提升。该条例涵盖了建设项目的环境影响评价和"三同时"要求。2017 年 6 月 21 日国务院第 177 次常务会议通过了《国务院关于修改"建设项目环境保护管理条例"的决定》,不仅删除了对环境影响评价单位的资质管理、环境影响评价前置预审、试生产,以及环保设施竣工验收的审批规定,还将环境影响登记表由审批制改为备案制,充分落实了行政审批制度改革,大力推进了简政放权政策。

此外,2009 年 8 月国务院第 76 次常务会议通过了《规划环境影响评价条例》,该条例在《中华人民共和国环境影响评价法》的基础上,从评价、审查和跟踪评价三个方面对规划环境影响评价进行了具体规定,是进一步落实规划环境影响评价、推进科学化决策的重要法规依据。

(五)环境保护的部门规章

我国生态环境行政主管部门先后颁布了众多的部门规章,具体规范、指导我国环境影响评价的程序和方法,成为构成环境影响评价制度的主体。具体包括:《环境影响评价公众参与办法》(2018-07-16)、《建设项目环境影响评价分类管理名录》(2018-04-28)、《建设项目环境影响后评价管理办法(试行)》(2016-01-01)、《建设项目环境影响评价文件审批程序规定》(2005-11-23)、《建设项目环境影响评价文件分级审批规定》(2009-01-16)、《建设项目环境影响评价行为准则与廉政规定》(2009-01-16)、《专项规划环境影响报告书审查办法》(2003-10-08)、《环境影响评价审查专家库管理办法》(2003-06-17)等。

二、标准体系

我国的环境影响评价标准体系分为两级,六大类。两级是指国家和地方两级,六大类包括环境质量标准、污染物排放标准、环境基础标准、环境方法标准、环境标准样品标准、环保仪器设备标准。这些标准根据执行效力又分为强制性标准和推荐性标准两种。

(一)环境质量标准

环境质量标准是指在一定时间和空间范围内,对各种环境介质(大气、水、土壤等)中的有害物质和因素所规定的容许容量和要求,是衡量环境是否受到污染的尺度,是有关部门进行环境管理、制定污染排放标准的依据。如《地表水环境质量标准》(GB 3838—2002)、《地下水质量标准》(GB/T 14848—2011)、《海水水质标准》(GB 3097—1997)、《环境空气质量标准》(GB 3095—2012)、《声环境质量标准》(GB 3096—2008)、《土壤环境质量　农用地土壤污染风险管控标准(试行)》(GB 15618—2018)、《土壤环境质量　建设用地土壤污染风险管控标准(试行)》(GB 36600—2018)、《生活饮用水卫生标准》(GB 5749—2006)等。

(二)污染物排放标准

污染物排放标准是根据环境质量要求,结合环境特点和社会、经济、技术条件,对污染源排入环境的有害物质和产生的有害因素所做的控制标准,或者说是排入环境的污染物和产生的有害因素的允许的限值或排放量(浓度)。它对于直接控制污染源、防治环境污染、保护和改善环境质量具有重要作用,是实现环境质量目标的重要手段。如:《污水综合排放标准》(GB 8978—1996)、《大气污染物综合排放标准》(GB 16297—1996)、《城镇污水处理厂污染物排放标准》(GB 18918—2002)、《石油炼制工业污染物排放标准》(GB 31570—2015)、《火电厂大气污染物排放标准》(GB 13223—2011)、《锅炉大气污染物排放标准》(GB 13271—2014)、《恶臭污染物排放标准》(GB 14554—1993)、《生活垃圾焚烧污染控制标准》(GB 18485—2014)、《生活垃圾填埋场污染控制标准》(GB 16889—2008)、《危险废物焚烧污染控制标准》(GB 18484—2020)、《一般工业固体废物贮存和填埋污染控制标准》(GB 18599—2020)、《工业企业厂界环境噪声排放标准》(GB 12348—2008)、《社会生活环境噪声排放标准》(GB 22337—2008)、《建筑施工场界环境噪声排放标准》(GB 12523—2011)、《制药工业大气污染物排放标准》(GB 37823—2019)、《石油化学工业污染物排放标准》(GB 31571—2015)等。

污染物排放标准分为综合性标准和行业排污标准,二者不交叉执行,有行业标准的优先执行行业标准。

(三)环境基础标准

环境基础标准是在环境保护工作范围内,对有指导意义的有关名词术语、符号、指南、导则等所做的统一规定。它在环境标准体系中处于指导地位,是制定其他环境标准的基础。如《建设项目环境影响评价技术导则　总纲》(HJ 2.1—2016)、《环境影响评价技术导则　地表水环境》(HJ 2.3—2018)、《环境影响评价技术导则　地下水环境》(HJ 610—2016)、《环境影响评价技术导则　大气环境》(HJ 2.2—2018)、《环境影响评价

技术导则　土壤环境(试行)》(HJ 964—2018)、《环境影响评价技术导则　声环境》(HJ 2.4—2009)、《环境影响评价技术导则　生态影响》(HJ 19—2022)、《规划环境影响评价技术导则　总纲》(HJ 130—2014)、《规划环境影响评价技术导则　产业园区》(HJ 131—2021)、《建设项目环境风险评价技术导则》(HJ 169—2018)、《环境影响评价技术导则　城市轨道交通》(HJ 453—2018)、《环境影响评价技术导则　钢铁建设项目》(HJ 708—2014)、《建设项目竣工环境保护验收技术规范》(HJ 792—2016)等。

(四)环境方法标准

环境方法标准是环境保护工作中,以试验、分析、抽样、统计、计算等方法为对象而制定的标准,是制定和执行环境质量标准和污染物排放标准、实现统一管理的基础。如《制订地方水污染物排放标准的技术原则和方法》(GB 3839—1983)、《集中式饮用水水源地环境保护状况评估技术规范》(HJ 774—2015)、《水质乙腈的测定直接进样/气相色谱法》(HJ 789—2016)、《制定地方大气污染物排放标准的技术方法》(GB/T 3840—1991)、《环境空气质量指数(AQI)技术规定(试行)》(HJ 633—2012)、《固定污染源废气铅的测定火焰原子吸收分光光度法》(HJ 685—2014)、《声环境功能区划分技术规范》(GB/T 15190—2014)、《环境噪音监测技术规范　城市声环境常规监测》(HJ 640—2012)、《建筑施工场界噪声测量方法》(GB 12524—1990)、《固体废物有机物的提取　加压流体萃取法》(HJ 782—2016)等。

(五)环境标准样品标准

环境标准样品标准是对环境标准样品必须达到的要求所做的规定。环境标准样品是环境保护工作中,用来标定仪器、验证测量方法、进行量值传递或质量控制的标准材料或物质,如《水质 COD 标准样品》(GSBZ 500001—1988)、《空气监测标样　三氧化硫(甲醛法)》(GSBZ 50037—1995)、《大气试验粉尘标准样品模拟大气尘》(GB 13270—1991)、《土壤 ESS-1 标准样品》(GSBZ 500011—1987)等。

(六)环保仪器设备标准

为了保证污染物监测仪器所监测数据的可比性和可靠性,以保证污染治理设备运行的各项效率,对有关环境保护仪器设备的各项技术要求也编制了统一的规范和规定,均为环保仪器设备标准。如《六价铬水质自动在线监测仪技术要求》(HJ 609—2011)、《溶解氧(DO)水质自动分析仪技术要求》(HJ/T 99—2003)、《环境空气和废气总烃、甲烷和非甲烷总烃便携式监测仪技术要求及检测方法》(HJ 1012—2018)、《污染源在线自动监控(监测)数据采集传输仪技术要求》(HJ 477—2009)、《汽油车稳态工况法排气污染物测量设备技术要求》(HJ/T 291—2006)等。

第四节　我国环境影响评价制度的特点

经过 40 年的发展,我国的环境影响评价制度在吸收国外经验的基础上,不断适应具有中国特色社会主义制度和改革开放的国情,形成了鲜明的特点。

一、具有法律强制性和明确的法律责任

我国的环境影响评价制度是由一系列法律法规和部门规章组成的,具有完整的法律体系,是由《中华人民共和国环境保护法》《环境影响评价法》《建设项目环境保护管理条例》《规划环境影响评价条例》等法规体系明令规定的一项法律制度,以法律形式约束人们必须遵照执行,具有不可违抗的强制性。

《环境影响评价法》中明确了环境影响评价制度中各涉及单位的法律责任,包括规划编制机关、规划审批机关、建设单位、建设项目审批部门、环境影响评价技术单位、生态环境主管部门或者其他相关部门等应承担的法律责任。

二、评价对象和范围拓宽

我国环境影响评价制度确立之初,其适用范围是对环境有影响的建设项目,一系列的法律法规、相关规定都是针对建设项目的。在 2002 年《环境影响评价法》出台之后,环境影响评价的范围扩展到了对环境有影响的规划,总则第一条即指出:"为了实施可持续发展战略,预防因规划和建设项目实施后对环境造成的不良影响,促进经济、社会和环境的协调发展,制定本法。"第三条进一步明确了环境影响评价制度的适用对象为:"编制本法第九条所规定的范围内的规划,在中华人民共和国领域和中华人民共和国管辖的其他海域内建设对环境有影响的项目。"《环境影响评价法》将我国的环境影响评价制度从建设项目拓宽到政府规划,是我国环保事业的历史性突破,不仅丰富了我国环境影响评价的层次,使我国在落实环境影响评价制度上处于国际前列,而且对于落实科学发展观、实施可持续发展战略至关重要。

三、建设项目环境影响评价纳入基本建设程序

我国建设项目环境影响评价开展时间较长,建设项目环境管理纳入了基本建设管理体系中,长期以来成为基本建设审批程序中的前置程序,拥有一票否决权。在计划经济时代,建设项目环境影响评价位于可行性研究阶段,是可行性研究的一部分,环境影响报告书的批复是可研报告审批的前置条件,对未经批准环境影响报告书或环境影响报告表的建设项目,计划部门不办理设计任务书的审批手续,土地管理部门不办理征地手续,银行不予贷款。这种管理体系是与经济开发投资体制密不可分的。进入 21 世纪后,适应市场经济的投资体制改革方案出台,建设项目环境影响评价的管理体系也发生了变化。

2004 年 7 月,国务院发布了《关于投资体制改革的决定》(国发〔2004〕20 号),标志着我国投资项目管理程序作出重大调整,彻底改革了计划经济时代不分投资主体、不分资金来源、不分项目性质,一律按投资规模大小分别由各级政府及有关部门审批的企业投资管理办法。对于企业不使用政府投资建设的项目,一律不再实行审批制,区别不同情况实行核准制和备案制。其中,政府仅对重大项目和限制类项目从维护社会公共利益角度进行核准,其他项目无论规模大小,均改为备案制,项目的市场前景、经济效益、资金来源和产品技术方案等均由企业自主决策、自担风险。现行的投资项目分为审批制、核准制和备案制三种类型。

投资体制改革后的一段时间内，新的管理体系尚未完善，对新开工项目的管理存在执法不严、监管不力的问题。

2007年11月，国务院办公厅发布了《关于加强和规范新开工项目管理的通知》（国办发〔2007〕64号），严格规范了投资项目新开工条件，其中必备条件之一是："已经按照建设项目环境影响评价分类管理、分级审批的，规定完成环境影响评价审批。"

党的十八大后，我国经济处于调速换挡期，为了经济健康持续发展，国务院实施简政放权，环境影响评价审批不再作为可行性研究报告审批或项目核准的前置条件，而是与其他几个审批程序同步进行，但仍须在项目开工前完成。环境影响评价审批由"串联"变成了"并联"，大大提高了地方行政服务的工作效率，优化了审批流程，但同时由于管理上尚不完善，不少企业在拿到经济批文后并未获得环保批文便开工建设，这加大了政府的管理难度。

可见，尽管我国的投资体制已发生重大变动，但环境影响评价仍是投资项目管理中重要且必要的一个环节，仍起到一票否决的作用。

四、分类管理、分级审批

分类管理是按照建设项目对环境可能造成的影响程度—重大影响、轻度影响或影响很小，分别编制环境影响报告书、环境影响报告表或填报环境影响登记表。这一特点主要针对建设项目的环境影响评价，依据的文件是《建设项目环境影响评价分类管理录》。该名录已经过多次修订，原始版本为2003年1月1日原国家环境保护总局制定颁布的《建项目环境保护分管名录》。

对于规划环境影响评价，其文件类型分为环境影响评价报告书、环境影响的篇章（说明），具体如下。

国务院有关部门、设区的市级以上地方人民政府及其有关部门，对其组织编制的土地利用的有关规划，区域、流域、海域的建设、开发利用规划，应当在规划编制过程中组织进行环境影响评价，编写该规划有关环境影响的篇章或者说明。

国务院有关部门、设区的市级以上地方人民政府及其有关部门，对其组织编制的工业、农业、畜牧业、林业、能源、水利、交通、城市建设、旅游、自然资源开发的有关专项规划（以下简称专项规划），应当在该专项规划草案上报审批前，组织进行环境影响评价，并向审批该专项规划的机关提交环境影响报告书。专项规划的环境影响报告书应当包括实施该规划对环境可能造成影响的分析、预测和评估；预防或者减轻不良环境影响的对策和措施；环境影响评价的结论。

分级审批是指对于不同投资主体、不同投资规模、不同行业等的建设项目，由生态环境部、省、自治区和直辖市、市、县等不同级别生态环境主管部门负责审批其环境影响评价文件。

国务院生态环境主管部门负责审批的建设项目的环境影响评价文件包括核设施、绝密工程等特殊性质的建设项目；跨省、自治区、直辖市行政区域的建设项目；由国务院审批的或者由国务院授权有关部门审批的建设项目。

前款规定以外的建设项目的环境影响评价文件的审批权限，由省、自治区、直辖市人民政府规定。

建设项目可能造成跨行政区域的不良环境影响,有关生态环境主管部门对该项目的环境影响评价结论有争议的,其环境影响评价文件由共同的上一级生态环境主管部门审批。

建设项目的环境影响评价文件经批准后,建设项目的性质、规模、地点、采用的生产工艺,或者防治污染、防止生态破坏的措施发生重大变动的,建设单位应当重新报批建设项目的环境影响评价文件。

建设项目的环境影响评价文件自批准之日起超过五年,方决定该项目开工建设的,其环境影响评价文件应当报原审批部门重新审核;原审批部门应当自收到建设项目环境影响评价文件之日起十日内,将审核意见书面通知建设单位。

在项目建设、运行过程中产生不符合经审批的环境影响评价文件的情形的,建设单位应当组织环境影响的后评价,采取改进措施,并报原环境影响评价文件审批部门和建设项目审批部门备案;原环境影响评价文件审批部门也可以责成建设单位进行环境影响的后评价,采取改进措施。

分类管理、分级审批的制度适应了我国具体国情和政治体制,对于提高环境影响评价管理审批的效率有着积极的意义。

五、取消了环境影响评价资格证书制度

我国长期以来的建设项目环境影响评价实行资格证书制度,即提供技术服务的机构需向生态环境部门申请建设项目环境影响评价资质,经审查合格,取得《建设项目环境影响评价资质证书》后,方可在资质证书规定的资质等级和评价范围内接受建设单位委托,编制建设项目环境影响报告书或者环境影响报告表。资质分为甲、乙两级。同时,国家对环境影响评价人员实行持证上岗和环境影响评价工程师职业资格登记制度,以确保环境影响评价的主体拥有充分的专业知识来保证我国环境影响评价的科学性和质量。

然而,在国家推进"放管服"、弱资质化的改革大潮中,2018年12月29日修订的《中华人民共和国环境影响评价法》正式取消了环境影响评价资质,建设单位可以委托技术单位对其建设项目开展环境影响评价,编制建设项目环境影响报告书、环境影响报告表;建设单位具备环境影响评价技术能力的,可以自行对其建设项目开展环境影响评价,编制建设项目环境影响报告书、环境影响报告表。

取消环境影响评价资质后,明确了环境影响评价文件的责任主体是建设单位,而非环境影响评价机构,可促使建设单位重视环境影响评价文件的编制质量和生态保护对策措施的落实。同时,赋予了各级生态环境部门更强有力的监管武器,并保留了环境影响评价工程师职业资格登记制度,通过对技术单位和个人加强考核和处罚,并将其信用信息归档和公开,来保障环境影响评价文件的技术水平。

六、明确规定鼓励公众参与

我国的环境影响评价制度非常强调公众参与的重要性,《环境影响评价法》第五条申明:"国家鼓励有关单位、专家和公众以适当方式参与环境影响评价。"原国家环境保护总

局颁布的《环境影响评价公众参与暂行办法》(环发〔2006〕28 号)推进和规范了环境影响评价活动中的公众参与。该办法明确了环境影响评价中的公众参与实行公开、平等、广泛和便利的原则,规定了信息公开的内容和方式、公众参与的组织形式和公众意见的调查方式等,确保公众的意见能纳入开发活动的决策过程中。同时,环境保护部门也相应颁布了《建设项目环境影响评价信息公开机制方案》(环发〔2015〕162 号)、《环境保护公众参与办法》(部令 35 号,2015),加强公众参与。

2018 年 7 月,生态环境部门发布部令第 4 号修订出台《环境影响评价公众参与办法》,对如何开展规划环境影响评价和建设项目环境影响评价的公众参与作出了系统的说明。新的《公参办法》共 34 条,更加明确地规定了建设单位主体责任,由其对公参组织实施的真实性和结果负责;依照《环境保护法》的规定,将听取意见的公众范围明确为环境影响评价范围内公民、法人和其他组织,优先保障受影响公众参与的权力,并鼓励建设单位听取范围外公众的意见,保障更广泛公众的参与权力;进一步将信息公开的方式细化为网络、报纸、张贴公告等三种方式;明确了公众意见的作用,优化了公众意见调查方式,建立健全的公众意见采纳或不采纳反馈方式,针对弄虚作假提出了惩戒措施,确保公众参与的有效性和真实性;全面优化了参与程序细节,实施分类公参,不断提高效率;对生态环境主管部门环境影响评价行政许可的公众参与进行了明确等。随后,生态环境部门发布了配套的《建设项目环境影响评价公众意见表》和《建设项目环境影响评价公众参与说明格式要求》,进一步完善了相关要求。

七、环境影响评价内容丰富,为其他环境管理制度提供基础数据

经过近四十年的发展,我国环境影响评价形成的文件内容丰富,数据翔实,为后续环境管理提供了基础资料,可与多项环境管理制度相衔接。如建设项目环境影响评价报告突出工程的排污环节和污染源强的分析,并结合清洁生产和循环经济的最新要求,提出完整的污染防治措施,是"三同时"环保设施竣工验收时的依据;而总量控制中提出的总量控制方案也是排污申报和许可证发放的数据来源。

此外,《环境影响评价法》将跟踪评价和后评价纳入法律规范范畴,发现有明显不良环境影响的,应当采取改进措施,并规定如造成严重环境污染或者生态破坏的,应当查清原因、查明责任,并对责任单位或个人予以追究。跟踪评价和后评价能解决预测检验性问题,对健全我国环境影响评价制度具有重大意义。

八、环境影响评价文件实行技术审查制度

我国对环境影响评价文件实行技术审查制度,原国家环境保护总局令第 29 号《国家环境保护总局建设项目环境影响评价文件审批程序规定》(2005 年 11 月 23 日)明确了环境影响评价文件的审查程序规定:"环保总局受理建设项目环境影响报告书后,认为需要进行技术评估的,由环境影响评估机构对环境影响报告书进行技术评估,组织专家评审。评估机构一般应在 30 日内提交评估报告,并对评估结论负责。"目前生态环境部环境工程评估中心负责部批项目的技术审查,各级省、市也成立各自的环境工程咨询或评估机构组织技术审查,出具评估意见。与《环境影响评价法》同时实施的原国家环保总局第

16 号令《环境影响评价审查专家库管理办法》规定了国家库和地方库的设立,明确了专家库及入选专家应当具备的条件等专家库设立的办法;明确了在环境影响评价技术审查中仰仗于专家审查。2011 年颁布的《建设项目环境影响评价技术评估导则》(HJ 616—2011)规定了对建设项目环境影响评价文件进行技术评估的一般原则、程序、方法、基本内容、要点和要求,对环境影响评价文件的技术审查起到了规范和指导作用。

九、相对成熟,仍待完善

我国环境影响评价制度已实施 40 年,处于相对成熟的阶段,并随着我国管理体制改革的大趋势,仍在逐渐完善。如:过去对于"未批先建"的行为,《环境影响评价法》中只是提出了"限期补办手续",不免使"未批先建"的行为有机可乘、有空可钻;对于应该补办环境影响评价而没有补办的、被勒令停止而没有停止的规定可处以 5 万~20 万元的罚款,对于众多动辄投资上亿的项目而言,这样的处罚力度过轻,造成违法成本过低,不足以起到足够的处罚警醒作用。2016 年对《环境影响评价法》的修正中,对于"未批先建"行为,县级以上环保主管部门有权责令停止建设,根据违法情节和危害后果,处建设项目总投资额 1%以上 5%以下的罚款,并可以责令恢复原状;对建设单位直接负责的主管人员和其他直接责任人员,依法给予行政处分,大大加强了对"未批先建"行为的针对性管制力度,提高了环境影响评价在项目建设流程中的重要地位。

同时,随着简政放权的改革浪潮不断深入,环境影响评价制度作为生态环境部门保留的行政许可事项,仍将处于改革的风口浪尖。目前已经确定了改变过去以环境影响评价制度为主要抓手的环境管理体制,构建以排污许可证制度为核心的新的环境管理制度体系。因此,如何做好与排污许可证制度的衔接,将是下一步改革的重点。

思 考 题

(1) 我国取消了环境影响评价机构资质,试分析其意义。

(2) 我国建设项目分类管理名录进行了多次的修订,试分析其意义。

工 程 分 析

我国环境影响评价经过近四十年的发展,形成了以规划环境影响评价和建设项目环境影响评价为主的特点,其中建设项目环境影响评价中强调污染型项目的工程分析。本章主要介绍污染型项目工程分析的主要内容以及方法。

第一节 工程分析的内容

根据建设项目对环境影响的不同,可以将其分为以污染影响为主的污染型建设项目和以生态破坏为主的生态影响型建设项目,这两类项目的工程分析也相差很大。污染型建设项目的环境影响具有直接、快速呈现的特点,其工程分析类型多、难度高,是环境影响评价中分析项目建设影响环境内在因素的重要步骤。通过对项目组成分析,可以了解建设项目的基本内容和主要环境特征,同时必须详细分析建设项目在建设期、营运期的工艺过程、产污环节,核算污染源种类、源强,为提出合适的污染控制措施、预测,并最终降低建设项目对环境的影响奠定基础。生态影响型建设项目则更强调项目组成的系统性和完整性,各单项污染源强的预测大多采用较简单的类比、排污系数等方法,更接近于国际上较常见的环境影响识别。

建设项目按性质可分为新建、技改和扩建等类型。对于新建项目,直接进行该项目的工程分析即可;对于改、扩建类技改项目,应对技改项目的依托单位的现有项目进行分析,其内容包括:已建、在建项目概况、现有项目环境影响评价批复落实情况、生产情况(是否达到设计生产能力等)、主要污染源污染物排放现状及现有污染治理设施运行状况、排污概况、现存环境问题、明确"以新代老措施"。对于依托单位已投入运行的项目,应以实际生产、环境监测数据给出;在建项目则以环境影响评价批复数据给出。

对于环境影响以污染因素为主的建设项目来说,工程分析的工作内容原则上应根据建设项目的工程特征,包括建设项目的类型、性质、规模、方式与强度、能源与资源用量、污染物排放特征以及项目所在地的环境条件来确定。其工作内容主要包括工程概况、工艺流程及产污环节分析、污染物源强核算等。

一、工程概况

工程概况包括项目名称、建设性质（新建、扩建、技改）、建设地点、项目总投资及环保投资、项目定员及工作制度、预计投产时间、明确项目组成、原辅料、生产工艺、主要生产设备、产品（包括主产品和副产品）方案、平面布置、建设周期、总投资及环境保护投资等。

产品方案包括主产品、副产品、回收及综合利用产品的名称、规格、年生产能力、年生产时数。

项目组成包括主体工程、辅助工程、公用工程、环保工程、储运工程以及依托工程等。

明确项目消耗的原料、辅料、燃料、水资源等种类、构成和数量，给出主要原辅材料及其他物料的理化性质、毒理特征，产品及中间体的性质、数量等。

改扩建及易地搬迁建设项目还应说明技改前后产品方案的变化，以及现有工程的基本情况、污染物排放及达标情况、存在的环境保护问题及拟采取的整改方案等内容。

二、工艺流程及产污环节分析

对建设项目工艺流程的分析，是为了找出流程中全部的污染物产生环节，为进一步查清源强提供依据。一般来说，一个工业产品的生产过程是由一个或多个工艺单元过程构成的，这些单元过程按其原理，可分为物理过程和化学过程两大类，在实际工艺流程中，常常既有物理过程又有化学过程。

在工程分析中，遵循清洁生产的理念，从工艺的环境友好性、工艺过程的主要产污节点以及末端治理措施的协同性等方面，选择可能对环境产生较大影响的主要因素进行深入分析。首先要绘制流程框图（石油化工类项目一般用装置流程图的方式说明生产过程），按照生产、装卸、储存、运输等环节分析包括常规污染物、特征污染物在内的污染物产生、排放情况（包括正常工况和非正常工况）。存在具有致癌、致畸、致突变的物质、持久性有机污染物或重金属的，应明确其来源、转移途径和流向；给出噪声、振动、放射性及电磁辐射等污染的来源、特性及强度等；说明各种源头防控、过程控制、末端治理、回收利用等环境影响减缓措施状况。工艺流程中有化学反应过程的，应列出主化学反应方程式和主要副反应的反应方程式、主要工艺参数，明确主要中间产物、副产品及产品产生点、污染物的种类（按废水、废气、固废、噪声分别编号）、物料回收或循环环节。工艺流程及产污环节图和污染源一览表应做到文、图、表统一。

对建设阶段和生产运行期间，可能发生突发性事件或事故，引起有毒有害、易燃易爆等物质泄漏，对环境及人身造成影响和损害的建设项目，应开展建设和生产运行过程的风险因素识别；存在较大潜在人群健康风险的建设项目，应开展影响人群健康的潜在环境风险因素识别。

三、污染物源强核算

源强核算是指根据污染物产生环节（包括生产、装卸、储存、运输）、产生方式和治理措施,核算建设项目有组织与无组织、正常工况与非正常工况下的污染物产生和排放强度,给出污染因子及其产生和排放的方式、浓度、数量等。其中,非正常工况是与正常生产状态不同的另一种生产状态,它不是事故状态,是生产过程的一部分,如开、停车,进、出料,产品切换、检修、试验性生产等阶段,或者是工艺设备或环保设备达不到预期效率时所产生的污染。

对改扩建项目的污染物排放量(包括有组织与无组织、正常工况与非正常工况)的统计,应分别按现有、在建、改扩建项目实施后等几种情形汇总污染物产生量、排放量及其变化量,核算改扩建项目建成后最终的污染物排放量。

污染源源强按环境要素分别统计,采用表 3.1～表 3.4。

表 3.1 工序/生产线产生废水污染源源强核算结果及相关参数一览表

| 工序/生产线 | 装置 | 污染源 | 污染物 | 污染物产生 | | | | 治理措施 | | | 污染物排放 | | | 排放时间/h |
				核算方法	产生废水量/(m³/h)	产生浓度/(mg/L)	产生量/(kg/h)	工艺	效率/%	核算方法	排放废水量/(m³/h)	排放浓度/(mg/L)	排放量/(kg/h)	
名称1	生产装置1	废水1	污染物1											
			污染物2											
			⋮											
		废水2	污染物1											
			污染物2											
			⋮											
		⋮												
	生产装置2													
	⋮													
名称2														
⋮														

注:对于新(改、扩)建工程污染源源强核算,应为最大值。

表 3.2 废气污染源源强核算结果及相关参数一览表

工序/生产线	装置	污染源	污染物	污染物产生				治理措施		污染物排放				排放时间/h
				核算方法	产生量/(m³/h)	产生浓度/(mg/m³)	产生量/(kg/h)	工艺	效率/%	核算方法	废气排放量/(m³/h)	排放浓度/(mg/m³)	排放量/(kg/h)	
名称1	生产装置1	排气筒1	污染物1											
			污染物2											
			⋮											
		排气筒2	污染物1											
			污染物2											
			⋮											
		⋮												
		无组织排放	污染物1											
			污染物2											
			⋮											
		非正常排放	污染物1											
			污染物2											
			⋮											
	生产装置2													
	⋮													
名称2														
⋮														

注:对于新(改、扩)建工程污染源源强核算,应为最大值。

表 3.3　噪声污染源源强核算结果及相关参数一览表

工艺/生产线	装置	噪声源	声源类型（频发、偶发等）	噪声源强		降噪措施		噪声排放值		持续时间/h
				核算方法	噪声值	工艺	降噪效果	核算方法	噪声值	
名称1	生产装置1	产噪设备1								
		产噪设备2								
		⋮								
		其他声源								
	生产装置2	产噪设备1								
		产噪设备2								
		⋮								
		其他声源								
	⋮									
名称2										
⋮										

表 3.4　固体废物污染源源强核算结果及相关参数一览表

工序/生产线	装　置	固体废物名称	固废属性	产生情况		处置措施		最终去向
				核算方法	产生量/(t/a)	工艺	处置量/(t/a)	
名称1	生产装置1	固废1						
		固废2						
		⋮						
	生产装置2	固废1						
		固废2						
		⋮						
	⋮							
名称2								
⋮								

注：固废属性是指第Ⅰ类一般工业固体废物、第Ⅱ类一般工业固体废物、危险废物、生活垃圾等。

四、环境保护措施方案分析

分析论证拟采取措施的技术可行性、经济合理性、长期稳定运行和达标排放的可靠性、满足环境质量改善和排污许可要求的可行性、生态保护和恢复效果的可达性。各类措施的有效性判定应以同类或相同措施的实际运行效果为依据,没有实际运行经验的,可提供工程化实验数据。特别是大气污染物控制设施,其实际运行效果,需以明确的生产工况条件和参数(产品种类、单位时间生产量等)下的进、出口监测数据(标态气量差不大于5%、综合性指标及特征因子的排放限值、行业排放标准的净化率要求、行业排放标准的基准排气量浓度或焚烧法的基准含氧量浓度对标等)来进行评估。

五、总图布置方案与外环境关系分析

（一）分析厂区与周围的保护目标之间所定卫生防护距离的可靠性

参考卫生防护距离规范和大气环境防护距离,分析厂区与周围的保护目标之间所定防护距离的可靠性,合理布置建设项目的各构筑物及生产设施,给出总图布置方案与外环境关系图。图中应标明如下信息:保护目标与建设项目的方位关系;保护目标与建设项目的距离;保护目标(如学校、医院、集中居住区等)的内容与性质。

（二）根据气象、水文等自然条件分析工厂和车间布置的合理性

在充分掌握项目建设地点的气象、水文和地质资料的条件下,认真考虑这些因素对污染物的污染特性的影响,合理布置工厂和车间,尽可能减少对环境的不利影响。

（三）分析对周围环境敏感点处置措施的可行性

分析项目所产生的污染物的特点及其污染特征,结合现有的有关资料,确定建设项目对附近环境敏感点的影响程度,在此基础上提出切实可行的处置措施(如搬迁、防护等)。

第二节　工程分析的方法和相关计算

一般而言,建设项目的工程分析应依据项目规划、可行性研究和设计方案等技术资料开展。当建设项目在可行性研究阶段所能提供的工程技术资料不能满足工程的需要时,可以根据具体情况选用其他适用的方法进行工程分析。目前主要采用的方法有类比法、物料衡算法和产(排)污系数法等。

一、工程分析的方法

（一）物料衡算法

根据质量守恒定律,利用物料数量或元素数量在输入端与输出端之间的平衡关系,计算确定污染物单位时间产生量或排放量的方法即为物料衡算法。

物料衡算的种类很多,有以全厂物料的总进出为基准的物料衡算,也有针对具体的装置或工艺进行的物料衡算。物料平衡必须根据不同行业的具体特点,选择若干有代表

性的物料(主要是有毒有害的物料),进行物料衡算。对于氮肥尿素制造、冶金、印染、石油炼制、石油化工、电镀等行业,因中间过程对环境的最终影响并不大,通常不需要做出详细的物料平衡,而是有针对性地做出特征因子平衡、水平衡即可。如氮肥尿素制造主要做出 N、S 等特征因子平衡和总物料进出平衡;印染生产主要做出水平衡;电镀生产做出各金属平衡和水平衡;电力生产应做水平衡、硫平衡等;造纸及类似生产过程做浆水平衡等。

(二) 类比法

对比分析在原辅料及燃料成分、产品、工艺、规模、污染控制措施、管理水平等方面具有相同或类似特征的污染源,利用其相关资料,确定污染物浓度、废气量、废水量等相关参数进而核算污染物单位时间产生量或排放量,或者直接确定污染物单位时间产生量或排放量的方法即为类比法。

类比法是用与拟建项目类型相同的现有项目的设计资料或实测数据进行工程分析的常用方法。采用此法时,为提高类比数据的准确性,应充分注意分析对象与类比对象之间的相似性和可比性。

1.工程一般特征的相似性

所谓一般特征,包括建设项目的性质、建设规模、产品结构、工艺路线、生产方式、主要设备类型和过程控制水平、原料、燃料与消耗量、用水量等。

2.污染物排放特征的相似性

排放特征包括污染物排放类型、浓度、强度与数量,排放方式与去向,以及污染方式与途径等。

3.环境特征的相似性

环境特征包括气象条件、地貌状况、生态特点、环境功能以及区域污染情况等方面的相似性。在生产建设中常会遇到某污染物在甲地是主要污染因素,而在乙地是次要因素,甚至是可被忽略因素的情况。

(三) 实测法

通过现场测定得到的污染物产生或排放相关数据,进而核算出污染物单位时间产生量或排放量的方法即为实测法,包括自动监测实测法和手工监测实测法。

(四) 产污系数法

根据不同的原辅料及燃料、产品、工艺、规模,选取相关行业污染源源强核算技术指南给定的产污系数,依据单位时间产品产量计算出污染物产生量,并结合所采用治理措施情况,核算污染物单位时间排放量的方法即为产污系数法。

(五) 排污系数法

根据不同的原辅料及燃料、产品、工艺、规模和治理措施,选取相关行业污染源源强核算技术指南给定的排污系数,结合单位时间产品产量直接计算确定污染物单位时间排放量的方法即为排污系数法。

(六) 实验法

通过模拟实验确定相关参数,核算污染物单位时间产生量或排放量的方法即为实验法。

采用实验法进行源强核算时,应同步记录监测期间生产装置的运行工况参数,如物料投加量、产品产量、燃料消耗量、副产物产生量等;进行废水污染源源强核算时,还应分别详细记录调质前废水的来源、水量、污染物浓度等情况。

二、工程分析的相关计算

(一)燃煤锅炉排放的 SO_2 的计算公式

核算燃煤锅炉排放 SO_2 优先采用物料衡算法:

$$E_{SO_2} = 2R \times \frac{S_{ar}}{100} \times \left(1 - \frac{q_4}{100}\right) \times \left(1 - \frac{\eta_s}{100}\right) \times K \tag{3-1}$$

式中:E_{SO_2}—核算时段内二氧化硫排放量,t;R—核算时段内锅炉燃料耗量,t;S_{ar}—收到基硫的质量分数,%;q_4—锅炉机械不完全燃烧热损失,%;η_s—脱硫效率,%;K—燃料中的硫燃烧后氧化成二氧化硫的份额。

没有实测或相关资料时,锅炉机械不完全燃烧热损失可参考《污染源源强核算技术指南—锅炉》(HJ 991—2018),如表 3.5 所示;燃料中硫分在燃烧后生成二氧化硫的份额可参考表 3.6。

表 3.5 锅炉机械不完全燃烧热损失的一般取值

炉 型		$q_4/\%$	炉 型	$q_4/\%$
层燃炉	链条炉排炉	5~15	流化床炉	5~27,2(生物质)
	往复炉排炉	7~12	煤粉炉	2~4

注:燃料挥发分高、灰分低可取低值,取值大小排序一般为褐煤<烟煤<贫煤<无烟煤或煤矸石。

表 3.6 燃料中硫转化率的一般取值

炉 型		K
燃煤炉	层燃炉	0.80~0.85
	流化床炉(未加固硫剂)	0.75~0.80
	煤粉炉	0.90
燃生物质炉		0.30~0.50
燃油(气)炉		1.00

【例题】 某厂监测烟气流量为 $200m^3/h$,烟尘进治理设施前浓度为 $1\,200mg/m^3$,排放浓度为 $300mg/m^3$,年运转 $300d$,$20h/d$,年用煤量为 $300t$,煤含硫率为 1.1%,无脱硫设施,炉型为层燃炉。求 SO_2 排放浓度。

解析:假设锅炉机械不完全燃烧热损失 $q_4 = 10\%$,$K = 0.80$,代入公式:

二氧化硫排放量 $E_{SO_2} = 2 \times 300 \times 1.1\% \times 90\% \times 0.80 = 4.752 = 792\,000(mg/h)$;

排放浓度 $C = 792\,000 \div 200 = 3\,960(mg/m^3)$。

(二)物料衡算

【例题】 某电镀企业用 $ZnCl_2$ 做原料,已知年耗 $ZnCl_2$ 原料 $100t$,98% 的锌进入电镀产品,1.9% 的锌进入固体废物,剩余的锌全部进入废水。废水排放量 15 000m³/a,求废水中锌的浓度(Zn 的摩尔质量 65.4g/mol,Cl 的摩尔质量 35.5g/mol)。

解析:根据质量守恒定律,进入废水中的 Zn 的质量 $=100×(1-98\%-1.9\%)×65.4÷(65.4+2×35.5)=0.048(t)$;

废水中 Zn 的浓度 $=(0.048×10^9)÷(15\,000×10^3)=3.2(mg/L)$。

(三)污染物排放总量控制

总量控制是指以控制一定时段内以及一定区域内排污单位排放污染物总量为核心的环境管理方法体系。它包含了三个方面的内容:排放污染物的总量、排放污染物总量的地域范围、排放污染物的时间跨度。总量控制通常有三种类型:目标总量控制、容量总量控制和行业总量控制。在我国,总量控制基本上是指目标总量控制。"总量控制"是相对于"浓度控制"而言的。

【例题】 某工厂建一台燃煤锅炉,最大耗煤量 1 600kg/h,引风机风量为 15 000m³/h,全年用煤量 4 000t。煤的含硫量 1.2%,SO_2 的排放标准为 960mg/m³,求 SO_2 达标排放时脱硫效率应至少达到多少,并提出 SO_2 总量控制建议(炉型为层燃炉)。

解析:假设锅炉机械不完全燃烧热损失 $q_4=10\%$,$K=0.80$,则锅炉最大负荷运行时二氧化硫的产生量 $E_{SO_2}=2×1\,600×1.2\%×90\%×0.80=27.648(kg/h)$;

产生浓度 $C=27.648÷15\,000×10^6=1\,843.2(mg/m^3)$;

产生浓度超过排放标准,因此需要进行脱硫。

脱硫效率 $\eta_s=(1\,843.2-960)÷1\,843.2×100\%=47.92\%$;

全年 SO_2 的排放量不应超过 $2×4\,000×1.2\%×90\%×0.80×(1-47.92\%)=36(t/a)$。

(四)三本账核算

改扩建项目涉及三本账核算,即现有工程一本账、技改工程后一本账、工程前后增减量一本账。"三本账"遵循的原则是"增产不增污,增产减污"的原则,在实际过程中,一般会在以上三本账基础上延伸为四本账(增加现有工程以新带老削减量)、五本账(增加区域替代削减量)。

技改扩建完成后包括"以新带老"削减量,污染物排放量,其相互的关系可表示为:技改前排放量-"以新带老"削减量+技改扩建项目排放量=技改扩建完成后排放量,见表 3.7。

表 3.7　技改扩建项目污染物"三本账"核算

类别	名称	技改前排放量	"以新带老"削减量	技改项目产生量	技改项目削减量	技改项目排放量	技改完成后排放量	技改完成后较技改前增减量
废气								
废水								
固体废物								

【例题】　某企业进行锅炉改造并增容,现有工程的 SO_2 排放量为 200t/a(无脱硫设备),改造后 SO_2 产生总量为 240t/a,经脱硫后 SO_2 最终排放量为 80t/a,求"以新带老"削减量。

解析:脱硫效率 $\eta_s = (240 - 80) \div 240 \times 100\% = 66.7\%$;

则现有工程改造后的排放量＝产生量×$(1-\eta)$＝$200 \times (1-66.7\%)$＝66.7(t/a)(现有工程无脱硫设备,产生量等于排放量);

"以新带老"削减量＝改造前后排放量的差值,即 $200-66.7＝133.3$(t/a)。

第三节　污染型建设项目工程分析案例

案例一

为满足工业用气和采暖用热需求,某经济开发区拟实施热电联产工程,并协同处置城镇污水处理厂污泥。

建设内容包括:3×280t/h 循环流化床锅炉(2 用 1 备)和 2×30MW 背压式热电联产机组(1 炉 1 机配置)等主体工程;全封闭条形煤场、污泥干化车间、灰库、渣仓、氨水储罐、柴油储罐等储运工程;给排水、变配电、化学水处理、冷却塔等公辅工程;烟(废)气、废水处理等环保工程。

工作制度为:1 台机组为工业用户提供工业用气,年利用小时数 6 500h;1 台机组为采暖用户提供采暖用热,年利用小时数 2 880h。工程投产后,将替代供热范围内 10 台燃煤小锅炉。

污泥干化车间设 1 座污泥仓和 1 台圆盘干燥机,处理能力为 5t/h(湿基),年利用小时数 6 500h。来自城镇污水处理厂含水率 80% 的污泥先暂存在污泥仓内,后通过加料机送入圆盘干燥机进行干化处理,得到含水率 40% 的干污泥(收到基低位发热量 6 300kJ/kg),干燥机以自产蒸汽(约 160℃)作热源,采用间接加热方式。

污泥干化车间配建 1 套干燥废气处理装置和 1 套废水处理装置。污泥干燥废气采用"旋风除尘＋冷凝"工艺处理,不凝气送锅炉燃烧,冷凝废水送废水处理装置处理,处理工艺为"调节＋气浮＋两级 A/O＋二沉＋过滤"。

本工程采用当地煤作燃料(收到基低位发热量 21 000kJ/kg),并掺烧少量干污泥。干污泥由皮带输送机送至上煤点与破碎后的煤掺混后送锅炉燃烧。经测算,单台锅炉耗煤量 36t/h(未考虑掺烧污泥),标态干、湿烟气量分别为 82.7N·m^3/s、90.2N·m^3/s(含氧量 6%)。掺烧污泥、不凝气后,烟气量和锅炉热效率基本无变化,3 台锅炉各自配有独立的烟气净化系统,净化工艺均为:低氨燃烧＋炉内 SNCR 脱硝＋静电除尘器预除尘＋烟气循环流化床半干法吸收塔脱硫＋布袋除尘器除尘,其中脱硝效率不低于 60%,脱硝还原剂为氨水(配 2 座 30m^3 氨水储罐);静电除尘器和布袋除尘器的除尘效率分别为 97% 和 99.95%;吸收塔的脱硫效率为 98%,脱硫剂为消石灰。锅炉烟气经烟气净化系统处理后由 1 座高 150m、出口内径 3.5m 的单管烟囱 S1 排放,烟气排放温度 90℃。

除灰渣系统采用干出灰、机械出渣的灰渣分除处理工艺,设计灰渣比 6∶4,单台锅炉炉渣产生量 3.2t/h,半干法脱硫系统新增烟尘量(进入布袋除尘器前)2.4t/h(掺烧污泥所造成的灰渣和烟尘量的变化,可忽略不计)。

经调查,本工程所在地区为环境空气不达标区,不达标因子为 NO_2,当地政府已编制了环境空气限期达标规划。达标规划给出了污染源清单和削减源清单,模拟了达标规划实施后的浓度场。达标规划的污染源清单未包含本工程,削减源清单未包含被替代燃煤小锅炉。环境空气评价范围内无在建和拟建污染源。

环境影响评价文件编制单位确定本工程大气环境影响评价工作等级为一级,给出的本工程正常排放条件下,NO_x 排放源部分参数见表 3.8。

表 3.8　本工程 NO_x 排放源部分参数表

名称	排风筒高度/m	排气筒出口内径/m	烟气流速/(m/s)	烟气温度/℃	年排放小时数/h
S1	150	3.5	3×11.4	90	6 500

问题:

(1) 计算本工程烟尘排放浓度和年排放量。

(2) 指出湿污泥干化尾气冷凝废水的主要污染物。

(3) 表 3.8 中烟气流速和年排放小时数取值是否正确?说明理由。

解析:

(1) 总除尘效率 = 1-(1-97%)×(1-99.95%) = 99.998 5%。

根据背景资料,锅炉排烟带出的飞灰份额取 0.9,机械未完全燃烧热损失为 1.5%,则单台燃煤锅炉烟尘排放量 = $36×10^9÷3 600×(1-99.998 5\%)×[(3.2×6÷4)÷36+(21 000×1.5)÷(33 858×100)]×0.9 = 19.26$(mg/s)。

本工程烟尘排放浓度 = $19.26÷82.7 = 0.233[mg/(N·m^3)]$。

年排放量 = $19.26×3 600×(6 500+2 880)×10^{-9} = 0.65$(t)。

(2) 湿污泥干化尾气冷凝废水的主要污染物:COD、BOD、NH^3-N。

(3) ① 烟气流速的取值不正确。理由:3 台锅炉的烟气流速均为 11.4m/s,表 3.8 中取值表述有误。

② 年排放小时数的取值正确。理由:锅炉烟气年排放小时数按年利用小时数最高(6 500h)计取。

案例二

某公司拟在工业园区新建 $6×10^4$t/a 建筑铝型材工程,主要原料为高纯铝锭,消费工艺见图 3.1。工程采用天然气直接加热方式进展铝锭熔炼,熔炼废气产生量 7 000m³/h,烟尘初始浓度 350mg/m³,经除尘净化后排放,除尘效率 70%;筛分废气产生量 15 000m³/h,粉尘初始浓度 1 100mg/m³,经除尘净化后排放,除尘效率 90%;排气筒高度均为 15m。

外表处理消费工艺为:工件→脱脂→水洗→化学抛光→水洗→除灰→水洗→阳极氧化→水洗→电解着色→水洗→封孔→水洗→晾干。外表处理工序各槽液主要成分见

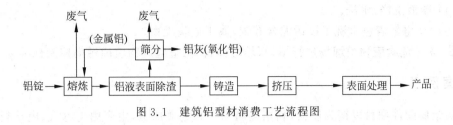

图 3.1 建筑铝型材消费工艺流程图

表 3.9。外表处理工序有酸雾产生,水洗工段均产生清洗废水。拟设化学沉淀处理系统处理电解着色水洗工段的清洗废水。

表 3.9 外表处理工序各槽液主要成分

工 序	槽 液 成 分
脱脂	硫酸,150~180g/L
化学抛光	硫酸,150~180g/L;磷酸,700~750g/L;硝酸,25~30g/L;硝酸铜,0.1~0.24g/L
除灰	硫酸,150~180g/L,少量硝酸
阳极氧化	硫酸,150~180g/L,少量硫酸铝
电解着色	硫酸,15~18g/L;$NiSO_4 \cdot 6H_2O$,20~25g/L
封孔	$NiF_2 \cdot 4H_2O$,5~6g/L

注:《大气污染物综合排放标准》(GB 16297—1996)规定,15m 高排气筒颗粒物最高允许排放浓度为 120mg/m³,最高允许排放速率为 3.5kg/h。《工业炉窑大气污染物排放标准》(GB 9078—1996)规定,15m 高排气筒烟/粉尘排放限值为 100mg/m³。

问题:

(1)评价熔炼炉、筛分室废气烟尘排放达标情况。

(2)识别封孔水洗工段的清洗废水主要污染因子。

(3)针对脱脂、除灰、阳极氧化水洗工段的清洗废水,提出适宜的废水处理方案。

(4)给出外表处理工序酸雾废气净化措施。

(5)给出电解着色水洗工段的清洗废水处理系统产生污泥处置的根本要求。

解析:

(1)熔炼炉烟尘排放浓度:$350 \times (1-70\%)=105(mg/m^3)$,熔炼炉执行《工业炉窑大气污染物排放标准》,排气筒高度 15m 时,排放浓度限值为 100mg/m³,故熔炼炉烟尘排放不达标。

筛分室烟尘排放浓度为:$1\,100 \times (1-90\%)=110(mg/m^3)$,筛分室烟尘排放速率为:$110 \times 15\,000 \times 10^{-6}=1.65(kg/h)$,筛分室执行《大气污染物综合排放标准》,排气筒 15m 时,排放浓度限值为 120mg/m³,排放速率限值为 3.5kg/h,故筛分室烟尘排放达标。

(2)Ni、氟化物。

(3)① 废水的主要污染因子是 pH(酸性),无机 N、Al、SS。

② 利用生物硝化、反硝化去除无机 N,絮凝沉淀去除 Al,使用石灰石调节 pH,最后沉淀、过滤去除 SS。

（4）碱液洗涤、水洗。

（5）① 电解着色水洗工段污泥含有镍，属于危险废物。

② 需送危险废物填埋场进行填埋，填埋需符合《危险废物填埋污染控制标准》。

案例三

某金属配件项目以铜为原料，利用金属加工和电镀加工，生产用于电气、电子行业的不同形状和规格的导电金属配件。新建机加工车间和电镀车间各1座，电镀车间设电镀线1条及废水处理站、废气处理设施、化学品仓库和固体废物暂存间等。电镀车间设计加工 $1.6 \times 10^5 m^2$ 金属配件。电镀车间电镀生产工艺流程见图3.2。

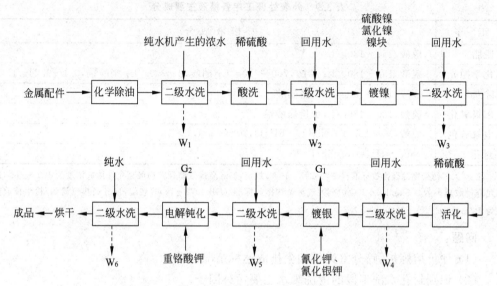

图3.2　电镀生产工艺流程

来自机加工车间的配件，在电镀车间经前处理、镀镍、活化、镀银、电解钝化、烘干等工序，被加工成产品。在电镀车间设用自来水制备纯水的反渗透纯水机1台，年产纯水 $5\,000 m^3$ 和浓水 $3\,000 m^3$。其中 $4\,200 m^3$ 纯水用于电解钝化工序后的水洗工序，$800 m^3$ 纯水用于制备槽液或补充槽液蒸发损耗，$3\,000 m^3$ 浓水用于前处理工序化学除油后的水洗工序。电镀各水洗工序均采用二级逆流漂洗工艺。在不考虑水洗工序蒸发损失、废气处理设施用水和产生废水的情况下，电镀工序废水产生量 $18\,000 m^3/年$，经废水处理站处理后，60%回用于前处理化学除油、电解钝化工序外的水洗工序，40%外排。金属配件镀镍层平均厚度为 $5\mu m$，假设镀镍槽液中镍离子浓度保持不变，镀镍工序年消耗镍块 $7\,200 kg$（镍的比重 $8.90 g/cm^3$），硫酸镍 $2\,480 kg$（其中镍的含量 22.30%）和氯化镍 $960 kg$（其中镍的含量 22.60%）。镀银和电解钝化工序分别产生废气 G_1、G_2。

电镀车间要定期对化学除油、酸洗、活化、镀银、电解钝化工序槽液进行更换，定期利用离子交换树脂对金属配件表面回收残液槽中含银回收液进行吸附处理。沾染有毒有害的废弃包装物定期交由资质单位处理。项目位于机械加工园区，园区建有污水处理厂，40%外排水进入污水处理厂进一步处理。

问题：

(1) 计算电镀线的水重复利用率。

(2) 计算电镀工序的镍利用率。

(3) 指出需单独预处理的废水类别，推荐相应的预处理措施。

(4) 指出 G_1、G_2 的废气处理方法。

(5) 给出依托园区污水处理厂环境可行性应调查的内容。

解析：

(1) ① 化学除油水洗工序重复水量 $= 3\,000\,m^3/a$。

② 电解钝化水洗工序重复用水量 $= 4\,200\,m^3/a$。

③ 其他水洗工序重复用水量 $= 18\,000 \times 60\% \times 2 = 21\,600(m^3/a)$。

④ 电镀线的水重复利用率 $= (3\,000 + 4\,200 + 21\,600) \div (8\,000 + 3\,000 + 4\,200 + 21\,600) = 78.3\%$。

(2) ① 镍的利用量（金属构件镀镍层的量）$= 1.6 \times 10^5 \times 5 \times 10^{-6} \times 8.9 \times 10^3 = 7\,120(kg/a)$。

② 镍的投入量 $= 7\,200 + 2\,480 \times 22.3\% + 960 \times 22.6\% = 7\,970(kg/a)$。

③ 电镀工序的镍利用率 $= 7\,120 \div 7\,970 = 89.3\%$。

(3) 含铬废水：还原法；含银废水：电解法+化学法破氰。

(4) G_1：主要污染物为氰化氢或氰化物，局部气体收集系统收集，然后采用碱液吸收法净化，最后经不低于 25m 高的排气筒排放。G_2：主要污染物为铬酸雾，局部气体收集系统收集，然后采用碱液吸收法净化，最后经不低于 15m 的排气筒排放。

(5) ① 园区污水处理厂收水水质要求、可处理的污染物类别、处理工艺、收水范围、达标排放情况、处理能力（或剩余处理能力）等。

② 本项目外排水污染物排放浓度、污染物类别、外排水量等。

思　考　题

(1) 污染型项目工程分析包括哪些内容？

(2) 某化工企业年产 400t 柠檬黄，另外每年从废水中回收 4t 产品，产品的化学成分和所占比例为：铬酸铅（$PbCrO_4$）占 54.5%，硫酸铅（$PbSO_4$）占 37.5%，氢氧化铝 [$Al(OH)_3$]占 8%。排放的主要污染物有铬及其化合物、铅及其化合物、氮氧化物。已知单位产品消耗的原料量为：铅（Pb）621kg/t，重铬酸钠（$Na_2Cr_2O_7$）260kg/t，硝酸（HNO_3）440kg/t。求该厂全年铬的排放量。已知各元素的原子量：Cr=52，Pb=207，Na=23，O=16。

(3) 原有工程排水 1\,200t/d，COD 浓度 180mg/L。技改扩建部分的污水产生量 2\,000t/d，COD 产生浓度 100mg/L，回用污水量 1\,300t/d。技改扩建完成后 COD 排放浓度为 100mg/L，求 COD 的"以新带老"削减量。

(4) 某工厂建一台燃煤锅炉，最大耗煤量 1\,600kg/h，引风机风量 15\,000 m^3/h，全年用煤量 4\,000t。煤的含硫量 1.2%，SO_2 的排放标准 960mg/m^3，求 SO_2 达标排放时脱硫效率应至少达到多少，并提出 SO_2 总量控制建议。

（5）某地拟建一电镀工业基地，该基地的生产用水量为 60 000t/d，其中 60% 为回用水；项目生活用水量为 4 800t/d，生活污水处理后一部分用于绿化，绿化用水 500t/d。该基地分别建立生产废水处理站和生活污水处理站。请画出本项目的用水平衡图（假设生产用水和生活用水的产污系数为 0.8）。

地表水环境影响评价

我国的人均水资源拥有量仅为世界平均水平的1/4,而日益突出的水污染问题使水资源更为紧缺,许多地方出现水质型缺水。因此,地表水环境影响评价一直是我国环境影响评价报告中的重要部分,也是许多环境影响评价的重点。地表水环境影响评价是防治水体污染,改善环境质量的有效手段。本章主要介绍与地表水有关的基本理论、地表水环境影响评价的内容、工作程序、方法和要求等。

第一节　水环境中污染物迁移转化机理

一、基本概念

水体污染大体来源于两类:一类是水体自然污染源,诸如岩石的风化和水解、火山喷发、水流冲蚀地面、大气降水淋洗以及生物(主要是绿色植物)在地球化学循环中释放的物质等。水体的自然污染是难以控制的,它是引起某些地方病的原因之一。另一类是水体人为污染源,与自然过程比较,人类的生产和生活活动是造成水体污染的主要原因。按排放形式的不同,可将第二类(人为)污染源分为点污染源和非点污染源。

点污染源是指由城市、乡镇生活污水和工业企业通过管道和沟渠收集和排入水体的废水。点源含污染物多、成分复杂,其变化规律依据生活污水和工业废水的排放规律,有季节性和随机性的特点。生活污水是人们生活中产生的各种污水的混合液,主要来自家庭、商业、机关、学校、餐饮业、旅游服务业及其他城市公用设施。生活污水中含纤维素、糖类、淀粉、蛋白质和脂肪等有机物,还含有氮、磷与硫等无机盐类以及病原微生物等污染物。

工业废水来自工业生产过程,其水量和水质随生产过程而异,一般可分为工艺废水、原料及成品洗涤水、设备与场地冲洗水、冷却用水以及生产过程中跑、冒、滴、漏流失的废水。工业废水中常含有生产原料、中间产物、成品及各种杂质。由于行业众多,工业废水数量大、组成成分多变,所以对工业废水污染源作明确分类是很困难的。

非点污染源又称面源,是指分散或均匀地通过岸线进入水体的废水和自然降水通过沟渠进入水体的废水。面源主要包括城镇排水、农田排水和农村生活废水、矿山废水、分散的小型禽畜饲养场废水,大气污染物通过重力沉降和降水过程进入水体所造成的污染废水等。

与点源污染相比,非点源污染起源于分散多样的地区,地理边界和发生位置难以识别和确定、随机性强、成因复杂、潜伏周期长,因此防治十分困难。如美国非点源污染量占污染总量的 2/3,而农业生产活动是最大的非点源污染,占非点源污染的 68%~83%。随着各国政府对点源污染控制的重视,点源污染在许多国家已经得到较好的控制和治理,而非点源污染由于涉及范围广、控制难度大,目前已成为影响水体环境质量的重要污染源。

二、污染物在水体中的迁移转化机理

污染物在水体中迁移转化是水体具有自净能力的一种表现。进入水体的污染物首先通过水力、重力等进行流体动力迁移,然后发生扩散、稀释、浓度趋于均一的作用,也可能通过挥发转入大气,或通过沉淀进入底质,还可能通过生物活动引起空间位置的变化。在适宜的环境条件下,污染物在水圈内发生迁移的同时还会产生各种转化作用。

(一)迁移

迁移是指污染物在环境中所发生的空间位移及其所引起的富集、分散和消失的过程。污染物在水体中的迁移包含机械迁移、物理化学迁移和生物迁移。

1. 机械迁移

机械迁移包括污染物随水流平移运动产生的推流平移和污染物在水流中通过分子扩散、湍流扩散和弥散扩散产生的分散稀释。平移运动只是改变污染物在空间中的位置,并不改变水中污染物的浓度。分子扩散是由于分子的随机运动引起的质点分散现象,分子扩散的质量通量与扩散物质的浓度梯度成正比;湍流扩散是在水体的湍流场中,质点的各种状态(流速、压力、浓度等)的瞬时值相对于其平均值的随机脉动而引起的分散现象;弥散扩散是由于断面上实际的流速及浓度分布的不均匀性引起的分散现象,是由于空间各点湍流速度(或其他状态)时的平均值与流速时的平均值的空间系统差别所产生的分散现象。

2. 物理化学迁移

物理化学迁移是指通过悬浮—沉降、溶解—沉淀、氧化—还原、水解、配位和螯合、吸附—解吸等作用实现的污染物迁移。例如,污染物质中有着极为微小的悬浮颗粒,这些物质随着污水排入河道后,因流速降低而使一些悬浮物和虫卵等沉落河底,有时虽然它们比水重,但在水流紊动的作用下仍呈悬浮状态,当到达流速缓慢的地方时,由于紊动的减弱而沉降。天然水体中含有各种各样的胶体,如硅、铝、铁等的氢氧化物、黏土颗粒和腐殖质等。由于有些微粒具有较大的表面积,另有一些物质本身又是凝聚剂,这就使水体具有混凝沉淀作用和吸附作用,从而使某些污染物随这些作用自水中去除。

3. 生物迁移

污染物通过生物体的吸收、代谢、生长、死亡等过程实现的迁移称为生物迁移。

对于一般污染物(包括无机的和有机的)的溶解状态和胶体状态颗粒来说,它们与河水的混合作用和混合程度是十分重要的。因为污染物在与河水相混的同时,本身得到了分散和稀释,这种过程起着自净的作用。污染物与河水的混合过程一般分为以下三个阶段。

(1)竖向混合阶段,是从排污口到污染物在水深方向上充分混合的阶段。

(2)横向混合阶段,是从竖向充分混合到横向充分混合的阶段。

(3)纵向混合阶段,是横断面上充分混合以后到水流方向充分混合的阶段。

其中横向混合阶段最受关注,其长度可由下式估算。

$$L_m = 0.11 + 0.7\left[0.5 - \frac{a}{B} - 1.1\left(0.5 - \frac{a}{B}\right)^2\right]^{1/2}\frac{uB^2}{E_y} \tag{4-1}$$

式中:L_m—混合段长度,m;B—水面宽度,m;a—排放口到岸边的距离,m;u—断面流速,m/s;E_y—污染物横向扩散系数,m^2/s。

(二)转化

转化是指污染物在环境中通过物理、化学或生物的作用改变存在形态或转变为另一种物质的过程。

1. 物理转化

污染物可通过蒸发、渗透、凝聚、吸附和放射性元素蜕变等物理过程实现转化。

2. 化学转化

污染物可通过光化学氧化、氧化还原、配位螯合、水解等化学作用实现转化。其中氧化还原反应是河流污染物化学转化的重要途径,流动的水体通过水面波浪不断将大气中的氧气溶入,这些溶解氧会与水中的污染物发生氧化作用,如某些重金属离子可因氧化作用生成难溶物而沉淀析出;硫化物可氧化为硫代硫酸盐或硫而净化。还原作用对水体污染物净化也有作用,但这类反应多在微生物作用下进行。

3. 生物转化

污染物可通过生物的吸收、代谢等生物作用实现转化。

4. 水体的耗氧和复氧过程

有机物进入水体后,在微生物的作用下不断衰减,同时水中的溶解氧被不断地消耗掉,而空气中的氧又不断溶入水中,此过程被称为水体的耗氧和复氧过程。

(1)水体耗氧过程。水体耗氧过程主要有以下几个子过程。

① 碳化需氧量衰减耗氧:有机污染物生化降解,使碳化需氧量衰减,消耗一定的氧气。

② 含氮化合物硝化耗氧:含氮化合物因为硝化作用而耗氧。

③ 水生植物呼吸耗氧：水中的藻类和其他水生植物呼吸作用耗氧。

④ 水体底泥耗氧：底泥中的耗氧物质返回水中和底泥顶层耗氧物质的氧化分解耗氧。

（2）水体复氧过程。水体中的溶解氧被不断消耗的同时，大气中的氧气不断溶于水中。水生植物通过光合作用产氧的过程也使水中的溶解氧水平得到一定程度的恢复。

水中的溶解氧同时受耗氧和复氧过程的影响，呈现特殊的变化规律。

第二节　地表水环境影响评价工作内容

一、评价等级、范围

（一）评价等级的确定

根据《环境影响评价技术导则　地表水环境》（HJ 2.3—2018）可知，地表水环境影响评价分为三级，评价等级的划分直接决定着评价的工作量，并在一定程度上表征着拟建项目对地表水环境的影响程度。

建设项目地表水环境影响评价等级按照影响类型、排放方式、排放量或影响情况、受纳水体环境质量现状、水环境保护目标等综合确定。其中水污染影响型建设项目根据排放方式和废水排放量划分评价等级，见表 4.1；直接排放建设项目评价等级分为一级、二级和三级 A，根据水排放量、水污染物污染当量数确定；间接排放建设项目评价等级为三级 B。

表 4.1　水污染影响型建设项目评价等级判定

评价等级	判 定 依 据	
	排放方式	废水排放量 Q/(m³/d)；水污染物当量数 W/（无量纲）
一级	直接排放	$Q \geqslant 20\,000$ 或 $W \geqslant 600\,000$
二级	直接排放	其他
三级 A	直接排放	$Q < 200$ 且 $W < 6\,000$
三级 B	间接排放	—

注 1：水污染物当量数等于该污染物的年排放量除以该污染物的污染当量值。计算排放污染物的污染物当量数，应区分第一类水污染物和其他类水污染物，统计第一类污染物当量数总和，然后与其他类污染物按照污染物当量数从大到小排序，取最大当量数作为建设项目评价等级确定的依据。

注 2：废水排放量按行业排放标准中规定的废水种类统计，没有相关行业排放标准要求的通过工程分析合理确定，应统计含热量大的冷却水的排放量，可不统计间接冷却水、循环水以及其他含污染物极少的清净下水的排放量。

注 3：厂区存在堆积物（露天堆放的原料、燃料、废渣等以及垃圾堆放场）、降尘污染的，应将初期雨污水纳入废水排放量，相应的主要污染物纳入水污染当量计算。

注 4：建设项目直接排放第一类污染物的,其评价等级为一级；建设项目直接排放的污染物为受纳水体超标因子的,评价等级不低于二级。

注 5：直接排放受纳水体影响范围涉及饮用水水源保护区、饮用水取水口、重点保护与珍稀水生生物的栖息地、重要水生生物的自然产卵场等保护目标时,评价等级不低于二级。

注 6：建设项目向河流、湖库排放温水引起受纳水体水温变化超过水环境质量标准要求,且评价范围有水温敏感目标时,评价等级为一级。

注 7：建设项目利用海水作为调节温度介质,排水量≥500 万 m³/d,评价等级为一级；排水量<500 万 m³/d,评价等级为二级。

注 8：仅涉及清净下水排放的,如其排放水质满足受纳水体水环境质量标准要求的,评价等级为三级 A。

注 9：依托现有排放口,对外环境未新增排放污染物的直接排放建设项目,评价等级参照间接排放,定为三级 B。

注 10：建设项目生产工艺中有废水产生,但作为回水利用,不排放到外环境的,按三级 B 评价。

（二）评价范围

建设项目地表水环境影响评价范围指建设项目整体实施后可能对地表水环境造成的影响范围。水污染影响型建设项目评价范围,根据评价等级、工程特点、影响方式及程度、地表水环境质量管理要求等确定。

1．一级、二级及三级 A

（1）应根据主要污染物迁移转化状况评定,至少需覆盖建设项目污染影响所及水域。

（2）受纳水体为河流时,应满足覆盖对照断面、控制断面与削减断面等关心断面的要求。

（3）受纳水体为湖泊、水库时,一级评价,评价范围宜不小于以湖（库）排放口为中心、半径为 5km 的扇形区域；二级评价,评价范围宜不小于以湖（库）排放口为中心、半径为 3km 的扇形区域；三级 A 评价,评价范围宜不小于以湖（库）排放口为中心、半径为 1km 的扇形区域。

（4）受纳水体为入海河口和近岸海域时,评价范围按照《海洋工程环境影响评价技术导则》(GB/T 19485—2014)执行。

（5）影响范围涉及水环境保护目标的,评价范围至少应扩大到水环境保护目标内受到影响的水域。

（6）同一建设项目有两个及两个以上废水排放口,或排入不同地表水体时,按各排放口及所排入地表水体分别确定评价范围；有叠加影响的,应该将叠加影响水域作为重点评价范围。

2．三级 B

（1）应满足其依托污水处理设施环境可行性分析的要求。

（2）涉及地表水环境风险的,应覆盖环境风险影响范围所及的水环境保护目标水域。

（三）评价因子

地表水环境影响因素识别应分析建设项目建设阶段、生产运行阶段和服务期满后各阶段对地表水环境质量、水文要素的影响行为。各类指标选取原则如下。

1. 调查指标

调查指标从常规水质因子、特征水质因子和其他方面的因子中选取。

（1）常规水质因子：从地表水环境质量标准中选取，如 pH、DO、COD、BOD_5、石油类、氨氮、总磷、挥发性酚等。

（2）特征水质因子：根据区域背景资料和工程分析结果，从建设项目的特征污染物中选取，如重金属、无机毒物、有机毒物等。

（3）其他方面的因子：如水温、叶绿素 a、浮游动植物、水生生物、底栖动物等。

2. 评价指标

（1）国家或地方环境保护部门有管理要求的指标。

（2）对受纳水体危害大的污染因子。

（3）特征污染物中的主要指标。

（四）评价标准

1. 环境质量标准

我国的水环境质量标准由综合性水环境质量标准《地表水环境质量标准》（GB 3838—2002）和各种专项水环境质量标准，如《生活饮用水卫生标准》（GB 5749—2006）、《渔业水质标准》（GB 11607—1989）、《农田灌溉水质标准》（GB 5081—2005）、《地下水水质标准》（GB/T 14848—1993）、《海水水质标准》（GB 3097—1997）等组成。

《地表水环境质量标准》将地表水水域按照环境功能和保护目标的高低，依次划分为五类。

Ⅰ类主要适用于源头水、国家自然保护区；

Ⅱ类主要适用于集中式生活饮用水地表水源地一级保护区、珍稀水生生物栖息地、鱼虾类产卵场、仔稚幼鱼的索饵场等；

Ⅲ类主要适用于集中式生活饮用水地表水源地二级保护区、鱼虾类越冬场、洄游通道、水产养殖区等渔业水域及游泳区；

Ⅳ类主要适用于一般工业用水区及人体非直接接触的娱乐用水区；

Ⅴ类主要适用于农业用水区及一般景观要求水域。

对应上述五类水域功能，将地表水环境质量标准值分为五类，不同功能类别分别执行相应类别的标准值。水域功能类别高的标准值严于水域功能类别低的标准值。同一水域兼有多类使用功能的，执行最高功能类别对应的标准值。如果受纳水体的实际功能与该标准的水质分类不一致时，可根据项目所在地人民政府或当地生态环境部门及上一级生态环境部门规定的水环境功能区划来明确受纳水体的功能，确定对地表水水质的要求。

地表水环境质量标准涉及项目共计 109 项，其中基本项目 24 项，主要常规水质参数的标准限值见表 4.2。

表 4.2 主要常规水质参数标准限值　　　　　　　　单位：mg/L

项 目		标 准 值				
		Ⅰ类	Ⅱ类	Ⅲ类	Ⅳ类	Ⅴ类
pH(无量纲)		6～9				
溶解氧	≥	饱和率90%（或7.5）	6	5	3	2
高锰酸盐指数	≤	2	4	6	10	15
化学需氧量(COD)	≤	15	15	20	30	40
五日生化需氧量(BOD$_5$)	≤	3	3	4	6	10
氨氮(NH$_3$-N)	≤	0.15	0.5	1	1.5	2
总磷(以P计)	≤	0.02（湖、库0.01）	0.1（湖、库0.025）	0.2（湖、库0.05）	0.3（湖、库0.1）	0.4（湖、库0.2）

　　其他专项水环境标准与地表水环境质量标准间的关系如下：凡是由地方政府根据《地表水环境质量标准》功能分类要求，批准划定的单一渔业保护区域或鱼虾产卵场的水域执行《渔业水质标准》，非单一的渔业保护区执行《地表水环境质量标准》；单一景观娱乐用水水域执行《景观娱乐水质标准》，非单一的景观娱乐用水水域执行《地表水环境质量标准》；《农田灌溉水质标准》只能用来评价农灌用的水，不能用来评价农业用水区，以地表水为水源的农田灌溉用水应执行《地表水环境质量标准》；自来水厂出水和其他直接饮用的水执行《生活饮用水标准》；生活饮用水水源地执行《地表水环境质量标准》。

　　环境影响评价应根据排放范围内各水体的水环境功能确定其保护等级，通过查找以上标准，明确各评价指标的标准限值。

　　2. 污染物排放标准

　　水环境评价中常用的排放标准是《污水综合排放标准》(GB 8978—1996)。该标准按照污水排放去向，分年限规定了69种水污染物最高允许排放浓度及部分行业最高允许排水量。该标准将排放的污染物按其性质及控制方式分为两类：第一类污染物主要是重金属和放射性污染(13项，包括总汞、烷基汞、总镉、总铬、六价铬、总砷、总铅、总镍、苯并芘、总铍、总银、总α放射性、总β放射性)，一律在车间或车间处理设施排放口采样；第二类污染物(56项)则在排污单位排放口采样。

　　针对第二类污染物，排放标准限值实行三级：排入 GB 3838 Ⅲ类水域的执行一级标准；排入Ⅳ、Ⅴ类水域的执行二级标准；排入设置二级污水处理厂的城镇排水系统的执行三级标准。

　　此外，国家还颁布了众多的行业排放标准，如《城镇污水处理厂污染物排放标准》(GB 18918—2002)、《制浆造纸工业水污染物排放标准》(GB 3544—2008)、《船舶水污染物排放标准》(GB 3552—2018)、《石油炼制工业污染物排放标准》(GB 31570—2015)、《无机化学工业污染物排放标准》(GB 31573—2015)、《电镀污染物排放标准》(GB 21900—2008)、《纺织染整工业水污染物排放标准》(GB 4287—2012)、《合成氨工业水污染物排放标准》(GB 13458—2013)、《钢铁工业水污染物排放标准》(GB 13456—2012)、《磷肥工业水污染物排放标准》(GB 15580—2011)等。

同时,如有省、自治区、直辖市人民政府颁布的地方排放标准,则应执行要求更严格的地方标准。

二、地表水环境现状调查与评价

(一)调查范围

地表水环境的现状调查范围应覆盖评价范围,应以平面图方式表示,并明确起止断面的位置及涉及范围。在此区域内进行的调查,需能全面说明与地表水环境相联系的环境基本状况,并能充分满足环境影响预测的要求。

对于水污染影响型建设项目,除覆盖评价范围外,受纳水体为河流时,在不受回水影响的河流段,排放口上游调查范围宜不小于500m,受回水影响河段的上游调查范围原则上与下游调查的河段长度相等。

受纳水体为湖(库)时,以排放口为圆心,调查半径在评价范围基础上外延20%~50%。建设项目排放污染物中包括氮、磷或有毒污染物且受纳水体为湖泊、水库时,一级评价的调查范围应包括整个湖泊、水库;二级、三级A评价时,调查范围应包括排放口所在水环境功能区、水功能区或湖(库)湾区。

受纳或受影响水体为入海河口及近岸海域时,调查范围依据《海洋工程环境影响评价技术导则》(GB/T 19485—2014)要求执行。当下游附近有环境敏感区时,调查范围应考虑延长到敏感区上游边界,以满足预测敏感区所受影响的需要。

(二)调查时间

根据当地的水文资料确定河流、河口、湖泊、水库的丰水期、平水期和枯水期,同时确定最能代表这三个时期的季节或月份,并按照不同评价等级的要求,尽可能在水体自净能力较差的季节或月份开展调查。水质调查时间见表4.3。

表4.3　水质调查时间表

受影响地表水体类型	评价等级		
	一　级	二　级	水污染影响型(三级A)/水文要素影响型(三级)
河流、湖(库)	丰水期、平水期、枯水期;至少丰水期和枯水期	丰水期和枯水期;至少枯水期	至少枯水期
入海河口(感潮河段)	河流:丰水期和枯水期;河口:春季、夏季和秋季;至少丰水期和枯水期,春季和秋季	河流:丰水期和枯水期;河口:春、秋2个季节;至少枯水期或1个季节	至少枯水期或1个季节
近岸海域	春季、夏季和秋季;至少春、秋2个季节	春季或秋季;至少1个季节	至少1次调查

(三)调查内容

地表水环境现状调查的内容包括水文情势调查、区域污染源调查、水环境保护目标调查和水环境质量调查。

1．水文情势调查

调查时，应尽量收集临近水文站既有水文年鉴资料和其他相关的有效水文观测资料。当上述资料不足时，应进行现场水文调查与水文测量，水文调查与水文测量宜与水质调查同步进行。水文调查与水文测量宜在枯水期进行，必要时可根据水环境影响预测需要、生态环境保护要求，在其他时期（丰水期、平水期、冰封期等）进行。

水文测量的内容应满足拟采用的水环境影响预测模型对水文参数的要求。在采用水环境数学模型时，应根据所选用的预测模型需输入的水文特征值及环境水力学参数决定水文测量内容；在采用物理模型法模拟水环境影响时，水文测量应提供模型制作及模型试验所需的水文特征值及环境水力学参数。

水污染影响型建设项目开展与水质调查同步进行的水文测量，原则上可只在一个时期（水期）内进行。在水文测量的时间、频次和断面与水质调查不完全相同时，应保证满足水环境影响预测所需的水文特征值及环境水力学参数的要求。

以河流为例，河流水文调查与水文测量的内容应根据评价等级、河流的规模决定，其中主要有：丰水期、平水期、枯水期的划分；河流平直及弯曲情况（如平直段长度及弯曲段的弯曲半径等）；横断面、纵断面（坡度）、水位、水深、河宽、流量、流速及其分布、水温、糙率及泥沙含量等；丰水期有无分流漫滩，枯水期有无浅滩、沙洲和断流；北方河流还应了解结冰、封冰、解冻等现象。

2．区域水污染源调查

（1）应详细调查与建设项目排放污染物同类的或有关联关系的已建项目、在建项目、拟建项目（已批复环境影响评价文件，下同）等污染源。

一级评价，以收集利用排污许可证登记数据、环境影响评价及环保验收数据及既有实测数据为主，并辅以现场调查及现场监测；

二级评价，主要收集利用排污许可证登记数据、环境影响评价及环保验收数据及既有实测数据，必要时补充现场监测。

水污染影响型三级 A 评价与水文要素影响型三级评价，主要收集利用与建设项目排放口的空间位置和所排污染物的性质关系密切的污染源资料，可不进行现场调查及现场监测。

水污染影响型三级 B 评价，可不开展区域污染源调查，主要调查依托污水处理设施的日处理能力、处理工艺、设计进水水质、处理后的废水稳定达标排放情况，同时应调查依托污水处理设施执行的排放标准是否涵盖建设项目排放的有毒有害的特征水污染物。

（2）一级、二级评价，建设项目直接导致受纳水体内源污染变化，或存在与建设项目排放污染物同类且内源污染影响受纳水体水环境质量的，应开展内源污染调查，必要时应开展底泥污染补充监测。

（3）具有已审批入河排放口的主要污染物种类及其排放浓度和总量数据，以及国家或地方发布的入河排放口数据的，可不对入河排放口汇水区域的污染源开展调查。

（4）面污染源调查主要采用收集利用既有数据资料的调查方法，可不进行实测。

（5）建设项目的污染物排放指标需要等量替代或减量替代时，还应对替代项目开展污染源调查。

3. 水环境保护目标调查

调查时,应识别出社会影响大或在自然生态系统中具有特殊重要性的保护目标,例如:生活饮用水水源地,各类保护区,风景名胜区,珍稀和特有水生生物、两栖动物、野生鱼类的产卵场、孵化场、索饵场,水产养殖和农业灌溉水源地,工业用水水源地,文物古迹,历史遗迹等;同时,应在地图中标注各水环境保护目标的地理位置、大致范围,并列表给出水环境保护目标内主要保护对象和保护要求,以及与建设项目占地区域的相对距离、坐标、高差,与排放口的相对距离、坐标等信息,并说明与建设项目的水力联系。

4. 水环境质量调查

应根据不同评价等级对应的评价时期要求开展水环境质量现状调查,并优先采用国务院生态环境主管部门统一发布的水环境状况信息。水污染影响型建设项目一级、二级评价时,应调查受纳水体近3年的水环境质量数据,分析其变化趋势。当现有资料不能满足要求时,应按照不同等级对应的评价时期要求开展现状监测。

（四）补充监测

1. 监测断面布设

河流采样断面的布设应遵循以下原则。

（1）在调查范围内的两端应布设取样断面。

（2）调查范围内重点保护对象附近水域应布设取样断面。

（3）水文特征突变处(如支流汇入处等)、水质急剧变化处(如污水排入处等)、重点水工构筑物(如取水口、桥梁涵洞等)附近应布设取样断面。

（4）水文站、常规控制断面等附近应布设采样断面。

（5）在拟建成排污口上游500m处应设置一个取样断面。

（6）采样断面布设还应适当考虑其他人们关心的、需进行水质预测的地点。

2. 取样频次

（1）在所规定的不同规模河流、不同评价等级的调查时期中每期调查一次。每次调查3～4天,至少有一天对所有已选定的水质参数取样分析,其他天数根据需要,配合水文测量对拟预测的水质参数取样。

（2）不预测水温时,只在采样时测水温;预测水温时,要测日平均水温。一般可采用每隔6h测一次的方法求平均水温。

（3）一般情况,每天每个水质参数只取一个样,在水质变化很大时,应采用每间隔一定时间采样一次的方法。

3. 水质调查时需注意的特殊情况

（1）对设有闸坝、受人工控制的河流,其流动情况在排洪时期视为河流流动;在用水时期,如用量大则类似河流,用量小则类似狭长形水库;在蓄水期也类似狭长形水库。这种河流的取样断面、取样位置、取样点的布设及水质调查的取样次数应分别参考河流、水库的取样原则酌情处理。

（2）在我国的一些河网地区,河流流向、流量经常发生变化,水流状态复杂,特别是受潮汐影响的河网,其情况更为复杂。遇到这类河网,应按各河段的长度比例布设水质采样、水文测量断面。至于水质监测项目、取样次数、断面上取样垂线的布设可参照河口的有关内容,调查时应注意水质、流向、流量随时间的变化。

(五)地表水环境现状评价

现状评价是水质调查的继续,它通过对水质调查结果进行统计和评价,说明水质的污染程度,并可作为环境影响预测和评价的基础。

目前,国内外已提出并应用的地表水环境质量现状评价方法是多种多样的,较成熟的方法有环境质量指数法、概率统计法、模糊数学法、生物指数法等,我国导则推荐采用水质指数法评价。单因子水质评价是目前使用最多的水质评价方法,一般采用标准指数评价法。

1. 一般项目的标准指数

$$S = \frac{C}{C_s} \qquad (4-2)$$

式中:S—标准指数;C—污染物的浓度,mg/L;C_s—污染物的水质评价标准,mg/L。

2. DO 的标准指数

$$S_{DO} = \frac{DO_f - DO}{DO_f - DO_s} DO \geqslant DO_s \qquad (4-3)$$

$$S_{DO} = 10 - 9\frac{DO}{DO_s} DO < DO_s \qquad (4-4)$$

$$DO_f = \frac{468}{31.6 + T} \qquad (4-5)$$

式中:DO_f—饱和溶解氧的浓度,mg/L;DO_s—溶解氧的评价标准,mg/L;T—水温,℃。

3. pH 的标准指数

$$S_{pH} = \frac{7.0 - pH}{7.0 - pH_{sd}} pH \leqslant 7.0 \qquad (4-6)$$

$$S_{pH} = \frac{7.0 - pH}{7.0 - pH_{su}} pH > 7.0 \qquad (4-7)$$

式中:pH_{sd}—评价标准中规定的 pH 下限;pH_{su}—评价标准中规定的 pH 上限。

向已超标的水体排污时,应结合环境规划酌情处理,补充区域性水环境综合整治方案或由生态环境部门事先规定排污要求。

三、地表水环境影响预测

(一)预测条件的确定

1. 预测指标

预测指标的选择要在调查和评价的基础上确定,原则上只预测与废水排放有关的因子,根据项目的具体情况,从持久性污染物、非持久性污染物、酸和碱、热污染中选取。预测指标不宜过多(一般 2~3 项即可),指标选取可参照污染物排序指标 ISE 进行,公式如式(4-8)所示。ISE 越大,说明污染物对水体的影响越大。

$$\text{ISE} = \frac{C_p \times Q_p}{(C_S - C_h) \times Q_h} \tag{4-8}$$

2．预测范围

与现状调查的范围相同或略小。

3．预测点的选取

预测点的选取考虑环境现状监测点。对于虽在预测范围以外，但估计有可能受到影响的重要用水地点，也应设立预测点。当需要预测河流混合过程段的水质时，应在该段河流中布设若干预测点。

4．预测时期

一、二级评价，预测水体自净能力最小（通常在枯水期）和一般（丰水期）的时期；三级评价或评价时间较短时的二级评价，可只预测自净能力最小时段；冰封期较长的水域，当其水体功能为生活饮用水、食品工业用水水源或渔业用水时，还应预测此时段的环境影响。

5．预测阶段

所有项目都需要预测运行期的地表水环境影响，且按正常排放和非正常排放两种情况进行预测；当建设期超过 1 年，且进入地表水的堆积物较多或土方量较大、地表水水质要求较高（Ⅲ类水以上）时，需要预测建设期的影响；个别项目在服务期满后对环境的影响并不能短时期内消失，因此需要预测服务期满后的影响，例如矿山开发、垃圾填埋场项目。

（二）预测模型

地表水水质预测数学模型有很多种：根据水体性质的不同分为河流、河口、湖泊水库、海湾模型；根据数学模型的空间分布特征分为零维、一维、二维、三维模型；根据水质模型的数学特性分为确定性和随机性模型；根据水质组分多少可以分为单组分、耦合、生态综合模型等；根据研究对象不同划分为水质模型、pH 模型、温度模型、水土流失模型等；根据预测方法不同分为机理性水质模型和非机理性水质模型。本节将重点介绍以下几种模型。

1．河流水质预测模型

（1）均匀混合水质模型（零维），如式（4-9）所示。

$$C = \frac{C_p Q_p + C_h Q_h}{Q_h + Q_p} \tag{4-9}$$

式中：C—预测污染物浓度，mg/L；C_p—污染物排放浓度，mg/L；Q_p—污水排放量，m^3/s；C_h—上游河水污染物浓度，mg/L；Q_h—上游河水来水流量，m^3/s。

河流的均匀混合水质模型的适用条件是：河流是稳态的，定常排污，即河床截面积、流速、流量及污染物的输入量不随时间变化；污染物在整个河段内均匀混合，即河段内各点污染物浓度相等；废水连续稳定排放，废水的污染物为持久性污染物（可通过生化需氧量与化学需氧量比值来判定，BOD/COD＜0.3 判别为持久性污染物）；河流无支流和其他排污口废水进入。

（2）纵向一维数学模型，水动力数学模型的基本方程如式（4-10）、式（4-11）所示。

$$\frac{\partial A}{\partial t}=\frac{\partial Q}{\partial x}=q \tag{4-10}$$

$$\frac{\partial Q}{\partial t}+\frac{\partial}{\partial x}\left(\frac{Q^2}{A}\right)-q\frac{Q}{A}=-g\left(A\frac{\partial Z}{\partial x}+\frac{n^2Q|Q|}{Ah^{4/3}}\right) \tag{4-11}$$

式中：Q—断面流量，m^3/s；q—单位河长的旁侧入流，m^2/s；A—断面面积，m^2；g—重力加速度，m/s^2；Z—断面水位，m；x—笛卡尔坐标系水流方向的坐标，m；n—河道糙率，量纲为1；h—断面水深，m。

根据河流纵向一维水质模型方程的简化、分类判别条件（即：O'Connor 数 a 和贝克来数 P_e 的临界值），选择相应的解析解公式。

$$a=\frac{kE_x}{u^2} \tag{4-12}$$

$$P_e=\frac{uB}{E_x} \tag{4-13}$$

当 $a\leqslant0.027$、$P_e\geqslant1$ 时，适用对流降解模型：

$$C=C_0\exp\left(-k\frac{x}{u}\right) \tag{4-14}$$

当 $a\leqslant0.027$、$P_e<1$ 时，适用对流扩散降解简化模型：

$$C=C_0\exp\left(\frac{ux}{E_x}\right)x<0 \tag{4-15}$$

$$C=C_0\exp\left(-k\frac{x}{u}\right)x\geqslant0 \tag{4-16}$$

式（4-14）和式（4-15）中的 C_0 采用零维水质模型式（4-9）计算。

当 $0.027<a\leqslant380$ 时，适用对流扩散降解模型：

$$C(x)=C_0\exp\left[\frac{ux}{2E_x}(1+\sqrt{1+4a})\right]\quad x<0 \tag{4-17}$$

$$C(x)=C_0\exp\left[\frac{ux}{2E_x}(1-\sqrt{1+4a})\right]\quad x\geqslant0 \tag{4-18}$$

$$C_0=\frac{C_pQ_p+C_hQ_h}{(Q_h+Q_h)\sqrt{1+4a}} \tag{4-19}$$

当 $a>380$ 时，适用扩散降解模型：

$$C=C_0\exp\left(x\sqrt{\frac{k}{E_x}}\right)\quad x<0 \tag{4-20}$$

$$C=C_0\exp\left(-x\sqrt{\frac{k}{E_x}}\right)\quad x\geqslant0 \tag{4-21}$$

$$C_0=\frac{C_pQ_p+C_hQ_h}{2A\sqrt{kE_x}} \tag{4-22}$$

式中：a—O'Connor 数，量纲为1，表征物质离散降解通量与移流通量比值；P_e—贝克来数,量纲为1,表征物质移流通量与离散通量比值;C_0—河流排放口初始断面混合浓度,mg/L;x—河流沿程坐标,m,$x=0$指排放口处,$x>0$指排放口下游段,$x<0$指排放口上游段。

河流的一维混合水质模型的适用条件是:河流是稳态的,定常排污,即河床截面积、流速、流量及污染物的输入量不随时间变化;污染物在整个河段内均匀混合,即河段内各点污染物浓度相等;废水的污染物为非持久性污染物,废水连续稳定排放;河流无支流和其他排污口废水进入。

【例题】　一个改扩建工程拟向河流排放废水,废水量为$0.15\text{m}^3/\text{s}$,苯酚浓度为$30\mu\text{g/L}$,河水流量为$5.5\text{m}^3/\text{s}$,流速为0.3m/s,苯酚背景浓度为$0.5\mu\text{g/L}$,苯酚的衰减系数为0.2d^{-1},纵向弥散系数为$10\text{m}^2/\text{s}$,河流宽度为10m。求排放点下游10km处的苯酚浓度。

解析:首先,计算a和P_e的值:

$$a=\frac{kE_x}{u^2}=\frac{0.2\times10}{86\,400\times0.3^2}=0.000\,26$$

$$P_e=\frac{uB}{E_x}=\frac{0.3\times10}{10}=0.3$$

当$a\leqslant0.027$、$P_e<1$时,适用对流扩散降解简化模型:

$$C=\frac{C_pQ_p+C_hQ_h}{Q_h+Q_h}=\frac{0.15\times30+5.5\times0.5}{0.15+5.5}=1.28(\mu\text{g/L})$$

$$C=C_0\exp\left(-k\frac{x}{u}\right)=1.28\exp\left(-\frac{0.2\times10\,000}{86\,400\times0.3}\right)=1.19(\mu\text{g/L})$$

2. 湖(库)水质预测模型

(1) 湖库均匀混合模型的基本方程如式(4-23)所示。

$$V\frac{dC}{dt}=W-QC+f(C)V \tag{4-23}$$

式中:V—水体体积,m^3;C—污染物浓度,mg/L;t—时间,s;W—单位时间污染物排放量,g/s;Q—水量平衡时流入与流出湖(库)的流量,m^3/s;$f(C)$—生化反应项,$\text{g/(m}^2\cdot\text{s)}$。

如果生化过程可以用一级动力学反应表示,$f(C)=-kC$,则上式存在解析解,当稳定时:

$$C=\frac{W}{Q+kV} \tag{4-24}$$

式中:k—污染物综合衰减系数,1/s。

(2) 狄龙模型,描述营养物平衡的狄龙模型如式(4-25)~式(4-27)所示。

$$[P]=\frac{I_p(1-R_p)}{rV}=\frac{L_p(1-R_p)}{rH} \tag{4-25}$$

$$R_p=1-\frac{\sum q_a[P]_a}{\sum q_i[P]_i} \tag{4-26}$$

$$r=\frac{Q}{V} \tag{4-27}$$

式中：$[P]$—湖（库）中氮、磷的平均浓度，mg/L；I_p—单位时间进入湖（库）的氮（磷）质量，g/a；L_p—单位时间、单位面积进入湖（库）的氮、磷负荷量，g/(m²·a)；H—平均水深，m；R_p—氮、磷在湖（库）中的滞留率，量纲为1；q_a—年出流的水量，m³/a；q_i—年入流的水量，m³/a；$[P]_a$—年出流的氮（磷）平均浓度，mg/L；$[P]_i$—年入流的氮（磷）平均浓度，mg/L；Q—湖（库）年出流水量，m³/a。

（三）水体和污染源的简化

1. 河流水域概化要求

（1）预测河段及代表性断面的宽深比≥20时，可视为矩形河段。

（2）河段弯曲系数＞1.3时，可视为弯曲河段，其余可概化为平直河段。

（3）对于河流水文特征值、水质急剧变化的河段，应分段概化，并分别进行水环境影响预测；河网应分段概化，分别进行水环境影响预测。

2. 湖库水域概化要求

（1）根据湖库的入流条件、水力停留时间、水质及水温分布等情况，分别概化为稳定分层型、混合型和不稳定分层型。

（2）受人工控制的河流，根据涉水工程（如水利水电工程）的运行调度方案及蓄水、泄流情况，分别视其为水库或河流进行水环境影响预测。

3. 入海河口、近岸海域概化要求

（1）可将潮区界作为感潮河段的边界。

（2）采用解析解方法进行水环境影响预测时，可按潮周平均、高潮平均和低潮平均三种情况，概化为稳态进行预测。

（3）预测近岸海域可溶性物质水质分布时，可只考虑潮汐作用；预测密度小于海水的不可溶物质时应考虑潮汐、波浪及风的作用。

（4）注入近岸海域的小型河流可视为点源，可忽略其对近岸海域流场的影响。

4. 污染源简化

污染源简化包括排放形式的简化和排放规律的简化。根据污染源的具体排放形式可简化为点源和面源，排放规律可简化为连续恒定排放和非连续恒定排放。在水环境影响预测中，通常可以把排放规律简化为连续恒定排放。

四、地表水环境影响评价

（一）评价内容

对于一级、二级、水污染影响型三级 A 及水文要素影响型三级评价，主要评价内容包括水污染控制和水环境影响减缓措施有效性评价，以及水环境影响评价；对于水污染影响型三级 B 评价，主要评价内容包括水污染控制和水环境影响减缓措施有效性评价，以及依托污水处理设施的环境可行性评价。

（二）评价要求

1. 污染控制和水环境影响减缓措施有效性评价要求

（1）措施及各类排放口排放浓度限值等应满足国家和地方相关排放标准及符合有关

标准规定的排水协议关于水污染物排放的条款要求。

（2）水动力影响、生态流量、水温影响减缓措施应满足水环境保护目标的要求。

（3）涉及面源污染的,应满足国家和地方有关面源污染控制治理要求。

（4）受纳水体环境质量达标区的建设项目选择废水处理措施或多方案比选时,应满足行业污染防治可行技术指南要求,确保废水稳定达标排放且环境影响可以接受。

（5）受纳水体环境质量不达标区的建设项目选择废水处理措施或多方案比选时,应满足区（流）域水环境质量限期达标规划和替代源的削减方案要求、区（流）域环境质量改善目标要求及行业污染防治可行技术指南中最佳可行技术要求,确保废水污染物达到最低排放强度和排放浓度,且环境影响可以接受。

2. 水环境影响评价要求

（1）排放口所在水域形成的混合区,应限制在达标控制（考核）断面以外水域,且不得与已有排放口形成的混合区叠加,混合区外水域应满足水环境功能区或水功能区的水质目标要求。

（2）水环境功能区或水功能区、近岸海域环境功能区水质达标;说明建设项目对评价范围内的水环境功能区或水功能区、近岸海域环境功能区的水质影响特征,分析水环境功能区或水功能区、近岸海域环境功能区水质变化状况,在考虑叠加影响的情况下,评价建设项目建成以后各预测时期水环境功能区或水功能区、近岸海域环境功能区达标状况;涉及富营养化问题的,还应评价水温、水文要素、营养盐等变化特征与趋势,分析判断富营养化演变趋势。

（3）满足水环境保护目标水域水环境质量要求;评价水环境保护目标水域各预测时期的水质（包括水温）变化特征、影响程度与达标状况。

（4）水环境控制单元或断面水质达标;说明建设项目污染排放或水文要素变化对所在控制单元各预测时期的水质影响特征,在考虑叠加影响的情况下,分析水环境控制单元或断面的水质变化状况,评价建设项目建成以后水环境控制单元或断面在各预测时期下的水质达标状况。

（5）满足重点水污染物排放总量控制指标要求,重点行业建设项目主要污染物排放满足等量或减量替代要求。

（6）满足区（流）域水环境质量改善目标要求。

（7）水文要素影响型建设项目同时应包括水文情势变化评价、主要水文特征值影响评价、生态流量符合性评价。

（8）对于新设或调整入河（湖库、近岸海域）排放口的建设项目,应包括排放口设置的环境合理性评价。

（9）满足生态保护红线、水环境质量底线、资源利用上线和环境准入清单管理要求。

依托污水处理设施的环境可行性评价,主要从污水处理设施的日处理能力、处理工艺、设计进水水质、处理后的废水稳定达标排放情况及排放标准是否涵盖建设项目排放的有毒有害的特征水污染物等方面开展评价,满足依托的环境可行性要求。

第三节　地表水环境影响评价案例分析

案例一

西北某地溪水江自北向南流,左岸自上游往下有 A、B 两条支流汇入,汇口间距 144km。A 河全长 83km,流域面积为 1 581km²,河口处多年平均流量为 42.7m³/s。清溪县位于 A 河右岸,距河口 42~44km,县城临河展布,以 A 河支流作为供水水源,目前供水保证率低。县城生活污水经集中处理后排入 A 河。B 河自东向西穿过临江市区,河流全长 32km,河口处多年平均流量为 6.3m³/s,为临江市主要排污受纳水体。临江市目前以城区北侧的红旗水库作为供水水源。随着城市发展,现有水资源已无法满足其发展需要。

为提高清溪县供水保证率和满足临江市发展对水资源的需求,临江市拟在距河口 61km 处新建 R 水库工程以及清溪县取水工程和临江市调水工程。清溪县取水工程在 R 水库坝下 10km 处右岸取水,经 6.8km 取水管道引入县自来水厂;临江市调水工程在 R 水库坝上 100m 处左岸取水,经 20km 输水隧洞向红旗水库补水。

R 水库坝址处多年平均流量为 8.79m³/s,水库正常蓄水位为 238.0m,死水位为 231.0m,水库长 9.3km,总库容 9 437×10⁴m³,具有年调节能力。R 水库由大坝枢纽、泄水建筑物和发电厂房组成。大坝最大坝高为 96m,泄水建筑物包括 1 条溢洪道、1 条放空洞和 1 根生态流量泄放管。发电厂房位于坝下,根据下游综合需水量进行发电,当发电机组无法下泄水量时,R 水库通过生态流量泄放管下泄生态流量。

R 水库调度方式是 6 月至 11 月为蓄水期,在满足防洪需求的情况下蓄水,下泄流量小于等于天然来流量;12 月至翌年 5 月为供水期,下泄流量大于天然来流量。

A 河上游受地形地质条件、气候等因素影响,生态环境较为脆弱,中下游河段具有典型干热河谷特征,河谷区植被以灌草丛为主。调水工程输水隧洞穿越山区,在隧洞中段设 1 条施工支洞,隧洞及支洞口附近分别设有弃渣场、施工场地与临时道路,山区植被以云南松林、杞木林、杜鹃灌丛等为主,野生动植物较丰富。

A 河现状水质为 Ⅱ、Ⅲ 类,鱼类资源较丰富,距河口约 10km 河段分布有 1 处鱼类产卵场。B 河为 Ⅲ 类水环境功能类别,受临江市排污影响,市区以下河段现状水质仅为 Ⅳ、Ⅴ 类。

问题:

(1) 给出地表水环境影响评价范围。

(2) 为计算 A 河生态需水量,应考虑哪些主要因素?

(3) 从退水环境影响角度,分析临江市增加供水的环境制约因素,提出解决对策。

解析:

(1) 地表水环境影响评价范围:①A 河:大坝上游 9.3km 处(或 R 水库库区)至汇入溪水江河口。②20km 输水隧洞。③红旗水库。

(2) 计算 A 河生态需水量应考虑的主要因素有:①坝下工农业生产和生活需水量

（如坝下 10km 处县自来水厂取水口取水量）。②维持水生生态稳定所需水量,特别是保证鱼类生存繁殖（如鱼类产卵场）所需水量。③维持河道水质（Ⅱ、Ⅲ类）的最小稀释净化水量。④河道水面蒸发需水量。⑤河道外河岸植被需水量。

（3）①从退水环境影响角度,临江市增加供水的环境制约因素有:清溪县城生活污水排入 A 河,雨水可能流入 A 河,影响 R 水库向红旗水库调水量;A 河两岸如有农田,应考虑农业退水面源入河污染,影响 R 水库向红旗水库调水量;B 河为临江市主要排污受纳水体,市区以下河段现状水质仅为Ⅳ、Ⅴ类,不适宜作为临江市增加供水的水源。②相应的解决对策为:清溪县实施雨污分流,雨水、污水禁止排入 A 河,雨水综合利用,县城生活污水经集中处理后作为中水综合利用;A 河两岸如有农田,要切断 B 河污染源,加强 A 河农药、化肥的科学使用管理,防治农业退水面源污染入河,对 B 河进行水环境综合整治。

案例二

某铜矿位于中南部某省低山丘陵区,矿区面积 0.375hm²,标高＋320m＋55m,矿石类型主要为黄铜矿（CuFe₂）,含少量硫砷铜矿（CuAsS₄）,脉石主要为石英、钾长石。矿山现有 200d（6.6 万 t/a）采选工程,包括地下开采卷道、地面采矿工业场地（内有主井、副井各 1 口及临时废石场 1 座）、风井工业场地（内有回风井 1 口）、选矿厂（位于采矿工业场地西北侧的矿区边界）、尾矿库（位于选矿厂南侧 1.1km 的山谷内）和集中办公生活区,地面设施占地 25.05hm²。矿山地下采出的铜矿石由主井提升至地面筒仓暂存后转入选矿厂,经碎磨后加入丁黄药等药剂浮选产出铜精矿产品。

现有工程井下涌水量 563m³/d,经中和沉淀处理后优先回用于生产,剩余 255m³/d 外排西边河（外排水质见表 4.4）。西边河傍矿区西侧边界由南向北流过。选矿产生的含固率 55% 的尾矿浆由 1.6km 长压力管道送往尾矿库,尾矿浆在库内沉淀后,澄清水通过溢流井排出尾矿库并全部回用于选矿生产。集中办公生活污水生化处理并消毒后用于矿区绿化,不外排。现有工程采矿废石露天堆存于副井旁的临时废石场,定期送建材厂综合利用,废石场仅设有拦挡坝。现有尾矿库总库容 136 万 m³,剩余库容 103 万 m³,尾矿浆于主坝前均匀排入尾矿库,在库内自然沉积形成堆体和干滩面。2018 年年底,该省公告该矿区所在区域列入落实"水十条"实施区域差别化环境准入的管控区域,该区域的矿产资源开发项目执行水污染物特别排放限值。

表 4.4　现有工程井下涌水外排水质　　　单位：mg/L,pH 无量纲

污染物项目		pH	COD	SS	砷	铜
排放浓度		7.7	16.8	13	0.003	0.3
铜镍钴工业污染排放限值	排放限值	6～9	60	80	0.5	0.5
	特别排放限值	6～9	50	30	0.1	0.2

矿山计划依托现有工程,通过新建深部盲主井和盲风井,改造提升设备,扩建选矿设施实现采选扩能。新建尾矿充填站实现部分尾矿充填井下采空区,进而延长尾矿库原服务年限;为缓解废石外运不畅暂存压力,扩能工程拟在采矿工业场地以北的山处新建

1座废石场,库容2万m³,需新征占地35hm²。矿山扩能后矿区范围不变,开采深度延伸到-500m,总采选规模500t/d(16.5万t/a),可继续服役17.7a。

扩能工程实施后,矿山井下涌水正常产生量2 441m³/d,采用三级接力排到地面中和沉淀处理后,905m²/d回用于采选生产,剩余1 536m²/d依托现有排放口外排西边河。扩能工程选矿尾矿浆先送尾矿充填站分级,其中粗粒尾矿与水泥混合后胶结充填井下采空区,剩余含固率40%的细粒尾矿浆(干重6.8万t/a)送现有尾矿库。扩能工程建成后,尾矿浆澄清水、生活污水仍然回用,不外排。

西边河矿山所在河段不涉及饮用水水源保护区等水环境保护目标,评价技术单位判定扩能工程地表水环境影响评价等级为一级;在地表水评价范围内有一处民采铜矿废水排放口,为保障区域水环境质量,政府已将该铜矿列入关停计划。矿区土壤类型包括红壤、紫色土,主要植被为次生马尾松林和人工杉木林;评价技术单位判定扩能工程涉及土壤环境生态影响与污染影响,其中污染影响型评价工作等级为一级,在矿区下游河道宽缓带两侧有少量水稻田位于土壤评价范围内。为掌握经尾矿充填站分级后排入尾矿库的细粒尾矿浆固废属性,评价技术单位提出在扩能工程投产后重新取样进行浸出毒性试验的要求。

问题:

(1) 指出现有工程存在的生态环境问题,并提出"以新带老"措施。

(2) 本扩能工程地表水环境影响评价工作等级判定是否正确?并说明理由。

(3) 指出开展正常工程下的地表水环境影响预测需调查的水污染源。

(4) 按污染影响型,给出本扩能工程土壤环境现状监测布点位置和布点类型。

解析:

(1) ①生态环境问题:外排矿井涌水中的Cu不满足特别排放限值规定。措施:进一步对矿井涌水中的铜进行去除,达到特别排放限值后排放(离子交换法)。②生态环境问题:尾矿浆固废属性不确定排入尾矿库不一定合理。措施:在扩能工程投产后重新取样进行浸出毒性试验,如果为危废委托资质单位处置。③废石场仅设拦挡坝,不符合标准要求。措施:应按照《一般工业固体废物贮存、处置场污染控制标准》及其修改单的要求进行建设(周边设置导流渠、截洪沟、集排水设施、构筑挡土墙、拦挡坝和护坡、防止地基下沉、洒水降尘、覆土绿化、植被恢复)。

(2) 正确。理由:本项目直接排放的矿井涌水中含有第一类污染物砷,因此地表水评价等级为一级。

(3) ①本项目现有工程的外排矿井涌水的源强。②本项目扩建工程的外排矿井涌水的源强。③评价范围内民采铜矿废水源强。④现有工程临时废石场和新建的废石场的淋溶水源强。⑤工业场地初期雨水源强。

(4) ①项目占地范围内,在现有和扩建工程的废石场、尾矿库、选矿场、矿井水处理站、新建尾矿充填站区域设置1个柱状样,在矿区内矿区植被为次生马尾松林和人工杉木林的红壤和紫色土区域分别设置1个表层样。②项目占地范围外1km范围内(土壤评价范围内),矿区下游河道宽缓带两侧水稻田共布设4个表层样。

思 考 题

（1）某地表水监测断面的水质监测结果见表 4.5，该断面为 Ⅳ 类水体，水温 20℃，用标准指数法评价该断面的水环境质量。

表 4.5 地表水监测断面水质监测结果

监测断面	时 间	pH	DO	高锰酸盐指数	石油类/L
四台子	一季度	7.61	6.31	6.58	0.01
	二季度	7.87	6.84	5.09	0.01
	三季度	7.62	6.71	4.31	0.01
	四季度	7.70	8.16	3.12	0.01

（2）一工程拟向河流排放废水，废水流量 $Q_p = 0.15\text{m}^3/\text{s}$，苯酚浓度 $C_p = 30\text{mg/L}$，河流流量 $Q_h = 5.5\text{m}^3/\text{s}$，流速 $u = 0.3\text{m/s}$，苯酚背景浓度 $C_h = 30\text{mg/L}$，苯酚的衰减系数 $k = 0.2\text{d}^{-1}$，纵向弥散系数 $E_x = 10\text{m}^2/\text{s}$，求排放点下游 10km 处的苯酚浓度（不考虑弥散作用）。

地下水环境影响评价

地下水是自然界水循环中的一个重要环节,是全球重要的供水水源,甚至在有些地区是唯一的饮用水水源。近 30 年来,随着工农业的迅速发展,地下水开发利用和保护不当导致的地下水水位持续下降、水质恶化等地下水环境问题逐渐加剧。国务院于 2011 年、2015 年、2016 年分别批复了《全国地下水污染防治规划(2011—2020 年)》《水污染防治行动计划》(俗称"水十条")、《土壤污染防治行动计划》(俗称"土十条"),2018 年年底,国家重点研发计划"场地土壤污染成因与治理技术"重点专项正式启动。上述规划和计划对实施地下水资源保护、有效遏制地下水污染加剧趋势提出了明确要求。地下水环境影响评价是防治地下水体污染、改善环境质量的有效手段。本章主要介绍与地下水有关的基本理论、地下水环境影响评价的内容、工作程序、方法和要求等。

第一节 地下水的基本概念

一、地下水资源现状

我国地下水资源分布广泛,受气候、地貌单元及大地构造背景的影响,各地区水文地质条件差异很大,地下水资源贫富相差悬殊。淮河流域以北地区加上西北内陆流域总面积 $534.55 \times 10^4 \, km^2$,占全国总面积的 61.2%,年均地下水资源量 $2\,610.47 \times 10^8 \, m^3$,占全国年均地下水资源量的 31.89%;长江以南地区面积 $339.33 \times 10^4 \, km^2$,占全国总面积的 38.8%,年均地下水资源量 $5\,575.96 \times 10^8 \, m^3$,占全国年均地下水资源量的 68.11%。南方地区年均地下水资源量远高于北方,但南方平原区地下水资源量远低于北方。北方平原区计算面积为 $179.98 \times 10^4 \, km^2$,占全国平原区计算面积的 91.3%,年均地下水资源量 $1\,558.38 \times 10^8 \, m^3$,占全国平原区年均地下水资源量的 80.6%;南方平原区计算面积 $17.18 \times 10^4 \, km^2$,占全国总面积的 8.7%,年均地下水资源量为 $375.77 \times 10^8 \, m^3$,

占全国平原区年均地下水资源量的 19.4%，但是，从平原区单位面积地下水产水量上看，南方平原区远大于北方平原区。据 2015 年水利部门核算，全国多年平均地下水资源量（可更新的地下水资源）为 $8\,064.48\times10^8\,\mathrm{m}^3$（不包括港、澳、台地区）。

我国地下水资源分布的主要特点是：时空分布极不均匀，与降水量和地表水分布趋势相似，南方多、北方少、东部多、西部少；松散岩类孔隙水主要分布在北方，岩溶水和裂隙水主要分布在南方；在北方地区，东部的松辽地区和华北地区地下水资源总量约占北方地下水总量的 50%，补给模数远大于西部；北方地区中部的黄河流域，包括黄土高原及其相邻地区是我国地下水资源相对贫乏的地区；西部的内陆盆地处于干旱的沙漠地区，年降水量小于 100mm，但由于获得盆地四周高山的降水及冰雪融水的补给，50%～80%的地表水自山区进入盆地后便转化为地下水，地下水资源量较丰富。

二、地下水的赋存

地下水存在于地面以下岩土的空隙之中。地壳表层 10km 范围内三大类岩石（沉积岩、岩浆岩、变质岩）都不同程度地存在一定的空隙，特别是浅部 1.2km 范围内，空隙分布较为普遍，这就为地下水的形成、储存、运动和发展提供了必要的空间条件。

（一）非饱和带

非饱和带中，因为岩土空隙没有充满液态水，所以还包含有空气及气态水。在该带主要分布有气态水、结合水、毛管水以及过路或下渗的重力水。非饱和带中空隙壁面吸附有结合水，细小空隙中含有毛细水，未被液态水占据的空隙中包含空气及气态水。空隙中的水超过吸附力和毛细力所能支持的量时，空隙中的水便以过路重力水的形式向下运动。上述以各种形式存在于非饱和带中的水统称为非饱和带水。当有局部隔水层存在时，也可能形成暂时的饱和含水层。

非饱和带是饱和带与大气圈、地表水圈联系并进行水分与能量交换的枢纽。饱和带地下水通过非饱和带获得大气降水和地表水的入渗补给，同时又通过非饱和带的蒸发与蒸腾作用，排泄到大气圈参与水循环。非饱和带还是地表污染物进入饱和地下水的通道。

（二）饱和带

饱和带中岩土空隙全部被液态水充满，有重力水，也有结合水。饱和带中的水体是连续分布的，能够传递静水压力，并且在水头差的作用下，能够发生连续运动。饱和带中的重力水是开发利用的主要对象。

1. 饱和带的岩（土）层，按其传输及给出水的性质，划分为含水层、隔水层及弱透水层

（1）含水层是饱水并能传输与给出相当数量水的岩层。松散沉积物中的沙砾层、裂隙发育的砂岩及岩溶发育的碳酸岩等是常见的含水层。

（2）隔水层是不能传输与给出相当数量水的岩层。裂隙不发育的岩浆岩及泥质沉积岩是常见的隔水层。

（3）弱透水层是本身不能给出水量，但垂直方向能够传输水量的岩层。黏土、重亚黏土等是典型的弱透水层。

在相当长一段时期内,人们曾经将隔水层看作是绝对不发生渗透的。20 世纪 40 年代以来,雅各布(C. E. Jacob)及汉图施(M. S. Hantush)等提出越流(leakage)概念后,人们开始将一部分原先看作隔水层的岩层归为弱透水层。越流是指相邻含水层通过其间的相对隔水层发生水量交换。缺乏次生空隙的黏土、亚黏土等,渗透能力相当低,顺层方向不发生水量传输,在其中打井无法获得水量,但是,在垂直层面方向上,由于渗透断面大,水流驱动力强(水力梯度大),通过垂直方向的越流,两侧相邻的含水层可以发生水量交换。这种本身不能给出水量、垂直层面方向能够传输水量的岩层,便是弱透水层。

2. 饱和带的地下水,按其埋藏条件,可以划分为潜水、承压水和上层滞水

(1) 潜水是饱和带中第一个具有自由表面且有一点规模的含水层中的重力水。潜水面以上不存在(连续性)隔水层,因此,潜水与大气水及地表水联系紧密,积极参与水文循环,对气象、水文因素响应敏感,水位、水量和水质发生季节性和多年性变化。潜水的全部分布范围都可以接受大气降水的补给,在地表水分布处可以接受地表水的补给,还可以接受下伏含水层的越流补给或其他方式的补给,另外还接受(有意识或无意识的)人工补给。潜水缺乏上覆隔水层,容易受到污染;与此同时,由于交替循环迅速,自净修复的能力也强。

(2) 承压水是充满于两个隔水层之间的含水层中的水。承压含水层上部的隔水层称为隔水顶板,下部的隔水层称为隔水底板。顶、底板之间的垂直距离为承压含水层厚度。隔水顶板的存在,不仅使承压水具有承压性,还限制了其补给和排泄范围,阻碍承压水与大气及地表水的联系。承压含水层的地质结构越是封闭,承压水参与水文循环的程度越低,水交替循环越是缓慢。因此,地质结构对于承压水的水量和水质起着控制作用。承压水的补给,可能直接来自大气降水和地表水,也可能来自相邻的潜水或承压水。在同一地方,只有一层潜水,却可以有多层承压水。总体来说,越是深部的承压水,与大气及地表水的联系越差,水交替循环越缓慢。承压水的水位、水量及水质没有明显的季节及年际变化。承压水的水交替缓慢,补给资源贫乏,再生能力较差。承压水不容易被污染,但是一旦污染,难以自净修复。

(3) 上层滞水是非饱和带局部隔水层(弱透水层)之上积聚的具有自由表面的重力水。上层滞水分布局限,接受大气降水补给,通过蒸发排泄,或通过隔水(弱透水)底板的边缘下渗排泄,补给下伏的潜水。上层滞水水位和水量有明显季节变化,雨季有水而旱季无水。松散沉积物的黏性土透镜体、裂隙岩层局部风化壳和浅表岩溶发育带,都可以形成上层滞水。上层滞水水量有限而不稳定,易被污染,只能作为缺水地区的小型供水水源。

三、地下水环境效应

"地下水环境"作为水环境的重要组成部分,虽然在国内外被广泛使用,但目前尚没有统一明确的定义。在实际工作当中,常常将地下水环境等同于地下水水质,有时也将地下水水位以及地下水不合理开发利用导致的地质环境灾害包括在内。国内使用"地下水环境"术语相当普遍,但是不同使用者赋予的内涵不尽一致。考虑到地下水环境是水环境的重要组成部分,应当具有和水环境相同的内涵。水环境是指以自然界中由水集合

而成的水体为主体,同时包括与水体密切相关的各种自然因素和社会因素的综合体。相应的,地下水环境不仅包括地下水体本身的自然属性,如地下水水质、水量(位)、水温、地下水动态等,还应包括与地下水体密切相关的其他各种自然因素和社会因素(如地下水资源管理政策等)。

近年来,在自然环境变化与人类活动的共同影响下,地下水环境出现了一系列问题,严重地限制着区域经济的可持续发展,也给人类生存带来了巨大的风险。地下水的环境效应,大致可分为以下几大类:地下水水质危害,包括天然水质有害地下水、地下水污染、海水及咸水入侵淡水含水层;岩土体变形与位移,包括地面沉降、地裂缝、岩溶塌陷、滑坡、水库诱发地震、潜蚀与管涌、黄土湿陷、黄土喀斯特、膨胀土、冻土融冻变形等;地下及地面开挖引起的涌水;岩溶地区的干旱与洪涝;地下水对土壤的正负效应;地下水对生态系统的支撑作用。

四、地下水污染

(一)地下水污染的特点

地下水污染与地表水污染有明显不同,其特点主要有以下两个方面。

1. 隐蔽性

地下水即使已受某些组分严重污染,但它往往还是无色、无味的,不易从颜色、气味、鱼类死亡等方面鉴别出来。当人类饮用了受有毒或有害组分污染的地下水,人体受到的影响也只是慢性的长期效应,不易被察觉。

2. 难以逆转性

地下水一旦受到污染,就很难治理和恢复,主要是因为其流速极其缓慢,哪怕切断污染源后,仅靠含水层本身的自然净化,所需时间也长达十年、几十年甚至上百年。地下水污染难以逆转的另一个原因是某些污染物被介质和有机质吸附之后,会在水环境特征的变化中发生解吸—再吸附的反复交替。

(二)地下水污染的途径

地下水污染的途径是指污染物从污染源进入地下水中所经过的路径。地下水污染途径是复杂多样的,一般根据污染源的种类进行分类,如污水渠道和污水坑的渗漏、固体废物堆的淋滤、化学液体的溢渗、农业活动的污染以及采矿活动的污染等。按照水力学上的特点,可将地下水污染途径大致分为间歇入渗型、连续入渗型、越流型和径流型四类。

1. 间歇入渗型

间歇入渗型的特点是污染物通过大气降水或灌溉水的淋滤,使固体废物、表层土壤或地层中的有毒或有害物质周期性(灌溉旱田、降雨时)从污染源经过非饱和带土层渗入含水层。这种渗入一般呈非饱和水状态的淋雨状渗流形式,或者呈短时间的饱水状态连续渗流形式。此种途径引起的地下水污染,其污染物是呈固体形式赋存于固体废物或土壤中的。当然,也包括用污水灌溉大田作物,其污染物则来自城市污水。因此,在进行该污染途径的研究时,首先要分析固体废物、土壤及污水的化学成分,最好是能取得通过非饱和带的淋滤液,这样才能查明地下水污染的来源。此类污染,无论在其范围还是浓度上,均可能有明显的季节性变化,受污染的对象主要是潜水。

2. 连续入渗型

连续入渗型的特点是污染物随各种液体废弃物不断地经非饱和带渗入含水层,这种情况下,或者是非饱和带完全饱水呈连续入渗的形式,或者是非饱和带上部的表土层完全饱水呈连续渗流形式,而其下部(下包气带)呈非饱和水的淋雨状的渗流形式渗入含水层。这种类型的污染物一般是液态的,最常见的是污水蓄积地段(污水池、污水渗坑、污水快速渗滤场、污水管道等)的渗漏,以及被污染的地表水体和污水渠的渗漏,当然污水灌溉的水田(水稻田等)更会造成大面积的连续入渗。这种类型的污染对象也主要是潜水。

上述两种污染途径的共同特点是污染物都是自上而下经过非饱和带进入含水层的。因此对地下水污染程度的大小主要取决于非饱和带的地质结构、物质成分、厚度以及渗透性能等因素。

3. 越流型

越流型的特点是污染物通过层间越流的形式转入其他含水层。这种转移或者通过天然途径(水文地质天窗),或者通过人为途径(结构不合理的井管、破损的老井管等),或者因为人为开采引起的地下水动力条件的变化而改变了越流方向,使污染物通过大面积的弱隔水层越流转移到其他含水层。越流型污染来源可能是地下水环境本身的,也可能是外来的,会污染承压水或潜水。研究这一类型污染的困难之处是难以查清发生越流的具体地点及地质部位。

4. 径流型

径流型的特点是污染物通过地下水径流的形式进入含水层,或者通过废水处理井,或者通过岩溶发育的巨大岩溶通道,或者通过废液地下储存层的隔离层的破裂进入其他含水层。海水入侵是海岸地区地下淡水超量开采而造成海水向陆地流动的地下径流。此种形式的污染,其污染物可能是人为来源也可能是天然来源,可污染潜水或承压水。径流型污染范围可能不是很大,但污染程度往往由于其缺乏自然净化作用而显得十分严重。

第二节 地下水环境影响评价工作内容

一、评价等级和评价范围

(一)评价等级的确定

根据《环境影响评价技术导则 地下水环境》(HJ 610—2016)可知,地下水环境评价工作等级的划分应依据建设项目行业分类和地下水环境敏感程度分级进行判定,可划分为一、二、三级。建设项目行业分类依据导则附录确定,而建设项目的地下水环境敏感程度可分为敏感、较敏感、不敏感三级,分级原则见表5.1。建设项目地下水环境影响评价工作等级划分见表5.2。

表 5.1　地下水环境敏感程度分级表

敏感程度	地下水环境敏感特征
敏感	集中式饮用水水源(包括已建成的在用、备用、应急水源,在建和规划的饮用水水源)准保护区;除集中式饮用水水源以外的国家或地方政府设定的与地下水环境相关的其他保护区,如热水、矿泉水、温泉等特殊地下水资源保护区
较敏感	集中式饮用水水源(包括已建成的在用、备用、应急水源,在建和规划的饮用水水源)准保护区以外的补给径流区;未划定准保护区的集中式饮用水水源,其保护区以外的补给径流区;分散式饮用水水源地;特殊地下水资源(如矿泉水、温泉等)保护区以外的分布区等其他未列入上述敏感分级的环境敏感区
不敏感	上述地区之外的其他地区

注:"环境敏感区"是指《建设项目环境影响评价分类管理名录》中所界定的涉及地下水的环境敏感区。

表 5.2　评价工作等级分级表

环境敏感程度	项　目　类　别		
	Ⅰ类项目	Ⅱ类项目	Ⅲ类项目
敏感	一	一	二
较敏感	一	二	三
不敏感	二	三	三

在评价工作中,如果遇到以下几种情况,其评价要求如下。

(1) 对于利用废弃盐岩矿井洞穴或人工专制盐岩洞穴、废弃矿井巷道加水幕系统、人工硬岩洞库加水幕系统、地质条件较好的含水层储油、枯竭的油气层储油等形式使用的地下储油库,危险废物填埋场应进行一级评价,不按表 5.2 划分评价工作等级。

(2) 当同一建设项目涉及两个或两个以上场地时,各场地应分别判定评价工作等级并按相应等级开展评价工作。

(3) 线性工程根据所涉地下水环境敏感程度和主要站场位置(如输油站、泵站、加油站、机务段、服务站等)进行分段判定评价等级,并按相应等级分别开展评价工作。

(二) 评价范围

建设项目(除线性工程外)地下水环境影响现状调查评价范围可采用公式计算法、查表法和自定义法确定。

当建设项目所在地水文地质条件相对简单,且所掌握的资料能够满足公式计算法的要求时,应采用公式计算法确定;当不满足公式计算法的要求时,可采用查表法确定。当计算或查表范围超出所处水文地质单元边界时,应以所处水文地质单元边界为宜。

1. 公式计算法

$$L = a \times K \times I \times T/n_e \tag{5-1}$$

式中:L—下游迁移距离,m;a—变化系数,$a \geqslant 1$,一般取 2;K—渗透系数,m/d;I—水力坡度,无量纲;T—质点迁移天数,取值不小于 5 000d;n_e—有效孔隙度,无量纲。

采用该方法时应包含重要的地下水环境保护目标,所得的调查评价范围如图 5.1所示。

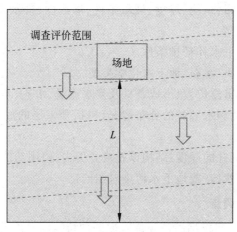

图 5.1　调查评价范围示意图

虚线表示等水位线；空心箭头表示地下水流向；场地上游距离根据评价需求确定，场地两侧不小于 $L/2$。

2. 查表法

地下水环境现状调查评价范围参照表 5.3。

表 5.3　地下水环境现状调查评价范围

评价等级	调查评价面积/km²	备　　注
一级	≥20	应包括重要的地下水环境保护目标，必要时适当扩大范围
二级	6～20	
三级	≤6	

3. 自定义法

自定义法可根据建设项目所在地水文地质条件自行确定，需说明理由。

线性工程应以工程边界两侧向外延伸 200m 作为调查评价范围；穿越饮用水源准保护区时，调查评价范围应至少包含水源保护区；线性工程站场的调查评价范围确定参照公式法。

二、地下水环境现状调查与评价

地下水环境现状调查包括水文地质条件调查、环境水文地质问题调查、地下水水质调查等。

（一）水文地质条件调查

在充分收集资料的基础上，根据建设项目特点和水文地质条件复杂程度，开展调查工作，主要内容包括以下几点。

（1）气象、水文、土壤和植被状况。

（2）地层岩性、地质构造、地貌特征与矿产资源。

（3）包气带岩性、结构、厚度、分布及垂向渗透系数等。

（4）含水层岩性、分布、结构、厚度、埋藏条件、渗透性、富水程度等；隔水层（弱透水层）的岩性、厚度、渗透性等。

（5）地下水类型、地下水补径排条件。

（6）地下水水位、水质、水温、地下水化学类型。

（7）泉的成因类型、出露位置、形成条件及泉水流量、水质、水温、开发利用情况。

（8）集中供水水源地和水源井的分布情况（包括开采层的成井密度、水井结构、深度以及开采历史）。

（9）地下水现状监测井的深度、结构以及成井历史、使用功能。

（10）地下水环境现状值（或地下水污染对照值）。

（二）地下水污染源调查

调查评价区内具有与建设项目产生或排放同种特征因子的地下水污染源。

对于一、二级的改、扩建项目，应在可能造成地下水污染的主要装置或设施附近开展包气带污染现状调查，对包气带进行分层取样，一般在 0～20cm 埋深范围内取一个样品，其他取样深度应根据污染源特征和包气带岩性、结构特征等确定，并说明理由。样品进行浸溶试验，测试分析浸溶液成分。

（三）地下水环境现状监测

建设项目地下水环境现状监测应通过对地下水水质、水位的监测，掌握或了解评价区地下水水质现状及地下水流场，为地下水环境现状评价提供基础资料。污染场地修复工程项目的地下水环境现状监测参照《场地环境监测技术导则》（HJ 25.2—2014）执行。

1. 现状监测点的布设原则

（1）地下水环境现状监测点采用控制性布点与功能性布点相结合的布设原则。监测点应主要布设在建设项目场地、周围环境敏感点、地下水污染源以及对于确定边界条件有控制意义的地点。当现有监测点不能满足监测位置和监测深度要求时，应布设新的地下水现状监测井，现状监测井的布设应兼顾地下水环境影响跟踪监测计划。

（2）监测层位应包括潜水含水层、可能受建设项目影响且具有饮用水开发利用价值的含水层。

（3）一般情况下，地下水水位监测点数宜大于相应评价级别地下水水质监测点数的 2 倍。

2. 地下水水质监测点布设的具体要求

（1）监测点布设应尽可能靠近建设项目场地或主体工程，监测点数应根据评价等级和水文地质条件确定。

（2）一级评价项目潜水含水层的水质监测点应不少于 7 个，可能受建设项目影响且具有饮用水开发利用价值的含水层为 3～5 个。原则上建设项目场地上游和两侧的地下水水质监测点均不得少于 1 个，建设项目场地及其下游影响区的地下水水质监测点不得少于 3 个。

（3）二级评价项目潜水含水层的水质监测点应不少于 5 个，可能受建设项目影响且具有饮用水开发利用价值的含水层为 2～4 个。原则上建设项目场地上游和两侧的地下水水质监测点均不得少于1个,建设项目场地及其下游影响区的地下水水质监测点不得少于2个。

(4)三级评价项目潜水含水层的水质监测点应不少于3个,可能受建设项目影响且具有饮用水开发利用价值的含水层为1~2个。原则上建设项目场地上游及下游影响区的地下水水质监测点各不得少于1个。

(5)管道型岩溶区等水文地质条件复杂的地区,地下水现状监测点应视情况确定,并说明布设理由。

(6)在包气带厚度超过100m的评价区或监测井较难布置的基岩山区,地下水质监测点数无法满足要求时,可视情况调整数量,并说明调整理由。一般情况下,该类地区一、二级评价项目至少设置3个监测点,三级评价项目根据需要设置一定数量的监测点。

3.地下水水质现状监测因子

(1)检测分析地下水环境中 K^+ 、 Na^+ 、 Ca^{2+} 、 Mg^{2+} 、 CO_3^{2-} 、 HCO_3^- 、 Cl^- 、 SO_4^{2-} 的浓度。

(2)地下水水质现状监测因子原则上应包括两类:一类是基本水质因子,另一类为特征因子。

基本水质因子以 pH、氨氮、硝酸盐、亚硝酸盐、挥发性酚类、氰化物、砷、汞、铬(六价)、总硬度、铅、氟、镉、铁、锰、溶解性总固体、高锰酸盐指数、硫酸盐、氯化物、总大肠菌群、细菌总数等及背景值超标的水质因子为基础,可根据区域地下水类型、污染源状况适当调整。

特征因子根据工程分析的识别结果确定,可根据区域地下水化学类型、污染源状况适当调整。

4.地下水环境现状监测频率要求

(1)水位监测频率要求。

评价等级为一级的建设项目,若掌握近3年内至少一个连续水文年的枯、平、丰水期地下水位动态监测资料,评价期内至少开展一期地下水水位监测;若无上述资料,依据表5.4开展水位监测。

评价等级为二级的建设项目,若掌握近3年内至少一个连续水文年的枯、丰水期地下水位动态监测资料,评价期可不再开展现状地下水位监测;若无上述资料,依据表5.4开展水位监测。

评价等级为三级的建设项目,若掌握近3年内至少一期的监测资料,评价期内可不再进行现状水位监测;若无上述资料,依据表5.4开展水位监测。

(2)基本水质因子的水质监测频率应参照表5.4,若掌握近3年至少一期水质监测数据,基本水质因子可在评价期补充开展一期现状监测;特征因子在评价期内需至少开展一期现状值监测。

(3)在包气带厚度超过100m的评价区或监测井较难布置的基岩山区,若掌握近3年内至少一期的监测资料,评价期内可不进行现状水位、水质监测;若无上述资料,至少开展一期现状水位、水质监测。

表 5.4　地下水环境现状监测频率

分布区	水位监测频率			水质监测频率		
	一级	二级	三级	一级	二级	三级
山前冲(洪)积	枯平丰	枯丰	一期	枯丰	枯	一期
滨海(含填海区)	二期[a]	一期	一期	一期	一期	一期
其他平原区	枯丰	一期	一期	枯	一期	一期
黄土地区	枯平丰	一期	一期	二期	一期	一期
沙漠地区	枯丰	一期	一期	一期	一期	一期
丘陵山区	枯丰	一期	一期	一期	一期	一期
岩溶裂隙	枯丰	一期	一期	枯丰	一期	一期
岩溶管道	二期	一期	一期	二期	一期	一期

注：a "二期"的间隔有明显水位变化，其变化幅度接近年内变幅。

5. 地下水环境现状评价

《地下水质量标准》(GB/T 14848—2017)和有关法规及当地的环保要求是地下水环境现状评价的基本依据。对属于 GB/T 14848 水质指标的评价因子，应按其规定的水质分类标准值进行评价；对不属于 GB/T 14848 水质指标的评价因子，可参照国家(行业、地方)相关标准(如 GB 3838、GB 5749、DZ/T 0290 等)进行评价。现状监测结果应进行统计分析，给出最大值、最小值、均值、标准差、检出率和超标率等。

地下水水质现状评价应采用标准指数法。标准指数>1，表明该水质因子已超标，标准指数越大，超标越严重。标准指数计算公式参考第四章地表水水质现状评价方法。

三、地下水环境影响预测

(一)预测范围、时段、预测因子

地下水环境影响预测范围一般与调查评价范围一致。预测层位应以潜水含水层或污染物直接进入的含水层为主，兼顾与其水力联系密切且具有饮用水开发利用价值的含水层。当建设项目场地天然包气带垂向渗透系数小于 $1 \times 10^{-6} cm/s$ 或厚度超过 100m 时，预测范围应扩展至包气带。

地下水环境影响预测时段应选取可能产生地下水污染的关键时段，至少包括污染发生后 100d、1 000d，服务年限或能反映特征因子迁移规律的其他重要的时间节点。

预测因子应包括以下几点。

(1) 根据识别出的特征因子，按照重金属、持久性有机污染物和其他类别进行分类，并对每一类别中的各项因子采用标准指数法进行排序，分别取标准指数最大的因子作为预测因子。

(2) 现有工程已经产生的且改、扩建后将继续产生的特征因子，改、扩建后新增加的特征因子。

(3) 污染场地已查明的主要污染物。

(4) 国家或地方要求控制的污染物。

(二)预测方法

一般情况下,建设项目须对正常状况和非正常状况的情景分别进行预测。已依据《生活垃圾填埋场污染控制标准 GB 16889》《危险废物贮存污染控制标准 GB 18597》《危险废物填埋场污染控制标准 GB 18598》《一般工业固体废物贮存和填埋污染控制标准 GB 18599》《石油化工工程防渗技术规范 GB/T 50934》设计地下水污染防渗措施的建设项目,可不进行正常状况情景下的预测。非正常状况下,预测源强可根据工艺设备或地下水环境保护措施因系统老化或腐蚀程度等设定。

建设项目地下水环境影响预测方法包括数学模型法和类比分析法。其中,数学模型法包括数值法、解析法等方法。

预测方法的选取应根据建设项目工程特征、水文地质条件及资料掌握程度来确定,当数值方法不适用时,可用解析法或其他方法预测。一般情况下,一级评价应采用数值法,不宜概化为等效多孔介质的地区除外;二级评价中水文地质条件复杂且适宜采用数值法时,建议优先采用数值法;三级评价可采用解析法或类比分析法。

采用数值法预测前,应先进行参数识别和模型验证。采用解析模型预测污染物在含水层中的扩散时,一般应满足以下条件:污染物的排放对地下水流场没有明显的影响;评价区内含水层的基本参数(如渗透系数、有效孔隙度等)不变或变化很小。采用类比分析法时,应给出类比条件。类比分析对象与拟预测对象之间应满足以下要求:二者的环境水文地质条件、水动力场条件相似;二者的工程类型、规模及特征因子对地下水环境的影响具有相似性。

(三)预测模型概化

1. 水文地质条件概化

水文地质条件概化是指根据调查评价区和场地环境水文地质条件,对边界性质、介质特征、水流特征和补径排等条件进行概化。

2. 污染源概化

污染源概化包括排放形式与排放规律的概化。根据污染源的具体情况,排放形式可以概化为点源、线源、面源;排放规律可以简化为连续恒定排放或非连续恒定排放以及瞬时排放。

3. 水文地质参数初始值的确定

预测所需的包气带垂向渗透系数、含水层渗透系数、给水度等参数初始值的获取应以收集评价范围内已有水文地质资料为主,不满足预测要求时需通过现场试验获取。

(四)预测内容

(1)给出特征因子不同时段的影响范围、程度,最大迁移距离。

(2)给出预测期内场地边界或地下水环境保护目标处特征因子随时间的变化规律。

(3)当建设项目场地天然包气带垂向渗透系数小于 1×10^{-6} cm/s 或厚度超过 100m 时,须考虑包气带阻滞作用,预测特征因子在包气带中的迁移。

(4)污染场地修复治理工程项目应给出污染物变化趋势或污染控制的范围。

四、地下水环境影响评价

（一）评价原则

评价应以地下水环境现状调查和地下水环境影响预测结果为依据,对建设项目各实施阶段(建设期、运营期及服务期满后)不同环节及不同污染防控措施下的地下水环境影响进行评价。

地下水环境影响预测未包括环境质量现状值时,应叠加环境质量现状值后再进行评价。

应评价建设项目对地下水水质的直接影响,重点评价建设项目对地下水环境保护目标的影响。

（二）评价范围

地下水环境影响评价范围一般与调查评价范围一致。

（三）评价方法

采用标准指数法对建设项目地下水水质影响进行评价。对属于 GB/T 14848 水质指标的评价因子,应按其规定的水质分类标准值进行评价;对于不属于 GB/T 14848 水质指标的评价因子,可参照国家(行业、地方)相关标准的水质标准值(如 GB 3838、GB 5749、DZ/T 0290 等)进行评价。

（四）评价结论

评价建设项目对地下水水质影响时,可采用以下判据评价水质能否满足标准的要求。

（1）建设项目各个不同阶段,除场界内小范围以外地区,均能满足 GB/T 14848 或国家(行业、地方)相关标准要求的。

（2）在建设项目实施的某个阶段,有个别评价因子出现较大范围超标,但采取环保措施后,可满足 GB/T 14848 或国家(行业、地方)相关标准要求的。

以下情况应得出不能满足标准要求的结论。

（1）新建项目排放的主要污染物,改、扩建项目已经排放的和将要排放的主要污染物在评价范围内地下水中已经超标的。

（2）环保措施在技术上不可行,或在经济上明显不合理的。

第三节　地下水环境影响评价案例分析

案例一

某钢铁联合企业包括烧结、球团、焦炉、高炉、转炉及轧钢等工序,现有焦化工序建有 4 座 55 孔 4.3m 捣固焦炉,1 套 150t/h 干熄焦装置和 1 套湿熄焦装置(备用),年产焦炭 $125×10^4$ t,配套煤气净化系统和酚氰废水处理站。

本次拟对焦化工序进行技术升级改造,淘汰现有 4 座捣固焦炉及配套的煤气净化系统,在淘汰焦炉位置建设 2 座 48 孔 6.25m 捣固焦炉,配套建设 1 套 120t/h 干熄焦装置,年产焦炭 100×10^4 t,在焦炉旁新设煤气净化装置,焦化废水处理系统依托现有工程。年副产焦炉煤气 4.13×10^8 N·m^3/a,其他副产品包括焦油、硫黄及粗苯等。

焦炭产品由封闭皮带运送至高炉作还原剂。因置换比例为 1.25:1,升级后焦炭产量减少,但不足部分可由外购焦炭解决。炼焦原料与产品焦炭比例为 1.33:1,原料主要为肥煤、瘦煤、气煤及焦煤等,按一定比例混合送至炉内进行炭化。炭化室两侧为燃烧炉,燃料为脱硫净化后的焦炉煤气,燃烧尾气经焦炉排气筒排放。炼焦为煤在高温环境下进行干馏得到。

混合后原料煤的含硫率是 0.68%,焦炭的含硫率为 0.6%,煤气净化脱硫塔装置的脱硫率为 98%。净化后的煤气含尘浓度为 10mg/(N·m^3),总硫浓度为 100mg/m^3(硫化氢与有机硫)。

项目厂区及运煤系统粉尘采用布袋除尘措施;废水经现有处理措施处理,工艺为预处理(除油)+调节池+生化处理(A_2O+AO)+过滤+超滤+反渗透,出水大部分用于焦炉干熄焦炉补水及其余车间补水,无外排。

除尘系统收集的粉尘进入配煤及烧结工序;焦油渣收集后掺煤炼焦;废矿物油桶收集后送现有炼钢工序回用;项目产生的其他废物包括废脱硝催化剂、离子交换树脂及废反渗透膜等。煤气净化系统产生的废水等带出硫为 143t/a,忽略其他"三废"、粗苯及其他工序物料带走硫等。环境影响评价单位按照《环境影响评价技术导则 地下水环境》(HJ 610—2016)确定地下水评价工作等级为一级评价,需进行包气带污染现状调查。现有拆除工程主要包括焦炉及煤气净化系统等。

问题: 简述开展包气带污染现状调查的主要内容。

解析: ①调查现有工程可能对包气带产生污染的构筑物、设施等。②对包气带进行分层取样,样品进行浸溶试验,测试分析浸溶液成分。③调查包气带岩性、分布、结构、厚度、渗透性(渗透系数)等。

案例二

某油田开发工程位于东北平原地区,当地多年平均降水量780mm,第四系由砂岩、泥岩、粉砂岩及沙砾岩构成;地下水含水层自上而下为第四系潜水层(埋深3~7m)、第四系承压含水层(埋深6.8~14.8m)、第三系中统大安组含水层(埋深80~130m)、白垩系上统明水组含水层(埋深150~2 000m);第四系潜水与承压水间有弱隔水层。油田区块面积为 60km²,区块内地势较平坦,南部、西部为草地,无珍稀野生动植物;北部、东部为耕地,分布有村庄。

本工程建立内容包括:消费井 552 口(含油井 411 口,注水井 141 口),结合站 1 座,输油管线 210km,注水管线 180km,伴行道路 23km。工程永久占地 56hm²,临时占地 540hm²。油田开发井深 1 343~1 420m(垂深)。本工程开发活动包括钻井、完井、采油、集输、结合站处理、井下作业等过程,钻井过程使用的钻井泥浆主要成分是水和膨润土。工程设计采用注水、机械采油方式,采出液经集输管线输送至结合站进展油、气、水三相别离,别离出的低含水原油在储油罐暂存,经站内外输泵加压、加热炉加热外输;别离出的加热伴生天然气进入储气罐,供加热炉作燃料,伴生天然气不含硫;别离出的含油污水经处理满足回注水标准后全部输至注水井回注采油井。

问题:

(1) 给出本工程环境影响评价农业生态系统现状调查内容。

(2) 分析采油、集输过程可能对第四系承压水产生污染的途径。

解析:

(1) ①基本农田及其面积、分布。②工程永久/临时征占基本农田的面积。③主要农作物的种类、数量、种植方式、产量。④农田土壤质量,包括对石油类含量、土壤构造、厚度、肥力、pH、有机质、金属离子的监测。⑤水土流失的原因、强度、面积、治理现状。

(2) ①由于钻井封堵不严,导致第四系潜水层和承压水层的串层。②注水井套管破裂或注水井固井质量差,井壁出现裂缝时,回注水套外上返进入承压水层。③假如泥浆池防渗效果差或未采取防渗措施,落地油、钻井废水会渗漏到承压水会层污染承压水。④在集输过程中,由于管线或油罐漏油事故,也会使油渗漏到地下污染承压水。

案例三

拟新建1座大型铁矿,采选规模3.5×10^6 t/a,服务年限25年,主要建设内容为:采矿系统、选矿厂、精矿输送管线、尾矿输送管线等主体工程,配套建设废石场、尾矿库和充填站。采矿系统包括主立井、副立井、风井和采矿工业场地等设施。主立井参数:井筒直径5.2m,井口标高31m,井底标高-520m。矿山开采范围5km²,开采深度$-210 \sim$ -440m,采用地下开采方式,立井开拓运输方案采矿方法为空场嗣后充填法。矿石经井下破碎,通过主立井提升至地面矿仓,再由胶带运输机输送至选矿厂;废石经副立井提升至地面,由电机车运输至废石场。

选矿厂位于主立井口西侧1km处,选矿工艺流程为“中碎—细碎—球磨—磁选”;选出的铁精矿浆通过精矿输送管线输送到15km外的钢铁厂;尾矿浆通过尾矿输送管线输送,85%送充填站,15%送尾矿库。精矿输送管线和尾矿输送管线均沿地表铺设,途经农田区,跨越A河(水环境功能为Ⅲ类)。跨河管道的两侧各设自动控制阀,当发生管道泄漏时可自动关闭管道输送系统。经浸出毒性鉴别和放射性检验,废石和尾矿属于第Ⅰ类一般工业固体废物,符合《建筑材料用工业废渣放射性物质限制标准》(GB 6763—86)。

废石场位于副立井口附近,总库容2×10^6 m³,为简易堆放场,设有拦挡坝。施工期剥离表土单独堆存于废石场。尾矿库位于选矿厂东南方向5.3km处,占地面积80hm²,堆高10m,总库容7.5×10^6 m³,设有拦挡坝、溢流井、回水池。尾矿库溢流水送回选矿厂重复使用。尾矿库周边200~1000m范围内有4个村庄,其中B村位于南侧200m,C村位于北侧300m,D村位于北侧500m,E村位于东侧1000m。拟环保搬迁B村和C村。矿区位于江淮平原地区,多年平均降雨量950mm。矿区地面标高22~40m,土地利用类型以农田为主。

矿区内分布有 11 个 30～50 户规模的村庄。矿区第四系潜水层埋深 1～10m；中、下更新统深层水含水层顶板埋深 70m 左右。矿区内各村庄均分布有分散式居民饮用水取水井，井深 15m 左右，无集中式饮用水取水井。

问题：

(1) 判断表土、废石处置措施和废石场建设方案的合理性，说明理由。

(2) 说明矿井施工影响地下水的主要环节，提出相应的对策措施。

(3) 拟定的尾矿库周边村庄搬迁方案是否满足环境保护要求？说明理由。

(4) 提出精矿输送管线泄漏事故的环境风险防范措施。

(5) 给出本项目地下水环境监测井的设置方案。

解析：

(1) ①表土、废石处置措施不合理。理由：表土、废石两类固体废物均能综合利用，表土可以用作荒地改良的耕作层或用于施工临时场地复垦表土，废石符合题干中建筑材料的要求，可用作建筑材料，即废石在矿井下就送到采空区回填。故不应单独建处置场来处置这两类固体废物。②废石场建设方案不合理。理由：废石场建设在副立井口附近，处于矿区内，地基会发生不均匀沉降，不符合一般固体废物处置场选址的要求，并且在该处堆放废石时，增加了地基荷载，进一步加剧了地表沉降，影响了副立井的生产并且容易产生地质灾害。

(2) ①矿井施工影响地下水的主要环节有掘进和凿壁。②采取的对策措施：掘进、凿壁过程中及时对井壁进行止水防堵处理。

(3) 拟定的尾矿库周边村庄搬迁方案不满足环境保护要求。理由：该尾矿库库容较大，若发生溃坝风险事故，溃坝后的尾矿堆积高度应按 1m 计算，影响半径也会达到 1 500m 以上。因此，D 村、E 村也要进行环境保护搬迁。

(4) ①管线应采用埋地敷设，从 A 河河底穿越，严格保障密封性。②管线线路设计应避开地质结构不稳定的区域，如断层等。③选用优质管材，提高管线施工质量。④采用密闭连接工艺，避免连接处脆弱导致的泄漏事故。⑤在管线敷设地段上方设置警示标志，防止其他建设项目的无意破坏。⑥运行期设专人巡视，防止人为破坏。⑦制订应急预案，准备应急物资，并定期进行演练。⑧管道埋深应符合要求，且避免地面沉降带来的下垫面降低引起的泄漏事故。⑨管道下游应设置长期监测点，时刻监测水体质量，减小泄漏带来的危害。

(5) 根据《环境影响评价技术导则 地下水环境》(HJ 610—2016)，该项目选矿厂应进行地下水三级评价，至少布设 3 口水质监测井；废石场应进行二级评价，至少布设 5 口水质监测井；尾矿库应进行一级评价，至少布设 7 口水质监测井。监测井主要监测潜水层水质，具体布设如下：在选矿厂地下水环境上游布设 1 口水质监测井，下游布设 2 口水质监测井；在废石场地下水环境上游布设 1 口水质监测井，废石场两侧各布设 1 口水质监测井，下游布设 2 口水质监测井；由于选矿厂与废石场位置相距较近，可适当共用水质监测井。在尾矿库地下水环境上游布设 1 口水质监测井，尾矿库两侧靠近村庄位置各布设 1 口水质监测井，尾矿库下游及下游村庄布设 4 口水质监测井。

思 考 题

（1）某建设项目涉及两处场地，分别对应不同的地下水环境影响评价项目类别，应当如何确定地下水环境影响评价工作等级？

（2）地下水环境现状调查的范围如何确定？

大气环境影响评价

大气环境是地球环境系统的重要组成部分。经济发展与大气污染之间的矛盾正随着时间的推移变得愈发严重,既有与经济发展直接相关的空气污染问题,还有与民众生活关系密切的汽车尾气等问题,给民众的健康带来较大威胁。大气环境影响评价是防治大气污染,改善环境质量的有效手段。本章主要介绍与大气环境有关的基本理论、建设项目大气环境影响评价的内容、工作程序、方法和要求等。

第一节　大气环境污染与大气扩散的基本概念

一、大气环境污染

通常所说的大气环境污染(简称"大气污染"),是指大气中有害物质的数量、浓度和存留时间超过了大气环境所允许的范围,即超过了空气的稀释、扩散和降解的能力,使大气质量恶化,给人类和生态环境带来了直接或间接的不良影响。

(一)大气污染源

造成大气污染的污染物发生源称之为大气污染源,可分为自然源与人为源两大类。

自然源包括风吹扬尘、火山爆发、闪电、森林火灾、放射性衰减以及动植物和微生物的生理过程等。由这些自然过程产生的气态、颗粒态等有害物质构成了大气环境背景污染物并保持一定的污染物浓度水平。在维持正常的生态平衡条件下,它们一般并不恶化空气质量,人们也无法有效地控制它们。

人为源是形成大气污染问题的主要原因,它们是在人们的生产和生活过程中产生的。人为源按运动状态可分为固定源和移动源;按功能可分为工业源、生活源和交通运输源;按污染影响范围可分为局地源和区域性大气污染源;按污染源几何形状可分成点源、面源、线源和体源;按排放时间特征又可分为连续排放源、间断排放源、瞬时排放源等。

污染源排放污染物的强度或排放速率,对于点源通常表示为单位时间排放的物质量,如 t/a、kg/h、g/s 等,或单位时间排放的污染物体积,如 m^3/s;对于线源通常表达为单位时间、单位长度排放的污染物的量,如 g/(m·s);对于面源则表达为单位时间、单位面积上所排放的污染物的量,如 $g/(m^2·s)$。以上三种源强都是对连续稳定排放而言的,瞬时源的源强则往往是以一次施放的污染物的总量表示,如 kg、g 等。

(二)大气污染物

大气由多种气体混合而成,可分为恒定成分、可变成分和不定成分。恒定成分有氮、氧、氩、氖、氦、氪等气体;可变成分有二氧化碳和水汽,它们的含量随地区、季节、气象条件等因素变化;不定成分有氮氧化合物、二氧化硫、硫化氢、臭氧等。不论是恒定成分还是可变成分或不定成分,它们在大气中每时每刻都在进行物理和化学运动,与海洋、生物和地面发生循环交换。若大气中某一成分的源排放量超过消失量,则它在大气中的含量会增加,反之则含量减少。洁净大气中的不定成分含量很低,对人体和环境没有明显影响。然而,在污染空气中,这些不定成分的含量都比背景值高出一个数量级以上,这是由人类活动的排放造成的。

研究表明,大气中有上百种物质可以认为是空气污染物。对污染物有多种分类方法,若根据它们的化学成分,可归纳成以下几种。

1. 含硫化合物

含硫化合物主要有二氧化硫、硫酸盐、氧硫化碳、二硫化碳、二甲硫和硫化氢等。

2. 含氮化合物

含氮化合物主要有一氧化二氮、一氧化氮、二氧化氮、氨和硝酸盐、铵盐等。

3. 含碳化合物

含碳化合物主要有一氧化碳和烃类。烃类即碳氢化合物,包括烷烃、烯烃、炔烃、脂环烃和芳香烃等。

4. 卤代化合物

卤代化合物是由氟、氯、碘和溴与烃类结合的化合物,也称为卤代烃,其中最引人注目的是氟氯烷(CFM),商品名称氟利昂,如二氯氟甲烷(F-11)和二氟二氯甲烷(F-12)。

5. 其他有毒有害物质

其他有毒有害物质如放射性物质、苯并芘、过氧乙酰硝酸酯(PAN)等致癌物质。

若按照污染物的相态,则可将其分为气体、固体和液体污染物。空气与悬浮于其中的固体和液体微粒一起构成气溶胶,这些微粒称为气溶胶粒子,它们包含有许多种化学成分,其中有不少是有害物质。

若根据空气污染物形成的方式,则可将其分为一次污染物和二次污染物,前者是从污染源直接生成并排放进入大气的,在大气中保持其原有的化学性质;后者则是在一次污染物之间或大气非污染物之间发生化学反应而形成的。主要的一次污染物有二氧化硫、氮氧化物和颗粒物等;二次污染物有光化学烟雾、酸性沉积物、臭氧等。

二、大气扩散过程

排放到大气中的空气污染物在大气湍流的作用下迅速地分散开来,这种现象称为大气扩散。大气扩散的理论研究和实验研究表明,在不同的气象条件下,同一污染源排放所造成的地面污染物浓度可相差几十倍乃至几百倍,这是由于大气对污染物的稀释和扩散能力随着气象条件的不同而发生巨大变化的缘故。下面简单介绍一些影响大扩散过程的主要因素。

(一)大气稳定度

大气稳定度直接影响大气湍流活动的强弱,支配空气污染物的散布。使用最早、最广泛的扩散曲线是帕斯—奎尔(P-G)扩散曲线。考虑到 P-G 扩散曲线在稳定度级别的判定、扩散曲线的试验基础与范围图表曲线的使用等方面均存在一定局限性,以及结合我国的环境保护研究实践,我国对 P-G 曲线做了修改与完善,使其更切合我国国情,如表 6.1 所示。

表 6.1　P-G 稳定度分级法(修订版)

A	B	C	D	E	F
强不稳定	不稳定	弱不稳定	中性	较稳	稳定

关于稳定度扩散级别的判定,可先通过表 6.2 确定太阳净辐射指数,其中+3 表示强太阳入射辐射,+2 表示中等辐射,+1 表示弱辐射,0 表示射入与射出辐射平衡,-1 表示存在弱的地球射出辐射,-2 表示强射出辐射;再由(10min 至 1h)平均风速(10m 高观测)及辐射等级数按表 6.3 确定稳定度级别。

表 6.2　由云量、太阳高度角确定的辐射等级数

总云量/低云量	夜间	太阳高度角(h_θ)			
		≤15°	15°~35°	35°~65°	<65°
≤4/≤4	-2	-1	+1	+2	+3
5~7/≤4	-1	0	+1	+2	+3
≥8/≥4	-1	0	0	+1	+1
≥5/5~7	0	0	0	0	+1
≥8/≥8	0	0	0	0	0
十分制云量	太阳辐射等级数				

表 6.3　由辐射指数及地表风速确定的稳定度级别

地面风速/(m/s)	净辐射指数					
	+3	+2	+1	0	-1	-2
≤1.9	A	A~B	B	D	E	F
2~2.9	A~B	B	C	D	E	F
3~4.9	B	B~C	C	D	D	E

续表

地面风速/(m/s)	净辐射指数					
	+3	+2	+1	0	−1	−2
5~5.9	C	C~D	D	D	0	D
≥6	D	D	D	D	D	D

(二)辐射与云

太阳辐射是地球大气的主要能量来源,地面和大气层一方面吸收太阳辐射能,另一方面不断地放出辐射能。地面及大气的热状况、温度的分布和变化制约着大气运动状态,影响着云与降水的形成,对空气污染起着一定的作用。在晴朗的白天,太阳辐射首先加热地面,近地层的空气温度升高,使大气处于不稳定状态;夜间地面辐射失去热量,使近地层气温下降,形成逆温,大气稳定。

云对太阳辐射有反射作用,它的存在会减少到达地面的太阳直接辐射,同时云层又加强大气逆辐射,减小地面的有效辐射,因此云层的存在可以减小气温随高度的变化。有探测结果表明,某些地区冬季阴天时,温度几乎没有昼夜变化。

(三)风

空气相对于地面的水平运动称为风,它有方向和大小之分。一方面,排入大气中的污染物在风的作用下,会被输送到其他地区,风速愈大,单位时间内污染物被输送的距离愈远,混入的空气量愈多,污染物浓度愈低。所以风不但对污染物进行水平搬运,而且有稀释和冲淡的作用;另一方面,风随高度的变化(风切变)是形成机械性大气湍流的重要原因之一。因而,风切变的大小会直接影响大气湍流运动的强弱,从而对大气扩散造成影响。风速随高度变化的曲线叫风速廓线,其数学表达式叫风速廓线模式,如式(6-1)和式(6-2)所示。

$$u_2 = u_1 \left(\frac{z_2}{z_1}\right)^p, \quad z_2 \leqslant 200\text{m} \tag{6-1}$$

$$u_2 = u_1 \left(\frac{200}{z_1}\right)^p, \quad z_2 > 200\text{m} \tag{6-2}$$

式中:u_2—排气筒出口处平均风速,m/s;u_1—气象站 z_1 高度处的平均风速,m/s;z_2—排气筒出口处的高度,m;z_1—测风仪所在的高度(默认为10m处);p—指数,其数值与大气稳定度有关,见表6.4。

表6.4 风速廓线指数 p

大气稳定度级别		A 强不稳定	B 不稳定	C 弱不稳定	D 中性	E 较稳	F 稳定
p	城市	0.10	0.15	0.20	0.25	0.30	0.30
	乡村	0.07	0.07	0.10	0.15	0.25	0.25

风频是指某一风向的观测次数占总的统计次数的百分比,其公式如式(6-3)所示。

$$g_n = \frac{f_n}{\sum_{n=1}^{16} f_n + C} \tag{6-3}$$

式中：n—代表方位，共 16 个方位；g_n—n 方位的风频；f_n—统计资料中吹 n 方位风的次数；C—统计资料中静风总次数。

根据各个方位的风频可以绘制风向玫瑰图，即用 16 方位风频连接而成的图。在风向玫瑰图中可以看出主导风向。主导风向是指风频最大的风向角的范围。某区域的主导风向应有明显的优势，其主导风向角风频之和应≥30％，否则可称没有主导风或主导风向不明显。

第二节　大气环境影响评价工作内容

一、影响识别、评价等级、评价范围和评价标准

（一）影响识别

建设项目的大气环境影响，按影响时段可划分为以下几个阶段。

1. 建设阶段影响

建设阶段影响是指建设项目在施工期间对大气环境产生的影响，如道路交通施工的扬尘、建筑材料和生产设备的运输、装卸可能造成的大气环境影响。

2. 运行阶段影响

运行阶段影响是指建设项目投产运行和使用期间产生的影响，主要指项目生产过程排放的废气对大气环境的影响。

3. 服务期满后的影响

服务期满后的影响是指建设项目使用寿命期结束后仍继续对大气环境产生的影响，主要指原厂址遗留的那些能对大气环境产生影响的物质，如某些放射性、挥发性物质等，按影响方式，可分为直接影响和间接影响。直接影响指污染物通过大气环境产生的直接因果关系，如大气中悬浮颗粒对人体健康的影响；间接影响是指污染物通过大气环境产生的间接因果关系，如大气酸沉降对土壤以及陆地和水生生态系统的影响等。

建设项目包含的类型非常多，一方面，不同的建设项目，其生产的工艺流程、原材料、污染物种类、排放方式等具有不同的特性，因此对环境的影响也存在很大差异；另一方面，不同地区的环境特征及敏感性也很不相同。因此，在进行大气环境影响识别时，需要针对建设项目的类型、性质、规模以及周围环境特征，进行具体分析。

在影响识别的基础上，还需筛选出大气环境影响评价因子，主要包括项目排放的基本污染物及其他污染物。按照《环境影响评价技术导则　大气环境》（HJ 2.2—2018）的要求，当建设项目或规划项目排放的 SO_2 和 NO_x，排放总量大于或等于 500t/a 时，评价因子应增加 PM2.5；当 NO_2 和 VOCs 排放总量大于或等于 2 000t/a 时，评价因子还应增加 PM2.5。

（二）评价等级与评价范围的确定

按照《环境影响评价技术导则　大气环境》（HJ 2.2—2018）的要求，在识别大气环境影响因素、筛选评价因子，并确定评价标准的基础上，还要结合项目的初步工程分析结果，选择正常排放的主要污染物及排放参数，采用推荐模式中的估算模式计算各污染物

的最大影响程度和最远影响范围,然后对项目的大气环境评价工作进行分级。大气环境评价工作等级共分为三级。不同级别的评价工作要求不同,一级评价项目要求最高,二级次之,三级最低。

分级方法如下。

根据项目的初步工程分析结果,分别计算项目排放主要污染物的最大地面浓度占标率 P_i(第 i 个污染物),第 i 个污染物的地面浓度达标准限值 10% 时所对应的最远距离 $D_{10\%}$。其中 P_i 定义为

$$P_i = \frac{C_i}{C_{oi}} \times 100\% \tag{6-4}$$

式中:P_i——第 i 个污染物的最大地面浓度占标率,%;C_i——采用估算模式计算出的第 i 个污染物的最大 1h 地面浓度,mg/m³;C_{oi}——第 i 个污染物的环境空气质量标准,μg/m³。

C_o 一般选用 GB 3095 中 1h 平均取样时间的二级标准的浓度限值,如项目位于一类环境空气功能区,应选择相应的一级浓度限值;对于仅有 8h,或日平均,或年平均浓度限值的污染物,可分别按 2 倍、3 倍、6 倍折算为 1h 浓度限值;对某些上述标准中都未包含的污染物,可参照国内外有关标准或推荐值,但应做出说明,报环保主管部门批准后执行。

评价工作等级按表 6.5 的分级判据进行划分。如污染物数 i 大于 1,取 P 值中最大者 P_{max} 和其对应的 $D_{10\%}$。

表 6.5   大气环境影响评价分级判据

评价工作等级	评价工作等级判据
一级	$P_{max} > 10\%$
二级	$1\% < P_{max} < 10\%$
三级	$P_{max} < 1\%$

另外,评价工作等级的确定还应符合以下规定。

(1) 同一项目有多个(两个以上,含两个)污染源排放同一种污染物时,则按各污染源分别确定其评价等级,并取评价级别最高者作为项目的评价等级。

(2) 对于电力、钢铁、水泥、石化、化工、平板玻璃、有色金属等高耗能行业的多源(两个以上,含两个)项目,编制环境影响报告书时评价等级应提高一级。

(3) 对于新建包含 1km 及以上隧道工程的城市快速路、主干路等城市道路项目,按项目隧道主要通风竖井及隧道出口排放的污染物计算其评价等级。

(4) 对于公路、铁路等项目,应分别按项目沿线主要集中式排放源(如服务区、车站等大气污染源)排放的污染物计算其评价等级。

(5) 对新建、迁建及飞行区扩建的枢纽及干线机场项目,应考虑机场飞机起降及相关辅助设施排放对周边城市环境的影响,评价等级取一级。

一级评价项目应采用进一步预测模式进行大气环境影响预测与评价;二级评价项目可不进行进一步预测与评价,只对污染物排放量进行核算;三级评价项目不进行进一步预测与评价。确定评价工作等级的同时,应说明估算模式计算参数和判定依据。

对于一级评价项目,大气环境影响评价范围根据项目排放污染物的最远影响距离 $D_{10\%}$ 来确定,即以项目厂址中心区域,自厂界外延 $D_{10\%}$ 的矩形区域作为大气环境影响评价范围。当 $D_{10\%}$ 超过 25km 时,确定评价范围为边长 50km 的矩形区域;当 $D_{10\%}$ 小于 2.5km 时,评价范围边长取 5km;对于二级评价项目,大气环境影响评价范围边长取 5km;三级评价项目不需要设置评价范围;对新建、迁建及飞行区建的枢纽及干线机场项目,评价范围还应考虑受影响的周边城市,最大取边长 50km。规划的大气环境影响评价范围以规划区边界为起点,外延至规划项目排放污染物最远影响距离 $D_{10\%}$ 的区域。

(三)评价标准

1. 环境质量标准

评价因子所适用的环境质量标准主要依据《环境空气质量标准》(GB 3095—2012)确定。该标准规定了环境空气功能区分类、标准分级、污染物项目、平均时间及浓度限值、监测方法、数据统计的有效性规定及实施与监督等内容。《环境空气质量标准》(GB 3095—2012)将环境空气功能区分为两类:一类区为自然保护区、风景名胜区和其他需要特殊保护的地区;二类区为居住区、商业交通居民混合区、文化区、工业区和农村地区。环境空气质量标准按功能区分为两级:一类区执行一级标准;二类区执行二级标准。《环境空气质量标准》(GB 3095—2012)共限定了 10 种因子(包括 6 种基本项目和 4 种其他项目)的浓度值:SO_2、NO_2、PM2.5、PM10、O_3、CO、TSP、NO_x、Pb、苯并芘。环境空气污染物基本项目的浓度限值见表 6.6。

表 6.6　环境空气污染物基本项目的浓度限值

序号	污染物项目	平均时间	浓度限值		单位
			一级	二级	
1	SO_2	年平均	20	60	$\mu g/m^3$
		24h 平均	50	150	
		1h 平均	150	500	
2	NO_2	年平均	40	40	
		24h 平均	80	80	
		1h 平均	200	200	
3	PM2.5	年平均	15	35	
		24h 平均	35	75	
4	PM10	年平均	40	70	
		24h 平均	50	150	
5	O_3	日最大 8h 平均	100	160	
		1h 平均	160	200	
6	CO	24h 平均	4	4	mg/m^3
		1h 平均	10	10	mg/m^3

在选择大气环境质量评价标准时,如已有地方环境空气质量标准,应选用地方标准中的浓度限值。对于《环境空气质量标准》(GB 3095—2012)及地方环境质量标准中未包含的污染物,可参照《环境影响评价技术导则　大气环境》(HJ 2.2—2018)附录中的浓度

限值。对于上述标准中都未包含的污染物,可参照选用其他国家、国际组织发布的环境质量浓度限值或基准值,但应做出说明,经生态环境主管部门同意后执行。

2. 污染物排放标准

我国的大气污染物排放标准远比质量标准多,往往需根据污染源行业性质、污染物特性、排气筒特点、所处大气环境功能类别,甚至项目建设时间等多种因素审慎选择,标准限值类别也更多,并且随着各地区呈现的环境问题差异化,许多地方出台了高于国家标准的地方标准。常用的大气污染物排放标准有《大气污染物综合排放标准》(GB 16297—1996)、《火电厂大气污染物排放标准》(GB 13223—2011)、《锅炉大气污染物排放标准》(GB 13271—2001)、《恶臭污染物排放标准》(GB 14554—2018)等。以《大气污染物综合排放标准》(GB 16297—2017)为例,每个因子都包括最高允许排放浓度(mg/m^3)、最高允许排放速率(kg/h)以及无组织排放监控浓度限值(mg/m^3)多个限值。其中,最高允许排放速率与排气筒的高度有关,排气筒高度越高,允许的排放速率越大。当建设项目的排气筒高度处于表列两高度之间,用内插法计算其最高允许排放速率,按下式计算:

$$\frac{Q_{n+1} - Q_n}{Q - Q_n} = \frac{h_{n+1} - h_n}{h - h_n} \tag{6-5}$$

式中:Q—某排气筒最高允许排放速率;Q_n—比某排气筒低的表列限值中的最大值;Q_{n+1}—比某排气筒高的表列限值中的最小值;h—某排气筒的几何高度;h_n—比某排气筒低的表列高度中的最大值;h_{n+1}—比某排气筒高的表列高度中的最小值。

当某排气筒高度高于(或低于)本标准表列排气筒高度的最高(或低)值时,用外推法计算其最高允许排放速率,按下式计算:

$$\frac{Q}{Q_n} = \left(\frac{h}{h_n}\right)^2 \tag{6-6}$$

式中:Q—某排气筒的最高允许排放速率;Q_n—表列排气筒最高(最低)高度对应的最高允许排放速率;h—某排气筒的高度;h_n—表列排气筒最高(最低)高度。

二、环境空气质量现状调查与评价

(一)环境空气质量现状调查

1. 调查内容和目的

按照《环境影响评价技术导则 大气环境》(HJ 2.2—2018),不同级别的评价项目,均需要调查项目所在区域环境质量达标情况,作为项目所在区域是否为达标区的判断依据。对于一级和二级评价项目,还需要调查评价范围内所有环境质量标准的评价因子的环境质量监测数据或进行补充监测,用于评价项目所在区域污染物环境质量现状。另外,对于一级评价项目,监测数据还将用于计算环境空气保护目标和网格点的环境质量现状浓度。

2. 数据来源

(1)基本污染物环境质量现状数据。项目所在区域达标判定,优先采用国家或地方生态环境主管部门公开发布的评价基准年环境质量公告或环境质量报告中的数据或结论。

项目所在评价范围达标判定,采用评价范围内国家或地方环境空气质量监测网中评价基准年连续 1 年的监测数据,或采用生态环境主管部门公开发布的环境空气质量现状数据。评价范围内没有环境空气质量监测网数据或公开发布的环境空气质量现状数据的,可选择符合《环境空气质量监测点位布设技术规范(试行)》(HJ 664—2013)规定,并且与评价范围地理位置邻近、地形、气候条件相近的环境空气质量城市点或区域点的监测数据。对于位于环境空气质量一类区的环境空气保护目标或网格点,各污染物环境质量现状浓度可取符合 HJ 664 规定,并且与评价范围地理位置邻近、地形、气候条件相近的环境空气质量区域点或背景点的监测数据。

(2)其他污染物环境质量现状数据。优先采用评价范围内国家或地方环境空气质量监测网中评价基准年连续 1 年的监测数据。评价范围内没有环境空气质量监测网数据或公开发布的环境空气质量现状数据的,可收集评价范围内近 3 年与项目排放的其他污染物有关的历史监测资料。

在没有以上相关监测数据或监测数据不能满足评价需求时,应进行补充监测。

3. 补充监测

补充监测时,监测点位应当包括监测点位、监测点坐标、监测因子、监测时段等信息,如表 6.7 所示。

表 6.7　其他污染物补充监测点位基本信息

监测点位	监测点坐标/m	监测因子	监测时段	相对厂址方位	相对厂界距离/m

根据监测因子的污染特征,选择污染较重的季节进行现状监测,补充监测应至少取得 7 天有效数据。对于部分无法进行连续监测的其他污染物,可监测其一次空气质量浓度,监测时次应满足所用评价标准的取值时间要求。

监测布点以近 20 年统计的当地主导风向为轴向,在厂址及主导风向下风向 5km 范围内设置 1～2 个监测点。如需在一类区进行补充监测,监测点应设置在不受人为活动影响的区域。

(二)大气环境质量现状评价

1. 项目所在区域达标判断

城市环境空气质量达标情况评价指标为 SO_2、NO_2、PM10、PM2.5、O_3 和 CO,共六项污染物。全部达标即为城市环境空气质量达标。

优先根据国家或地方生态环境主管部门公开发布的城市环境空气质量达标情况,判断项目所在地是否属于达标区。如项目评价范围涉及多个行政区(县级或以上),需分别评价各行政区的达标情况。若存在不达标行政区,则判定项目所在评价区域为不达标区。

国家或地方生态环境主管部门未发布城市环境空气质量达标情况的,可按照《环境空气质量评价技术规范》(HJ 663—2013)中各评价项目的年评价指标进行判定。年评价指标中的年均浓度和相应百分位数 24h 平均或 8h 平均质量浓度满足《环境空气质量标准》(GB 3095—2018)中浓度限值要求的即为达标。

2. 各污染物的环境质量现状评价

(1)长期监测数据的现状评价内容,按 HJ 663 中的统计方法对各污染物的年评价指标进行环境质量现状评价,包括监测点位、污染物、评价标准、现状浓度及达标判定等,对于超标的污染物,计算其超标倍数和超标率。内容要求见表6.8。

表 6.8　基本污染物环境质量现状

点位名称	坐标/m		污染物	年评价指标	评价标准/$(\mu g/m^3)$	现状浓度/$(\mu g/m^3)$	最大浓度占标率/%	超标频率	达标情况
	X	Y							

(2)补充监测数据的现状评价内容,分别对各监测点位不同污染物的短期浓度进行环境质量现状评价,包括点位名称、坐标、污染物、评价标准、现状浓度范围及达标判定等,对于超标的污染物,计算其超标倍数和超标率。内容要求见表 6.9。

表 6.9　其他污染物环境质量现状(监测结果)表

点位名称	坐标/m		污染物	平均时间	评价标准/$(\mu g/m^3)$	监测浓度范围/$(\mu g/m^3)$	最大浓度占标率/%	超标频率	达标情况
	X	Y							

3. 环境空气保护目标及网格点环境质量现状浓度

为评价项目建设后环境质量的叠加影响,需要计算环境空气保护目标及网格点污染物的现状浓度。根据《环境影响评价技术导则　大气环境》(HJ 2.2—2018),对于采用多个长期监测点位数据进行现状评价的,取各污染物相同时刻各监测点位的浓度平均值作为评价范围内环境空气保护目标及网格点环境质量现状浓度,计算公式如下:

$$C_{现状(x,y,t)} = \frac{1}{n}\sum_{j=1}^{n} C_{现状(j,t)} \tag{6-7}$$

式中:$C_{现状(x,y,t)}$—环境空气保护目标及网格点(x,y)在t时刻的污染物现状浓度,$\mu g/m^3$;$C_{现状(j,t)}$—第j个监测点位在t时刻的污染物现状浓度(包括短期浓度和长期浓度),$\mu g/m^3$;n—长期监测点位的个数。

对于采用补充监测数据进行现状评价的,取各污染物不同评价时段监测浓度的最大值,作为评价范围内环境保护目标及网格点环境质量现状浓度。对于有多个监测点位数据的,先计算相同时刻各监测点位的平均值,再取各监测时段平均值中的最大值,计算公式如下:

$$C_{现状(x,y)} = \max\left[\frac{1}{n}\sum_{j=1}^{n} C_{监测(j,t)}\right] \tag{6-8}$$

式中:$C_{现状(x,y)}$—环境空气保护目标及网格点(x,y)的污染物现状浓度,$\mu g/m^3$;$C_{监测(j,t)}$—第j个监测点位在t时刻的污染物现状浓度(包括 1h 平均、8h 平均或日平均质量浓度),$\mu g/m^3$;n—现状补充监测点位的个数。

三、大气环境影响预测

（一）基本要求

根据《环境影响评价技术导则　大气环境》(HJ 2.2—2018)的规定,一级评价项目应采用进一步预测模型开展大气环境影响预测与评价,二级和三级评价项目不需要进行进一步预测与评价。选取有环境质量标准的评价因子作为预测因子。预测范围应覆盖评价范围,并覆盖各污染物短期浓度贡献值占标率大于10%的区域。对于需要预测二次污染物的项目,预测范围应覆盖PM2.5年平均质量浓度贡献值占标率大于1%的区域。对于评价范围内包含环境空气功能区一类区的,预测范围应覆盖项目对一类区最大环境影响,预测时段选取评价基准年的连续1年。选用网格模型模拟二次污染物的环境影响时,预测时段应至少选取基准年1、4、7、10四个月份。

（二）预测模型的选择

大气环境影响预测通常是利用适当的数学模型,模拟项目所在区域在特定的气象、地形等条件下,大气污染物的输送、扩散、转化和清除等过程,从而判断拟建项目污染物的排放对大气环境影响的程度和范围。可用于大气环境影响预测的数学模型多种多样,具体应用时应根据评价区域的气象和地形特征、污染源及污染物特征、时空分辨率要求,以及有关资料和技术条件等选择适当的模型。《环境影响评价技术导则　大气环境》(HJ 2.2—2018)推荐的模型包括估算模型 AERSCREEN、进一步预测模型 AERMOD、ADMS、AUSTAL 2000、EDMS/AEDT、CALPUFF 以及 CMAQ 等光化学网格模型。模型的适用情况见表 6.10。

表 6.10　推荐模型适用情况表

模型名称	适用性	适用污染源	适用排放形式	推荐预测范围	适用污染物	输出结果	其他特性
AERSCREEN	用于评价等级及评价范围判定	点源(含火炬源)、面源(矩形或圆形)、体源	连续源			短期浓度最大值及对应距离	可以模拟熏烟和建筑物下洗
AERMOD	用于进一步预测	点源(含火炬源)、面源、线源、体源	连续源、间断源	局地尺度(≤50km)	一次污染物、二次PM2.5(系数法)	短期和长期平均质量浓度及分布	可以模拟建筑物下洗、干湿沉降
ADMS		点源、面源、线源、体源、网格源					可以模拟建筑物下洗、干湿沉降,包含街道窄谷模型
AUSTAL 2000		烟塔合一源					可以模拟建筑物下洗

续表

模型名称	适用性	适用污染源	适用排放形式	推荐预测范围	适用污染物	输出结果	其他特性
EDMS/AEDT		机场源					可以模拟建筑物下洗、干湿沉降
CALPUFF		点源、面源、线源、体源	连续源、间断源	城市尺度（50km到几百km）	一次污染物和二次PM2.5		可以用于特殊风场，包括长期静、小风和岸边熏烟
光化学网格模型（CMAQ 或类似模型）		网格源		区域尺度（几百km）	一次污染物和二次PM2.5、O_3		网格化模型，可以模拟复杂化学瓜及气象条件对污染物浓度的影响等

注：1. 生态环境部模型管理部门推荐的其他模型，按相应推荐模型适用情况进行选择。
2. 对光化学网格模型（CMAQ 或类似模型），在应用前应根据应用案例提供必要的验证结果。

当推荐模型的适用性不能满足要求时，可选择适用的替代模型，但应对模型的性能进行全面评估和检验。

四、大气环境影响评价

（一）达标区的评价项目

在项目正常排放条件下，预测环境空气保护目标和网格点主要污染物的短期浓度和长期浓度贡献值，评价其最大浓度占标率，针对环境空气保护目标和网格点，将项目的贡献浓度与现状浓度进行叠加，评价主要污染物的保证率日平均浓度（参考 HJ 663）和年平均浓度的达标情况。对于项目排放的污染物仅有短期浓度限值的，评价其短期浓度叠加后的达标情况。叠加浓度应同步考虑改扩建项目的"以新代老"污染源、区域削减源以及评价范围内其他排放同类污染的在建、拟建污染的影响。在项目非正常排放条件下，预测评价环境空气保护目标和网格点主要污染物的 1h 最大浓度贡献值及占标率。

（二）不达标区的评价项目

项目正常排放条件下，预测环境空气保护目标和网格点主要污染物的短期浓度和长期浓度贡献值，评价其最大浓度占标率。项目正常排放条件下，预测评价叠加大气环境质量限期达标规划（简称"达标规划"）的目标浓度后，环境空气保护目标和网格点主要污染物保证率日平均质量浓度和年平均质量浓度的达标情况；对于项目排放的主要污染物仅有短期浓度限值的，评价其短期浓度叠加后的达标情况。如果是改建、扩建项目，还应同步减去"以新带老"污染源的环境影响。如果有区域达标规划之外的削减项目，应同步减去削减源的环境影响。如果评价范围内还有其他排放同类污染物的在建、拟建项目，还应叠加在建、拟建项目的环境影响。对于无法获得达标规划目标浓度场或区域污染源清单的评价项目,需评价区域环境质量的整体变化情况。项目非正常排放条件下,预测环境空气保护目标和网格点主要污染物的1h最大浓度贡献值,评价其最大浓度占标率。

(三)区域规划的环境影响评价

预测评价区域规划方案中不同规划年叠加现状浓度后,环境空气保护目标和网格点主要污染物保证率日平均质量浓度和年平均质量浓度的达标情况;对于规划排放的其他污染物仅有短期浓度限值的,评价其叠加现状浓度后短期浓度的达标情况。预测评价区域规划实施后的环境质量变化情况,分析区域规划方案的可行性。

(四)污染控制措施评价

按照达标区或不达标区的预测与评价内容,预测不同污染控制方案主要污染物对环境保护目标和网格点的环境影响,评价达标情况或区域环境质量的整体变化,比较分析不同污染治理设施、预防措施或排放方案的有效性。

(五)大气环境防护距离

对于项目厂界浓度满足大气污染物厂界浓度限值,但厂界外大气污染物短期贡献浓度超过环境质量浓度限值的,可以将自厂界起向外至超标区域的最远垂直距离作为大气环境防护距离,以确保大气环境防护区域外的污染物贡献浓度满足环境质量标准。对于项目厂界浓度超过大气污染物厂界浓度限值的应要求削减排放源强或调整工程布局,待满足厂界浓度限值后再核算大气环境防护距离。大气环境防护距离内不应有长期居住的人群。

第三节　大气环境影响评价案例分析

案例一

某砖厂位于西南地区青枝煤矿开采区,2008年通过竣工环保验收,环境影响评价批复以低硫煤矸石、页岩等为原料,采用破碎筛分、混料、陈化、挤出成型、切坯和干燥烧结工艺,生产烧结标准砖 $7\,600\times10^4$ 块/年。生产设施有 2 条带人工干燥室的轮窑生产线和破碎、筛分、混料、成型等设备,辅助设施有原料棚、陈化库和成品堆场等。

原料棚设围挡抑尘,破碎筛分点采用洒水抑尘,烧结和干燥烟气采用旋风水膜除尘脱硫。近期自行监测报告表明:工况条件下,轮窑干烟气含氧量 19.06%、温度 50℃,颗粒物、二氧化硫、氮氧化物和氟化物的浓度分别为 $13mg/m^2$、$104mg/m^2$、$67mg/m^3$ 和 $1.2mg/m^3$。

企业拟在原址实施改造,原料组成不变。产品品种增加烧结空心砖,产能调整为标准砖 $6\,000\times10^4$ 块/年。工程内容包括拆除厂区所有设施,新建封闭型的原料库、陈化库和生产车间等;新建 1 条隧道烘干室＋隧道烧结窑生产线,更新全部生产设备。

烧结窑采用机械送、排风方式,烧结温度 $1\,050\sim1\,150$℃,烧结窑每年需铺柴投煤点火一次,升温后利用砖坯中煤矸石燃烧完成烧结,不再外加燃料。

将烧结室烟气中的一部分引入烘干室进行余热利用(用于烘干湿砖坯),再与其余烟气混合经布袋除尘＋双碱法脱硫净化后,由引风机引至 25m 高烟囱排放。原料破碎、筛分、混料产生的粉尘经集气罩收集、布袋除尘净化后由独立排气筒排放。根据原料理化分析报告,煤矸石热值约为 2 200kJ/kg,主要成分有碳、二氧化硅、三氧化二铝,还检出氟、砷和汞等元素。

该企业用地不在生态保护红线内,厂界外 45m 处有一散户、270m 处有一村庄、1 000m 处有一家在建陶瓷企业。根据当地环境质量报告书,区域上一年度 PM2.5 年均浓度超标,地方达标规划尚在编制中。环境影响报告表编制单位开展了大气专题工作。根据估算模式计算结果,确定项目大气环境影响评价工作等级为一级。

注:《砖瓦工业大气污染物排放标准》(GB 29620—2013)及其 2020 年修订标准规定:人工干燥及烧结生产过程的颗粒物、二氧化硫、氮氧化物和氟化物标准状态干烟气排放浓度限值分别为 30mg/m³、150mg/m³、200mg/m³ 和 3mg/m³。干烟气基准氧含量 18%,基准排放浓度折算公式为:$\rho_{基准排放浓度} = \rho_{实测排放浓度} \times (21 - Q_{干烟气基准含氧量}) \div (21 - Q_{干烟气实测含氧量})$。本案例不考虑气压变化,标态温度以 273.15K 计,实测排放浓度需折算为标准状态干烟气排放浓度,再折算为基准排放浓度后对标。

问题:

(1) 判断现有工程烟气排放达标情况。

(2) 技改工程采用的烧结窑烟气治理措施是否合理?说明理由。

(3) 说明正常排放时不达标因子的大气预测工作内容。

(4) 推荐烧结窑建设运营期减少碳排放的措施。

解析:

(1) ① 颗粒物标准状态干烟气排放浓度＝13×(60＋273.15)÷273.15＝15.86(mg/m³);颗粒物基准排放浓度＝15.86×(21－18)÷(21－19.06)＝24.53(mg/m²)＜30mg/m²,故颗粒物排放达标。

② 二氧化硫标准状态干烟气排放浓度＝104×(60＋273.15)÷273.15＝126.84(mg/m²);二氧化硫基准排放浓度＝126.84×(21－18)÷(21－19.06)＝196.14(mg/m³)＞150mg/m³,故二氧化硫排放超标。

③ 氮氧化物标准状态干烟气排放浓度＝67×(60＋273.15)÷273.15＝81.72(mg/m³);氮氧化物基准排放浓度＝81.72×(21－18)÷(21－19.06)＝126.37(mg/m³)＜200mg/m³,故氮氧化物排放达标。

④ 氟化物标准状态干烟气排放浓度＝1.2×(60＋273.15)÷273.15＝1.46(mg/m³);氟化物基准排放浓度＝1.46×(21－18)÷(21－19.06)＝2.26(mg/m³)＜3mg/m³,故氟化物排放达标。

综上所述,由于二氧化硫排放超标,故现有工程烟气排放超标。

(2) 技改工程采用的烧结窑烟气治理措施不合理。理由:①烧结烟气有氮氧化物,应增加脱硝措施。②原料含砷和汞等重金属元素,应增设活性炭或其他多孔性吸附剂等吸附工艺去除重金属砷和汞。

(3) 正常排放时不达标因子的大气预测工作内容有:①项目正常排放条件下,预测本项目改造后新增污染源环境空气保护目标和网格点 PM2.5 的短期浓度和长期浓度贡献值。②项目正常排放条件下,预测本项目改造后新增污染源叠加在建陶瓷企业相关污染源、减去本项目削减污染源浓度后,环境空气保护目标和网格点 PM2.5 的短期浓度和长期浓度。③项目非正常排放条件下,预测本项目改造后新增污染源环境空气保护目标和网格点 PM2.5 1h 的最大浓度贡献值(或 1h 平均质量浓度)。

(4) ①建设期减少碳排放的措施包括:选用低能耗施工机械,提高施工机械能源利用率,降低施工机械能耗;减少使用燃油施工机械,用电能施工机械替代;选用隔热保温性能好的材料,提高施工工艺水平,做好烘干室、烧结窑的保温密封。②运营期减少碳排放的措施包括:优化产品设计,增大空心砖的孔洞率,适当掺加生物质燃料,从而减少煤矸石用量和烧结能耗;烧结窑采用清洁能源(如天然气)进行点火;余热利用,生产车间、办公区、生活区采暖(如需要)及热水利用余热供应。

案例二

北方某城市地势平坦,主导风向为东北风,当地水资源缺乏,城市主要供水水源为地下水,区域已出现大面积地下水降落漏斗区。城市西北部有一座库容 $3.2 \times 10^7 m^3$ 水库,主要功能为防洪、城市供水和农业用水。该市现有的城市二级污水处理厂位于市区南部,处理才能为 $1.0 \times 10^5 t/d$,污水处理达标后供城市西南的工业区再利用。

现拟在城市西南工业区内分期建立热电联产工程。一期工程拟建 1 台 350MW 热电联产机组,配 1 台 1 160t/h 的粉煤锅炉。汽机排汽冷却拟采用二次循环冷却方式,配 1 座自然通风冷却塔(汽机排汽冷却方式一般有直接水冷却、空冷和二次循环水冷却)。采用高效袋式除尘、SCR 脱硝、石灰石-石膏脱硫方法处理锅炉烟气,脱硝效率 80%,脱硫效率 95%,净化后烟气经 210m 高的烟囱排放。SCR 脱硝系统氨区设一个 $100m^3$ 的液氨储罐,储量为 55t。消费用水主要包括化学系统用水、循环冷却系统用水和脱硫系统用水,新颖水用水量分别为 $4.04 \times 10^5 t/a$、$2.89 \times 10^6 t/a$、$2.90 \times 10^5 t/a$,拟从水库取水。生活用水采用地下水。配套建立干贮灰场,粉煤灰、炉渣、脱硫石膏全部综合利用,暂无法综合利用的送灰场临时贮存。消费废水主要有化学系统的酸碱废水、脱硫系统的脱硫废水、循环系统的排污水等,拟处理后回用或排放。

设计煤种和校核煤种基本参数及锅炉烟气中 SO_2、烟尘初始浓度见表 6.11。

表 6.11　设计煤种和校核煤种基本参数及锅炉烟气中 SO_2、烟尘初始浓度

类　别	低位发热值/(kJ/kg)	收到基全硫	收到基灰粉	$SO_2/[mg/(N \cdot m^3)]$	烟尘/$[mg/(N \cdot m^3)]$
设计煤种	23 865	0.61%	26.03%	1 920	25 600
校核煤种	21 771	0.66%	22.41%	2 100	21 100

注:①《危险化学品重大危险源辨识》(GB 18218—2021)规定液氨的临界量为 10t。②锅炉烟气中 SO_2、烟尘分别执行《火电厂大气污染物排放标准》(GB 13223—2021)中 100mg/m³ 和 30mg/m³ 的排放限值要求。

问题:

(1) 评价 SO_2 排放达标情况。

(2) 计算高效袋式除尘器的最小除尘效率(石灰石-石膏脱硫系统除尘效率按 50% 计)。

解析:

(1) ①对于设计煤种,SO_2 排放浓度为:$1\,920 \times (1-95\%) = 96(mg/m^3)$,小于排放限值 $100mg/m^3$,SO_2 排放达标。②对于校核煤种,SO_2 排放浓度为:$2\,100 \times (1-95\%) = 105(mg/m^3)$,大于排放限值 $100mg/m^3$,SO_2 排放不达标。

因为设计煤种、校核煤种的 SO_2 排放不能同时达标,所以本工程 SO_2 排放不达标。

(2) 先除尘后脱硫,按烟尘浓度较大的设计煤种计算,最小除尘效率为:$\{25\,600 - [30 \div (1-50\%)]\} \div 25\,600 = 99.8\%$。

案例三

某新建专用设备制造厂,主体工程包括铸造、钢材下料、铆焊、机加、电镀、涂装、装配等车间;公用工程有空压站、变配电所、天然气调压站等;环保设施有电镀车间废水处理站、全厂废水处理站、危险废物暂存仓库、固体废物转运站等。

铸造车间消费工艺见图 6.1。商品芯砂(含酚醛树脂、氯化铵),以热芯盒工艺(200~300℃)消费砂芯;采用商品型砂(含膨润土、石英砂、煤粉)和砂芯经震动成型、下芯制模具,用于铁水浇铸。

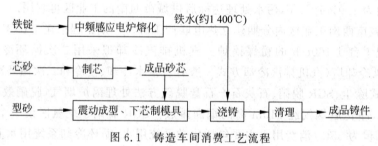

图 6.1 铸造车间消费工艺流程

铸件清理工部消费性粉尘产生量 100kg/h,铸造车间设置通风除尘净化系统,粉尘捕集率 95%,除尘效率 98%。机加车间使用的化学品有水基乳化液(含油类、磷酸钠、消泡剂、醇类)、清洗剂(含外表活性剂、碱)、机油。

涂装车间设有独立的水旋喷漆室、晾干室和烘干室。喷漆室、烘干室废气参数见表 6.12。喷漆室废气经 20m 高排气筒排放,晾干室废气经活性炭吸附处理后由 20m 高排气筒排放,喷漆室定期投药除渣。

表 6.12 涂装车间喷漆室、烘干室废气参数

设施名称	废气量/(m³/h)	废气污染物浓度/(mg/m³)		温度/℃	湿度
		非甲烷总烃	二甲苯		
喷漆室	60 000	50	25	25	过饱和
烘干室	2 000	1 000	500	100	忽略

注:《大气污染物综合排放标准》(GB 16297—1996)规定,二甲苯允许排放浓度限值为 $70mg/m^3$,排气筒高度 20m 时允许排放速率为 1.7kg/h。

问题:

(1) 指出制芯工部和浇铸工部产生的废气污染物。

　　（2）计算清理工部消费性粉尘有组织排放的排放速率。

　　（3）判断喷漆室废气二甲苯排放是否达标，说明理由。

　　（4）针对烘干室废气，推荐一种适宜的处理方式。

解析：

　　（1）①制芯工部：烟尘、挥发性酚、醛类、NH_3、HCl。②浇筑工部：粉尘、SO_2。

　　（2）$100 \times 95\% \times (1-98\%) = 1.9$（kg/h）。

　　（3）①喷漆室二甲苯排放浓度为 $25mg/m^3$，小于允许排放浓度限值 $70mg/m^3$，故排放浓度达标。②喷漆室二甲苯排放速率为：$60\,000 \times 25 \times 10^{-6} = 1.5$（kg/h），小于允许排放速率限值 1.7kg/h，故排放速率达标。故二甲苯排放达标。

　　（4）烘干室废气成分是非甲烷总烃和二甲苯。非甲烷总烃为含 C、H、O 的有机物，易燃，燃烧产物主要是 CO_2 和 H_2O。燃烧剩余物主要是苯系物，使用活性炭去除。

案例四

　　某制药企业位于工业园区，在工业园区建立初期入园，占地面积 $3hm^2$。截至2021年工业园区已完成规划用地开发的80%。该企业拟在现有的厂区新建两个车间，消费 A、B、C 三种化学原料药产品。一车间独立消费 A 产品，二车间消费 B、C 两种产品，B 产品和 C 产品共用一套设备轮换消费。A、B、C 三种产品消费过程中产生的工艺废气主要污染物有二甲苯、醋酸、三乙胺，拟在相应的废气产生节点将废气回收预处理后混合送入 RTO（热力燃烧）装置处理，处理后尾气经 15m 高的排气筒排放。A、B、C 三种产品工艺废气预处理后的主要污染物最大速率见表 6.13。RTO 装置的设计处理效率为 95%。

表 6.13　工艺废气预处理后的主要污染物最大速率　　　单位：kg/h

废气主要污染物	A 产品	B 产品	C 产品
二甲苯	12.5	10	7.5
醋酸	0	2.5	1.0
三乙胺	5	2.5	1.5

　　该企业现有消费废水可生化性良好，污水处理站采用混凝沉淀＋好氧处理工艺，废水处理才能为 100t/d，现状实际处理废水量 50t/d，各项出水水质指标达标。扩建工程废水量 40t/d，废水 BOD_5/COD 值小于 0.10。拟定的扩建工程污水处理方案是依托现有污水处理站处理全部废水。

问题：

　　（1）确定本工程大气特征污染因子。

　　（2）给出二甲苯最大排放速率。

　　（3）指出废气热力燃烧产生的主要二次污染物，提出对策建议。

　　（4）为评价扩建工程废气排放的影响，现场调查应理解哪些信息？

解析：

　　（1）二甲苯、醋酸、三乙胺。

　　（2）$(A+B) \times (1-95\%) = (12.5+10) \times (1-95\%) = 1.125$（kg/h）。

（3）二次污染物为：TSP、NO_x、酸性气体、CO；对策措施：工况控制（足够的燃烧温度、燃烧时间）、尾气净化。

（4）①污染源情况：排气筒高度、排气筒出口内径、排气筒出口处烟气温度、排气筒出口处烟气速率、主要污染物的排放速率、排放工况、年排放小时数。②气象观测资料：评价区域 20 年以上的平均气温、湿度、风向、风速等。③评价范围 200m 以内的建筑物高度。④影响区内敏感目标的分布情况。⑤影响区内大气功能环境区划。

思 考 题

（1）某工厂为一边长 3km 的正方形厂区，唯一的废气污染源位于厂区正中央，采用估算模式计算出 PM10 的最大落地浓度为 0.40mg/m^3，SO_2 的最大落地浓度为 0.25mg/m^3，PM10 的 $D_{10\%}$ 为 1 800m，SO_2 的 $D_{10\%}$ 为 2 000m。请根据大气导则判断该项目的评价等级和评价范围。

（2）根据《大气污染物综合排放标准》（GB 16297—1996），某个污染物的排放速率标准为：$H=15$m 时，排放速率 $Q=2.6$kg/h；$H=20$m 时，排放速率 $Q=4.3$kg/h。当排气筒的高度为 18m 时，排放速率的标准值应当是多少？

（3）根据表 6.14 中的数据判断该工段铅尘的去除率至少应达到多少才能达标排放？（根据《大气污染物综合排放标准》（GB 16297—1996），铅排放浓度限值为 0.7mg/m^3。排气筒高度等于 15m 时对应的排放速率限值为 0.004kg/h）。

表 6.14　废气排放情况

工　段	风量/(m^3/h)	初始浓度/(mg/m^3)	排放浓度/(mg/m^3)	排气筒/m
制板栅	4.0×10^4	4.26	0.34	15

声环境影响评价

现阶段,噪声污染投诉多、处置难,已成为影响人民群众健康的主要环境问题,因为声环境是人们日常生活中能最直接感受到的环境要素,也是人们能直观地判断是否受到污染的环境要素,因此,声环境影响评价也就成为环境影响报告书中十分重要的专题。声环境影响评价是加强环境保护,推动噪声污染防治的有效手段。本章主要介绍与声环境有关的基本理论、建设项目声环境影响评价的内容、工作程序、方法和要求等。

第一节　环境噪声评价基础

一、环境噪声

噪声是指人们生活和工作不需要的声音。环境噪声是指在工业生产、建筑施工、交通运输和社会生活中所产生的干扰周围生活环境的声音。环境噪声污染是指所产生的环境噪声超过国家规定的环境噪声排放标准,并干扰他人正常生活、工作和学习的现象。

环境噪声的分类方法有以下几种。

按产生的机理可分为机械噪声、空气动力性噪声和电磁噪声三大类。若要控制和治理噪声,需从产生机理上考虑研究。

按产生来源可分为工业噪声、建筑噪声、交通噪声、社会噪声及自然界噪声等,环境噪声管理应重点考虑前四类噪声。

按随时间的变化可分为稳态噪声和非稳态噪声两类。稳态噪声是指噪声强度不随时间变化或者变化幅度很小的噪声;非稳态噪声是指噪声强度随时间变化较大的噪声。

按噪声的空间分布可分为点源、线源、面源三类。点源是指以球面波形式辐射声波的声源;线源是指以柱面波形式辐射声波的声源;面源是指以平面波形式辐射声波的声源。

按噪声的流动性可分为固定声源和流动声源。声环境的预测评价需要综合考虑其空间分布和流动性。

二、噪声的物理量

(一)分贝

分贝是指两个相同的物理量 A_1 和 A_0 之比,取以 10 为底的对数并乘以 10 或 20,如式(7-1)所示。

$$N = 10\lg \frac{A}{A_0} \tag{7-1}$$

分贝符号为 dB,是无量纲的。式中:A_0—基准量;A—被度量的量。被度量量与基准量之比取对数,所得值称为被度量量的"级",它表示被度量量比基准量高出多少"级"。

(二)声压和声压级

声压是衡量声音大小的尺度,其单位为 N/m^2 或 Pa。人耳对 1 000 Hz 的听阈声压为 $2 \times 10^{-5} N/m^2$,痛阈声压为 $20 N/m^2$,从听阈到痛阈,声压的绝对值相差 10^6 倍。为了便于应用,人们根据人耳对声音强弱变化响应的特性,引出一个对数来表示声音的大小,这就是声压级,它的表示方法如式(7-2)所示。

$$L_P = 10\lg \frac{P^2}{P_0^2} = 20\lg \frac{P}{P_0} \tag{7-2}$$

式中:L_P—声压 P 的声压级,dB;P—声压,N/m^2;P_0—基准声压,等于 $2 \times 10^{-5} N/m^2$,它是 1 000 Hz 的听阈声压。

正常人耳听到的声音的声压级为 0~120 dB。

(三)声功率和声功率级

声功率是声源在单位时间内向空间辐射声的总能量,如式(7-3)所示。

$$W = \frac{E}{\Delta t} \tag{7-3}$$

以 $10^{-12} W$ 为基准,则声功率定义为式(7-4)。

$$L_W = 10\lg \frac{W}{W_0} \tag{7-4}$$

式中:L_W—对应声功率 W 的声功率级,dB;W—声功率,W;W_0—基准声功率,等于 $10^{-12} W$。

(四)声强和声强级

声强是在与声波传播方向垂直的单位面积上单位时间内通过的声能量,如式(7-5)所示。

$$I = \frac{E}{\Delta t \cdot S} = \frac{W}{\Delta S} \tag{7-5}$$

式中:I—声强,W/m^2;E—声能量,J;W—声功率,W;ΔS—声音通过的面积,m^2。

如以人的听阈声强值 $10^{-12} W/m^2$ 为基准,则声强级定义为式(7-6)。

$$L_1 = 10\lg\frac{I}{I_0} \tag{7-6}$$

式中：L_1—对应声强 I 的声强级，dB；I—声强，W/m^2；I_0—基准声强，等于 $10^{-12}\,W/m^2$。

（五）噪声级的计算

n 个不同噪声源同时作用在声场中同一点，这点的总声压级 L_{PT} 计算，可从声压级的定义得到，如式(7-7)所示。

$$L_{PT} = 10\lg\frac{P_T^2}{P_0^2} = 10\lg\frac{\sum_{i=1}^{n}P_i^2}{P_0^2} = 10\lg\sum_{i=1}^{n}\left(\frac{P_i}{P_0}\right)^2 \tag{7-7}$$

式中：P_i—噪声源 i 作用于该点的声压，N/m^2。

$$L_{Pi} = 10\lg\left(\frac{P_i}{P_0}\right)^2 \tag{7-8}$$

$$\left(\frac{P_i}{P_0}\right)^2 = 10^{0.1L_{Pi}} \tag{7-9}$$

代入式(7-7)得：

$$L_{PT} = 10\lg\left(\sum_{i=1}^{n}10^{0.1L_{Pi}}\right) \tag{7-10}$$

三、环境噪声评价量

（一）A 声级

环境噪声的度量，不仅与噪声的物理量有关，还与人对声音的主观听觉有关。人耳对声音的感觉不仅和声压级大小有关，而且和频率的高低有关。声压级相同而频率不同的声音，听起来不一样响，高频声音比低频声音响，这是人耳的听觉特性所决定的。因此根据听觉特征，人们在声学测量器—声级计中设计安装了一种特殊的滤波器，叫计权网络。通过计权网络测得的声压级，已经不再是客观物理量的声压级，而叫计权声压级或计权声级，简称声级。通常有 A、B、C、D 计权声级。计权网络是一种特殊的滤波器，当含有各种频率的声波通过时，它对不同的频率成分有不同的衰减程度，A、B、C 计权网络的主要差别在于对频率成分的衰减程度，其中 A 计权网络使收到的噪声在低频有较大的衰减而高频甚至稍有放大。A 网络测得的噪声值较接近人耳的听觉，其测得的值称为 A 声级 L(A)，记作分贝(A)或 dB(A)。由于 A 声级与人耳对噪声强度和频率的感觉最相近，因此 A 声级是应用最广的评价量。

（二）等效连续 A 声级

A 计权声级能够较好地反映人耳对噪声的强度和频率的主观感觉，因此对一个连续稳态噪声，它是一种较好的评价方法，但是却不适合起伏或不连续的噪声。用噪声能量按时间平均的方法来评价噪声对人的影响，即等效连续 A 声级，符号为 L_{eq}。在声场内的一定点上，将某一段时间(T)内连续暴露的不同 A 声级变化，用能量平均的方法以 A 声级表示该段时间内的噪声大小，这个声级称为等效连续 A 声级，简称等效声级，也可以

记为 $L_{eq}(A)$。在评定非稳态噪声能量的大小时,常用等效连续 A 声级作为其评价量。等效连续 A 声级的数学表达式如式(7-11)所示。

$$L_{eq} = 10\lg\left(\frac{1}{T}\int_0^T 10^{0.1L_A(t)}\mathrm{d}t\right) \tag{7-11}$$

式中:L_{eq}—在 T 段时间内的等效连续 A 声级,dB(A);$L_A(t)$—t 时刻的瞬间 A 声级,dB(A);T—连续取样的总时间,min。

在等间隔取样的情况下,等效连续 A 声级又可用式(7-12)的方法计算。

$$L_{eq} = 10\lg\left(\frac{1}{N}\sum_{i=1}^N 10^{0.1L_i}\right) \tag{7-12}$$

式中:L_i—第 i 次读取的 A 声级,dB(A);N—取样总数。

(三)昼、夜间等效声级

昼间等效声级是在昼间时段内测得的等效连续 A 声级,用 L_d 表示,单位 dB(A);夜间等效声级是夜间时段内测得的等效连续 A 声级,用 L_n 表示,单位 dB(A)。

其中"昼间"是指 6:00 至 22:00 的时段,"夜间"是指 22:00 至次日 6:00 的时段。

$$L_{dn} = 10\lg\left\{\frac{1}{24}\left[\sum_{i=1}^{16} 10^{0.1L_i} + \sum_{j=1}^{8} 10^{0.1(L_j+10)}\right]\right\} \tag{7-13}$$

(四)最大 A 声级

最大 A 声级是在规定的测量时间段内或对某一独立噪声事件,测得的 A 声级最大值,用 L_m 表示,单位 dB(A)。

(五)统计噪声级

统计噪声级是指在某点噪声级有较大波动时,用于描述该点噪声随时间变化状况的统计物理量。一般用 L_{10}、L_{50}、L_{90} 表示。

L_{10} 表示在取样时间内 10% 的时间超过的噪声级,相当于噪声平均峰值。

L_{50} 表示在取样时间内 50% 的时间超过的噪声级,相当于噪声平均中值。

L_{90} 表示在取样时间内 90% 的时间超过的噪声级,相当于噪声平均底值。

其计算方法是将测得的 100 个或 200 个数据按大小顺序排列,总数为 100 个的第 10 个数据或总数为 200 个的第 20 个数据即为 L_{10};总数为 100 个的第 50 个数据或总数为 200 个的第 100 个数据即为 L_{50};总数为 100 个的第 90 个数据或总数为 200 个的第 180 个数据即为 L_{90}。

(六)计权有效连续感觉噪声级

计权有效连续感觉噪声级是指在有效感觉噪声级的基础上发展起来的用于评价航空噪声的方法,其特点是既考虑了 24h 内飞机通过某一固定点所产生的总噪声级,也考虑了不同时间内的飞机对周围环境所造成的影响。

一日计权有效连续噪声级的计算公式如式(7-14)所示。

$$L_{WECPNL} = \overline{L}_{EPNL} + 10\lg(N_1 + 3N_2 + 10N_3) - 39.4 \tag{7-14}$$

式中：$\overline{L}_{EPNL}$—N 次飞行的有效感觉噪声级的能量平均值，dB；N_1—7：00 到 19：00 的飞行次数；N_2—19：00 到 22：00 的飞行次数；N_3—22：00 到次日 7：00 的飞行次数。

飞机噪声的 $\overline{L}_{EPNL}$ 与距离的关系，采用设计数据和飞机制造厂家的实测声学参数或通过类比实测获得。

四、噪声的衰减和反射效应

A 声级衰减的算法一般用于各种噪声的计算。

$$L_A(r) = L_A(r_0) - (A_{div} + A_{bar} + A_{atm} + A_{exc} + A_{misc}) \tag{7-15}$$

式中：$L_A(r)$—距声源 r 处的 A 声级；$L_A(r_0)$—参考位置 r_0 处的 A 声级；A_{div}—声波几何发散引起的 A 声级衰减量；A_{bar}—声屏障引起的 A 声级衰减量；A_{atm}—空气吸收引起的 A 声级衰减量；A_{exc}—地面效应引起的 A 声级衰减量；A_{misc}—其他多方面效应引起的 A 声级衰减量。

（一）噪声随传播距离的衰减 A_{div}

噪声在传播过程中由于距离增加而引起的几何发散衰减与噪声固有的频率无关。

1. 点声源

（1）点声源随传播距离增加引起的衰减值如式（7-16）所示。

$$A_{div} = 10\lg \frac{1}{4\pi r^2} \tag{7-16}$$

式中：A_{div}—距离增加产生的衰减值，dB；r—点声源离受声点的距离，m。

（2）在距离点声源 r_0 处到 r 处的衰减值如式（7-17）所示。

$$A_{div} = 20\lg \frac{r}{r_0} \tag{7-17}$$

当 $r = 2r_0$ 时，$A_{div} = -6$dB，即点声源声传播距离增加 1 倍，其衰减值是 6dB。

2. 线声源

线声源随传播距离增加引起的衰减值如式（7-18）所示。

$$A_{div} = 10\lg \frac{1}{2\pi rl} \tag{7-18}$$

式中：A_{div}—距离增加产生的衰减值，dB：r—点声源离受声点的距离，m；l—线源的长度，m。

在距离线声源 r_0 处到 r 处的衰减值，对于无限长线源和有限长线源应采用不同的计算公式。

（1）无限长线源如式（7-19）所示。

$$A_{div} = 10\lg \frac{r}{r_0} \tag{7-19}$$

（2）有限长线源如下。

设 l_0 为线源的长度，r_0 和 r 为预测点距离线源垂直平分线的距离，则：

当 $r < l_0/3$ 且 $r_0 < l_0/3$ 时，有限长线源可当作无限长线源处理。

当 $r > l_0$ 且 $r_0 > l_0$ 时，可近似简化为点声源处理。

当 $l_0/3 < r < l_0$，且 $l_0/3 < r_0 < l_0$ 时，随着距离变化而引起的衰减量如式（7-20）所示。

$$A_{div} = 15\lg \frac{r}{r_0} \qquad (7-20)$$

3. 面声源

面声源随传播距离的增加引起的衰减值与面源的形状有关。例如，一个有许多建筑机械的施工场地短边是 a，长边是 b，随着距离的增加，其衰减值与距离 r 的关系如下。

（1）当 $r \leqslant a/\pi$，$A_{div} = 0$dB。

（2）当 $a/\pi < r < b/\pi$，距离 r 每增加 1 倍，$A_{div} = -(0 \sim 3)$dB。

（3）当 $b > r > b/\pi$，距离 r 每增加 1 倍，$A_{div} = -(3 \sim 6)$dB。

（4）当 $r > b$，距离 r 每增加 1 倍，$A_{div} = 6$dB。

（二）空气吸收衰减 A_{atm}

因空气吸收声波而引起的衰减与声波频率、大气压、湿度、温度有关，被空气吸收的衰减值如式（7-21）所示。

$$A_{atm} = \frac{\alpha(r - r_0)}{1\,000} \qquad (7-21)$$

式中：A_{atm}—空气吸收引起的衰减值，dB；α—空气吸收衰减系数，其值与湿度、温度和声波频率有关；r_0—参考位置距声源距离，m；r—声波传播距离，m。

当 $r < 200$m 时，A 近似为零。

（三）地面效应 A_{gr}

地面类型可分为坚实地面、疏松地面和混合地面。声波越过疏松地面传播，或大部分为疏松地面的混合地面时，在预测点仅计算 A 声级前提下，地面效应引起的倍频带衰减的计算如式（7-22）所示。

$$A_{gr} = 4.8 - \left(\frac{2h_m}{r}\right)\left(17 + \frac{300}{r}\right) \qquad (7-22)$$

式中：r—声源到预测点的距离；h_m—传播路径的平均离地高度。

（四）障碍物屏障引起的衰减 A_{bar}

位于声源和预测点之间的实体障碍物，如围墙、建筑物、土坡或地堑等能起到声屏障作用，从而引起声能量的较大衰减。在环境影响评价中，可将各种形式的屏障简化为具有一定高度的薄屏障。在噪声预测中，声屏障插入损失的计算方法需要根据实际情况作简化处理。

定义 $\delta = A + B - d$ 为声程差，其中 A 为声源与屏障顶端（或侧端）的距离；B 为接收点与屏障顶端（或侧端）的距离；d 为声源与接收点间的距离。

计算三个传播途径的菲涅耳数 N_1（顶端绕射）、N_2（侧端绕射）、N_3（另一侧侧端绕射），菲涅耳数 N 的计算公式如式（7-23）所示。

$$N = \frac{2(A + B - d)}{\lambda} \qquad (7-23)$$

式中：λ—声波波长。

声屏障引起的衰减按式(7-24)计算。

$$A_{bar} = 10\lg\left(\frac{1}{3+20N_1} + \frac{1}{3+20N_2} + \frac{1}{3+20N_3}\right) \qquad (7\text{-}24)$$

当屏障很长(做无限长处理)时，可仅考虑顶端绕射衰减，按式(7-25)进行计算。

$$A_{bar} = 10\lg\left(\frac{1}{3+20N_1}\right) \qquad (7\text{-}25)$$

屏障衰减在单绕射(即薄屏障)情况下，衰减值最大取 20dB；在双绕射(即厚屏障)情况下，最大取 25dB。

(五) 绿化林带引起的衰减 A_{fol}

绿化林带的附加衰减与树种、林带结构和密度等因素有关。在声源附近的绿化林带，或在预测点附近的绿化林带，或两者均有的情况都可以使声波衰减。通过树叶传播造成的噪声衰减随通过树叶传播距离 d_f 的增长而增加，其中 $d_f = d_1 + d_2$，为了计算 d_1 和 d_2，可假设弯曲路径的半径为 5km，见图 7.1。

图 7.1　噪声通过树和灌木时的衰减示意图

表 7.1 中的第一行给出了通过总长度为 10m 到 20m 的密叶时，由密叶引起的衰减；第二行为通过总长度为 20m 到 200m 密叶时的衰减系数；当通过密叶的路径长度大于 200m 时，可使用 200m 的衰减值。

表 7.1　倍频带噪声通过密叶传播时产生的衰减

项　　目	传播距离 d_f/m	倍频带中心频率/Hz							
		63	125	250	500	1 000	2 000	4 000	8 000
衰减/dB	$10 \leqslant d_f < 20$	0	0	1	1	1	1	2	3
衰减系数/(dB/m)	$20 \leqslant d_f < 200$	0.02	0.03	0.04	0.05	0.06	0.08	0.09	0.12

第二节　声环境影响评价工作内容

一、评价等级、评价范围、评价重点和评价标准

(一) 评价等级

1. 评价等级划分依据

噪声评价工作等级划分的依据有：建设项目所在区域的声环境功能区类别；建设项目建设前后的声环境质量变化程度；受建设项目影响的人口的数量。

一级评价范围内有适用于 GB 3096 规定的 0 类声环境功能区域,以及对噪声有特别限制要求的保护区等敏感目标,或建设项目建设前后评价范围内敏感目标噪声级增高量达 5dB(A)以上(不含 5dB(A)),或受影响人口数量显著增多时,按一级评价。

二级评价建设项目所处的声环境功能区为 GB 3096 规定的 1 类、2 类地区,或建设项目建设前后评价范围内敏感目标噪声级增高量达 3~5dB(A)(含 3 和 5dB(A)),或受噪声影响人口数量增加较多时,按二级评价。

三级评价建设项目所处的声环境功能区为 GB 3096 规定的 3 类、4 类地区,或建设项目前后评价范围内敏感目标噪声级增高量在 3dB(A)以下(不含 3dB(A)),且受影响人口数量变化不大时,按三级评价。

在确定评价工作等级时,如建设项目符合两个及两个以上级别的划分原则,按较高级别的评价等级评价。

2. 不同等级的评价要求

声环境影响评价的基本要求和方法因评价等级不同而有所差别。一级评价要求进行深入细致的分析和评价;二级评价要求对重点内容进行详细评价,对一般内容进行粗略评价;三级评价为简略评价。

(1)一级评价的基本要求与方法。在工程分析中,给出建设项目对环境有影响的主要声源的数量、位置和声源源强,并在有比例尺的图中标识固定声源的具体位置或流动声源的路线、跑道等位置。在缺少声源源强的相关资料时,应通过类比测量取得,并给出类比测量的条件。

评价范围内有代表性的敏感目标时,声环境质量现状需要实测。对实测结果进行评价,并分析现状声源的构成及其对敏感目标的影响。

噪声预测应覆盖全部敏感目标,给出各敏感目标的预测值及厂界(或场界、边界)噪声值。固定声源评价、机场周围飞机噪声评价、流动声源经过城镇建成区和规划区路段的评价应绘制等声级线图,当敏感目标高于(含)三层建筑时,还应绘制垂直方向的等声级线图。给出项目建成后各噪声级范围内受影响的人口分布、噪声超标范围和程度。

对工程项目噪声级变化应分阶段分析评价。

对工程可行性研究和评价中提出的不同选址和建设布局方案,应根据各方案噪声影响人口的数量和噪声影响的程度进行比选,并从声环境保护角度提出最终的推荐方案。

针对建设项目工程特点和环境特征提出噪声防治对策,并进行经济和技术可行性论证,明确最终降噪效果和达标分析。

(2)二级评价的基本要求和方法。在工程分析中,给出建设项目对环境有影响的主要声源的数量、位置和声源源强,并在有比例尺的图中标识固定声源的具体位置或流动声源的路线、跑道等位置。在缺少声源源强的相关资料时,应通过类比测量取得,并给出类比测量的条件。

评价范围内具有代表性的敏感目标时,声环境质量现状以实测为主,可适当利用评价范围内已有的声环境质量监测资料,并对声环境质量现状进行评价。

噪声预测应覆盖全部敏感目标,给出各敏感目标的预测值及厂界(或场界、边界)噪声值,根据评价需要绘制等声级线图,给出建设项目建成后不同类别的声环境功能区受影响的人口分布、噪声超标范围和程度。

按工程不同阶段分别预测其噪声级。

从声环境保护角度对工程可行性研究和评价中提出的不同选址和建设布局方案的环境合理性进行分析。

针对建设项目工程特点和环境特征提出噪声防治对策,并进行经济和技术可行性论证、明确最终降噪效果和达标分析。

(3)三级评价的基本要求和方法。在工程分析中,给出建设项目对环境有影响的主要声源的数量、位置和声源源强,并在有比例尺的图中标识固定声源的具体位置或流动声源的路线、跑道等位置。在缺少声源源强的相关资料时,应通过类比测量取得,并给出类比测量的条件。

重点调查评价范围内主要敏感目标的声环境质量现状,可利用评价范围内已有的声环境质量监测资料。若无现状监测资料时应进行实测,并对声环境质量现状进行评价。

噪声预测应给出建设项目建成后各敏感目标的预测值及厂界(场界、边界)噪声值,分析敏感目标受影响的范围和程度。

针对建设项目的工程特点和所在区域的环境特征提出噪声防治措施,并进行达标分析。

(二)评价范围

噪声环境影响的评价范围依据评价工作等级确定。

1. 以固定声源为主的建设项目(如工厂、港口、施工工地、铁路站场等)

(1)满足一级评价的要求,一般以建设项目边界向外200m为评价范围。

(2)二级、三级评价范围可根据建设项目所在区域和相邻区域的声环境功能区类别及敏感目标等实际情况适当缩小。如依据建设项目声源计算得到的贡献值到200m处,仍不能满足相应功能区标准值时,应当将评价范围扩大到满足标准值的距离。

2. 城市道路、公路、铁路、城市轨道交通地上线路和水运线路等建设项目

(1)满足一级评价的要求,一般以道路中心线外两侧200m以内为评价范围。

(2)二级、三级评价范围可根据建设项目所在区域和相邻区域的声环境功能区类别及敏感目标等实际情况适当缩小。如依据建设项目声源计算得到的贡献值到200m处,仍不能满足相应功能区标准时,应将评价范围扩大到满足标准值的距离。

3. 拟建机场

机场周围飞机噪声评价范围应根据飞行量计算到 L_{WECPN} 为70dB的区域。

(1)满足一级评价要求,一般以主要航迹离跑道两端各6～12km、侧向各1～2km的范围为评价范围。

(2)二级、三级评价范围可根据建设项目所在区域的声环境功能区类别及敏感目标等实际情况适当缩小。

(三)评价重点

不同类型建设项目声环境影响评价重点不同。

1. 工矿企业噪声

工矿企业噪声环境影响评价须着重分析说明以下问题。

（1）按厂区周围敏感目标所处的环境功能区类别评价噪声影响的范围和程度，说明受影响人口情况。

（2）分析产生主要影响的噪声源，说明厂界和功能区超标的原因。

（3）评价厂区总图布置和噪声控制措施的合理性与可行性，提出必要的替代方案。

（4）明确必须增加的噪声控制措施和降噪效果。

2. 公路、铁路项目噪声

公路、铁路项目噪声环境影响评价须着重分析说明以下问题。

（1）针对项目建设期和不同运营期，评价沿线评价范围内各敏感目标预测声级的达标及超标状况，并分析受影响人口的分布情况。

（2）对工程沿线两侧的城镇规划受到噪声影响的范围绘制等声级曲线，明确合理的噪声控制距离和规划建设控制要求。

（3）结合工程选线和建设方案布局，评述其合理性和可行性，必要时提出环境替代方案。

（4）对提出的各种噪声防治措施进行经济技术论证，在多方案比选后规定应采取的措施并说明降噪效果。

3. 机场飞机噪声

机场飞机噪声环境影响评价需重点分析的问题如下。

（1）针对项目不同阶段，评价等值线范围内各敏感目标的数目、受影响人口的分布情况。

（2）结合工程选址和机场跑道方案，评述其合理性和可行性，必要时提出环境替代方案。

（3）对超过标准的环境敏感区按照等值线范围的不同提出不同的降噪措施，并进行经济技术论证。

（四）评价标准

1. 环境质量标准

城市执行《声环境质量标准》（GB 3096—2008），按照区域功能分为五种类型。

0 类声环境功能区：指康复疗养区等特别需要安静的区域。

1 类声环境功能区：指以居民、医疗卫生、文化教育、科研设计、行政办公为主要功能，需要保持安静的区域。

2 类声环境功能区：指以商业金融、集市贸易为主要功能，或者居住、商业、工业混杂，需要维护住宅安静的区域。

3 类声环境功能区：指以工业生产、仓储物流为主要功能，须防止工业噪声对周围环境产生严重影响的区域。

4 类声环境功能区：指交通干线两侧一定距离内，需要防止交通噪声对周围环境产生严重影响的区域，包括 4a 类和 4b 类两种类型。4a 类为高速公路、一级公路、二级公路、城市快速路、城市主干路、城市次干路、城市轨道交通(地面段)、内河航道两侧区域;4b类为铁路干线两侧区域。

声环境质量标准值见表7.2。

表 7.2　声环境质量标准值　　　　　　　　单位:dB(A)

声环境功能区类别		时　段	
		昼间	夜间
0 类		50	40
1 类		55	45
2 类		60	50
3 类		65	55
4 类	4a	70	55
	4b	70	60

2．排放标准

噪声的排放标准按照噪声的来源进行分类:《工业企业厂界环境噪声排放标准》(GB 12348—2008)适用于工业企业和固定设备厂界环境噪声排放限值;《社会生活环境噪声排放标准》(GB 22337—2008)对营业性文化娱乐场所和商业经营活动中可能产生环境噪声污染的设备、设施规定了边界噪声排放限值;《建筑施工场界噪声限值》(GB 12523—1990)适用于城市建筑施工期间不同施工场地不同施工调查阶段产生的作业噪声限值;《铁路边界噪声限值及测量方法》(GB 12525—1990)适用于铁路产生的噪声影响区域的限值;《机场周围飞机噪声环境标准》(GB 9660—1988)适用于机场周围受飞机通过所产生噪声影响的区域的噪声标准值。

二、声环境现状调查与评价

(一)环境噪声现状调查内容

1．影响声波传播的环境要素

调查建设项目所在区域的主要气象特征,包括年平均风速和主导风向,年平均气温,年平均湿度等。收集评价范围内(1:2 000)～(1:50 000)的地理地形图,说明评价范围内声源和敏感目标之间的地貌特征、地形高差及影响声波传播的环境要素。

2．评价范围内环境噪声功能区划分情况

调查评价范围内不同区域的声环境功能区划情况,调查各声环境功能区的声环境质量现状。

3．评价范围内敏感目标

调查评价范围内的敏感目标的名称、规模、人口的分布等情况,并以图、表相结合的方式说明敏感目标与建设项目的关系。

4．评价范围内现状声源

建设项目所在区域的声环境功能区的声环境质量现状超过相应标准要求或噪声值相对较高时,需对区域内的主要声源的名称、数量、位置、影响的噪声级等相关情况进行调查。有厂界(或场界、边界)噪声的改、扩建项目,应说明现有建设项目厂界(或场界、边界)噪声的超标、达标情况及超标原因。

(二)环境噪声现状布点原则

布点应覆盖整个评价范围,包括厂界(或场界、边界)和敏感目标。当敏感目标高于(含)三层建筑时,还应选取有代表性的不同楼层设置监测点。

(三)声环境现状评价

以图、表结合的方式给出声环境功能区及其划分情况,以及敏感目标的分布情况;现有主要声源种类、数量及相应的噪声级、噪声特性等,明确主要声源分布;给出不同类别的声环境功能区内各敏感目标的超、达标情况,说明其受到现有主要声源的影响状况;给出不同类别的声环境功能区噪声超标范围内的人口数及分布情况。

三、声环境影响预测

(一)声环境影响预测的内容

1. 确定预测范围

一般预测范围与所确定的评价范围相同。

2. 合理设置预测点

环境噪声现状监测点和环境敏感目标都应作为预测点。

对于地面水平分布的敏感目标,注意按不同的距离段预测;对于楼房垂直分布的敏感目标,注意不同层数按垂直声场分布来预测。预测点根据评价等级和环境管理需求不同,可以是一个评价点,也可以是一栋楼房或一个区域。

3. 收集基础资料

收集基础资料包括声源资料和影响声波传播的各类参量。建设项目的声源资料主要包括:声源种类、数量、空间位置、噪声级、频率特性、发声持续时间和对敏感目标的作用时间段等。影响声波传播的各类参量应通过资料收集和现场调查取得,各类参量如下。

(1)建设项目所处区域的年平均风速和主导风向,年平均气温,年平均相对湿度。

(2)声源和预测点间的地形、高差。

(3)声源和预测点间障碍物(如建筑物、围墙等;若声源位于室内,还包括门、窗等)的位置及长、宽、高等数据。

(4)声源和预测点间树林、灌木等的分布情况,地面覆盖情况(如草地、水面、水泥地面、土质地面等)。

(5)说明噪声源噪声级数据的获取途径,主要是类比测量法和引用已有的数据两种方法。常见噪声源的噪声级见表7.3和表7.4。

(二)预测步骤

(1)建立坐标系,确定各声源坐标和预测点坐标,并根据声源性质以及预测点与声源之间的距离等情况,把声源简化成点声源、线声源或面声源。

表 7.3 常见工业噪声源特性与降噪措施

序号	名　　称	噪声声级/dB(A)	噪声特性
1	离心机	80	机械
2	各类输送泵	70~75	机械
3	空气压缩机	85~90	机械、空气动力
4	高真空系	87	空气动力
5	冷却塔	85	机械
6	制冷机组	87~92	机械
7	高压喷射(泵)	80	机械、空气动力
8	大型风机	94	机械、空气动力
9	各种织机	85	机械
10	水循环真空泵	87	机械、空气动力

表 7.4 常见服务性行业和社会生活噪声源及特性

序号	名　　称	噪声声级/dB(A)	噪声特性
1	建筑施工噪声	90~130	机械、空气动力
2	卡车	70~85	机械
3	轿车	65~79	机械
4	高音喇叭	90~120	空气动力

（2）根据已获得的声源源强的数据和各声源到预测点的声波传播条件资料，计算出噪声从各声源传播到预测点的声衰减量，由此计算出各声源单独作用在预测点时产生的 A 声级或等效感觉噪声级。

（3）建设项目所有声源在预测点产生的等效声级贡献值。

（4）按工作等级要求绘制等声级线图。等声级线图的间隔不大于 5dB（一般选 5dB）。对于 L_{eq} 等声级线最低值应与相应功能区夜间标准值一致，最高值可为 75dB；对于 L_{WECPN} 一般应有 70dB、75dB、80dB、85dB、90dB 的等声级线。

四、声环境影响评价

（一）评价方法和评价量

根据噪声预测结果和环境噪声评价标准，评价建设项目在施工期、运行期噪声的影响程度、影响范围，给出边界（厂界、场界）及敏感目标的达标分析。

进行边界噪声评价时，新建建设项目以工程噪声贡献值作为评价量；改扩建项目以工程噪声贡献值与受到现有工程影响的边界噪声值叠加后的预测值作为评价量。

进行敏感目标噪声环境影响评价时，以敏感目标所受的噪声贡献值与背景噪声值叠加后的预测值作为评价量。

对于改扩建的公路、铁路等建设项目，如预测噪声贡献值时已包括了现有声源的影响，则以预测的噪声贡献值作为评价量。

（二）影响范围、影响程度分析

给出评价范围内不同声级范围覆盖下的面积，主要建筑物类型、名称、数量及位置，影响的户数、人口数。

（三）噪声超标原因分析

分析建设项目边界（厂界、场界）及敏感目标噪声超标的原因，明确引起超标的主要声源。对于通过城镇建成区和规划区的路段，还应分析建设项目与敏感目标间的距离是否符合城市规划部门提出的噪声防护距离。

（四）对策及建议

分析建设项目的选址（选线）、规划布局和设备选型等的合理性，评价噪声防治对策的适用性和防治效果，提出需要增加的噪声防治对策、噪声污染管理、噪声监测及跟踪评价等方面的建议，并进行技术、经济可行性论证。

第三节 声环境影响评价案例分析

案例一

某钢铁联合项目，东厂界外 190m 处分布有 1 座村庄，北厂界外 150m 和 500m 处各分布 1 座村庄。企业所在的省级开发区钢铁精深加工产业园区属大气污染重点控制区，现有 2 个拟搬迁的企业。环境影响评价文件编制单位判定项目的声环境影响评价范围为厂界外 200m。

问题：请给出对环境敏感点进行声环境影响评价的工作内容。

解析：声环境影响评价的工作内容包括：对东厂界外 190m 处村庄、北厂界外 150m 处村庄进行噪声现状监测；预测本项目对以上两个敏感点噪声的贡献值；将预测的贡献值与噪声现状监测值进行叠加，与相应标准进行对比，若不满足标准则需要采取噪声防治措施；同步调查两处村庄的人数、位置，以及与本项目之间的高差、绿化措施等。

案例二

某高速公路连接 A 市和 B 市，北向南走向，双向 4 车道，K0～K65 在 A 市，K65～K98 在 B 市，周边为山丘及平原地带。K73～K76 经过 X 县建成区西边缘，属城镇规划区，拟对其进行改建、扩建，扩建后整体为双向 8 车道。K0～K70 及 K85～K98 桩号采取单侧或两侧原地扩建，K70～K85 先向东 8km，然后向南 10km，再向西南接入原线路，改线段长 27km。K60+000～K60+630 段经过 R 河，R 河跨越处 3km 后汇入 S 河。跨越R 河上建设 H 大桥，在原有桥旁边建设同等规模桥梁。原有跨越 R 河桥梁设 3 排水下桥墩，桥面宽 20m，桥长 630m。扩建 H 桥同样设置 3 排水下桥墩，桥面设置径流收集系统（含收集管及事故池），桥梁采取围堰施工。

跨越的 R 河及下游 S 河均为Ⅲ类水。河流上游 3km 至下游 18km 为某些鱼类水产种植资源保护区，4—5 月是产卵期。河流枯水期有沙砾出麓，桥梁北面是平地及低山。植被以农作物和灌草丛为主。

K81+000～K81+350 为 3m 高路基段，路基宽 42m，中心线距离边界 26m，周边村庄 C 分为 C1 及 C2,平行道路分布,详细情况见表 7.5。村庄主要为 1～2 层建筑,在距道路 25m 处为一土堤,长 40m,高 5m。根据规定,环境影响评价单位将土堤当成声屏障处理,高速公路边界外 35m 范围内为 4a 区,35m 范围外为 2 类区。

表 7.5 高速公路基段周边村庄分布表

名称	桩 号	长度/m	各排与中心线距离/m	排数	每排户数/总户数
C1	K81+0～K81+150	150	60/85/110/135/160/185/210	7	12/84
C2	K81+150～K81+350	200	85/110/135/160/185/219	6	15/75

问题:

(1) H 大桥扩建工程径流收集系统有效性,需要调查哪些内容?

(2) 扩建桥梁对河流鱼类影响,应调查哪些生态内容?

(3) C 村 2 类声环境功能区的户数,并说明理由。

(4) 为计算土堤对 C 村噪声削减量,需要收集哪些信息?

解析:

(1) ①最大初期雨水量,最大事故废水量(或最大泄漏危险物质量、最大消防废水量),R 河最高洪水位。②事故池有效容积,事故池池底标高,事故池防渗情况,收集管与事故池连接情况。③收集管内径、壁厚、材质、纵坡,连接收集管的泄水孔直径、间距、数量等。

(2) ①某些鱼类水产种植资源保护区范围、保护级别、保护要求。②R 河、S 河有无珍稀濒危保护鱼类,珍稀濒危保护鱼类情况、分布、保护要求等。③鱼类产卵场、索饵场、越冬场分布,鱼类产卵期、洄游期及对水环境的要求。④R 河、S 河水文情势情况:水文系列及其特征参数,水文年及水期的划分,河流物理形态参数,河流水沙参数,丰枯水期水流及水位变化特征等。

(3) C 村 2 类声环境功能区户数:84-12+75=147(户)。理由:根据高速公路边界外 35m 范围内为 4a 区,35m 范围外为 2 类区,中心线距离边界 26m,所以高速公路中心线外 61m 范围内为 4a 区,61m 范围外为 2 类区,因此,只有 C1 第一排 12 户属于 4a 类,其余均属于 2 类。

(4) ①高速公路路基宽度、高度,交通噪声频率(或波长)。②土路堤长度、宽度、高度,土路堤所在位置高度。③C 村建筑所在位置高度、建筑高度。④高速公路中心线至 C 村建筑距离,高速公路中心线至土路堤最近侧边顶部距离,C 村建筑至土路堤最近侧边顶部距离。

案例三

西北 H 气田规划天然气产能 $56×10^8 m^3/a$,现有工程产量 $50×10^8 m^3/a$,已建有 220 口天然气开采井、5 个集气站、1 座天然气净化处理厂(内设污水处理站)、1 个回注水站以及集输管道。现有工程已通过竣工环保验收。现拟实施 H3 区块天然气开发工程,新增天然气产量 $50×10^8 m^3/a$。

H3 区块东西长 35km,南北宽 20km,西边界与现有天然气净化处理厂相邻。建设内容包括钻采工程、集气站合建工程及集输管道工程。钻采工程建 5 个井场,每个井场由 4 口水平定向井组成丛式井。集气站合建工程包括 1 个无人值守集气站、1 个阴极保护站和 1 个截断阀室,集气站内配置 2 个气液分离沉降罐、2 个过滤器、1 台电机驱动压缩机和 2 个埋地污水储存罐。集输管道工程包括井场到集气站支线管道 24km,集气站至天然气净化处理厂的干线管道 10km。位于 H3 区块东北部的 5 号井场到集气站的管道长 14km,其余 4 个井场分布在集气站东南侧 3km 内,管道总长 10km。管道施工采用大开挖方式,施工作业带宽 14m。

站场永久占地 6.67hm²,管道段和施工便道临时占地 50.60hm²。天然气净化处理、污水处理及污水回注等依托现有工程设施。

H3 区块所在区域地貌类型为沙丘地,以固定沙丘和半固定沙丘为主,局部有流动沙丘。土壤类型有风沙土、黄绵土等。沙生植被覆盖度较低,以油蒿灌丛和沙地先锋植物群落为主体。人工乔木林呈小斑块散生;灌木中的本地物种沙柳和柠条是防风固沙的主要植物种类,人工种植长成约需 2 年以上;草本植物种类以豆科、禾本科植物为主。

H3 区块开发工程 5 号井场及 4km 长的管道东侧邻近沙地柏省级自然保护区,井场和管道与实验区边界最近距离 0.15km,与核心区边界距离 3.5km,该段不涉及缓冲区。沙地柏省级自然保护区的保护对象为沙地柏、樟子松、甘草和文冠果等,多分布在核心区。沙地柏在实验区和保护区外也有零星分布。

集气站北侧分布有 2 个村庄,站址边界与村庄最近距离 0.12km。

H3 区块开发工程拟采取的环保措施包括:站场选址、管道选线避绕人口密集区;邻近自然保护区段不设施工营地;管道施工结束后进行植被恢复,涉及固定和半固定沙丘破坏的,先采用草方格固沙;涉及沙层薄或流动沙丘破坏的,先采用黏土固沙等防风固沙措施;井场采出的气液混合物在集气站气液分离过程中产生的污水用罐车送天然气净化处理厂,与集气站气液分离后的气态物在天然气净化处理厂净化过程产生的污水一并送入污水处理站处理后管输至回注水站回注地下;对集气站电机驱动压缩机(源强:10dB(A))采取基础减震的降噪措施;在井场、集气站设放空火炬等应急设施。

问题:

(1)提出进一步降低本项目集气站电机驱动压缩机噪声影响的途径。

(2)为分析本项目污水送现有污水处理站处理的可行性,应调查哪些信息?

(3)为恢复邻近自然保护区的临时占地植被,可优先选择哪些植物种类?

(4)给出本项目生态现状调查的重点内容。

(5)指出项目运营期生产设施环境风险识别的具体内容。

解析:

(1)①在压缩机周围采取隔声、消声、吸声措施如建设隔音墙等。②优化平面布置,远离村庄等敏感区。③与 0.12km 村庄间设置围墙、绿化带。

(2)①合法性:现有污水处理站的近期运行情况及水质达标情况。②现有污水处理站处理工艺与本项目污水的适用性。③污水量:污水处理站的规模及剩余量、本项目新增污水量。④纳入范围:运输道路距离、长度,依托现有及新建的情况及沿线敏感点的分布、功能区划和环境质量现状情况。⑤经济情况:计算自建污水处理系统以及污水送现有污水处理站处理所需要的经费差异,应考虑长期运行处理的开销以及一次建成费用。

(3)为恢复邻近自然保护区的临时占地植被,在管线 5m 范围内可优先选择豆科、禾本科植被;5m 范围外以沙柳和柠条为主,并配套种植豆科、禾本科植被。

(4)①重点调查范围内有无受保护的珍稀濒危物种、关键种、土著种和特有种以及天然的经济物种。②植被调查可设置样方,调查植被组成、分层现象、优势种、频率、密度、生物量等指标;沙地柏在实验区和保护区外具体的分布、面积情况;沙地柏自然保护区的范围、保护现状、功能区划、保护要求及保护植被(沙地柏、樟子松等)。③动物调查应调查动物种类、数量、分布、食源、水源、庇护所、繁殖所及领地范围、生理生殖特性、移动迁徙等活动规律。④调查陆生生态系统的类型、结构、功能和演变过程,分析其抗干扰能力以及自我修复能力。⑤调查相关的非生物因子特征(如气候、土壤、地形地貌、水文及水文地质等)。⑥水土流失现状调查。

(5)①丛式井气液混合物的泄漏、遇明火引发的爆炸。②集气站天然气的泄漏、遇明火引发的爆炸。③气液分离沉降罐和埋地污水罐泄漏。④集输管道工程天然气的泄漏、爆炸。⑤污水运输车辆的污水泄漏。⑥回注水管线泄漏。

思 考 题

(1)声环境影响评价中,为什么将 A 声级作为评价量?

(2)声环境影响评价工作等级划分的依据是什么?

(3)简述不同几何形状的声源随着距离变化产生的衰减量。

(4)某一营业性场所夜间工作,该功能区执行声环境质量标准为夜间 45dB,5m 处测得的声级为 55dB,在 10m 处的居民楼噪声是否超标?若想要不超标,两者距离要多远?

(5)噪声线源长 10km,距离线声源 100m 噪声为 90dB,问 300m 处噪声量是多少?

生态影响评价

我国在对建设项目环境影响评价的管理中,将项目按照污染性质分成污染影响型和生态影响型,其中对污染影响型的项目管理已经比较成熟,而对生态影响型的项目,如水利水电、公路铁路、矿山开发等项目对生态系统影响的预测和评估还需进一步拓展。生态影响评价技术导则经过多次修订,现已形成了较为完善的体系。本章主要介绍与生态环境有关的基本理论、生态影响评价的内容、工作程序、方法和要求等。

第一节　生态学基础知识

1866 年,德国科学家 E. Haeckel 在他所著的《普通生物形态学》一书中,首次提出生态学这一学科名词,他认为生态学就是研究生物在其生活过程中与环境的关系的科学。1935 年,英国学者 Tansley 进一步提出生态系统的概念。20 世纪 50 年代,生态学打破动物与植物的界限,进入生态系统时代,随着研究范围的扩大,人们对它的定义也有了新的认识。美国生态学家 E. P. Odum 认为,生态学是研究生态系统的结构和功能的科学。我国生态学家马世骏提出,生态学是研究生命系统与环境之间相互作用规律及其机理的科学。他提出的"社会—经济—自然复合生态系统"概念,在生态学的发展中具有里程碑的意义。

生态学的发展一是朝着微观方向发展,二是朝着宏观方向发展。宏观方向的研究是生态影响评价主要的理论来源,它专门研究个体以上的层次,即从个体扩大到种群、群落、生态系统乃至生物圈等。

一、个体、种群与群落

(一)个体

生物个体是具有一定功能的生命系统,可以小到只有一个细胞,也可以大到像鲸和大象那样的庞然大物。它们具有如下特征:在一定时间内,每个个体都具有一定的生物量;个体为了维持生存都必须进行新陈代谢;个体具有巨大的繁殖潜力,尽管其繁殖程度受到环境的制约;个体易受到外部的刺激,并能对刺激做出反应。个体的生物学特征主要表现在出生、生长、发育、衰老及死亡上。

(二)种群

个体由于内在的因素,包括遗传、生理、生态、行为等因素,而联系起来就称为物种。物种是自然界中的一个基本进化单位和功能单位,也是生态影响评价的最基本的研究对象,尤其是珍稀物种。

种群是物种存在的基本单位,是指在一定的时间和空间中生活和繁殖的同一物种个体的集合体。种群虽然由同种个体组成,但种群内的个体不是孤立的,也不等于个体的简单加和,而是通过种内关系组成一个有机的整体。种群是生态学各层次中最重要的一个层次,较个体的简单生物学特性不同,种群具有出生率、死亡率、年龄结构、性别比、社群关系和数量变化等衡量指标。种群的基本特征包括:空间特征、数量特征和遗传特征。

种群与种群之间的关系称为种间关系。种间关系可以分为正相互作用(即偏利共生、原始协作和互利共生)、负相互作用(即竞争、捕食、寄生、偏害)、种间竞争和自然种群竞争。

(三)群落

群落是指在一定空间或一定的环境条件下生物种群之间形成的一种有规律的组合,它是生物之间、生物与环境之间相互影响、相互作用形成的具有一定形态结构与营养结构的功能单位。它强调的是在自然界共同生活的各种生物能有机地、有规律地在一定时空中共处,而不是各自以独立物种的面貌任意散布在地球上。它是一个新的整体,它具有个体和种群层次所不包括的特征和规律。

群落中所有的物种并非同等重要,在群落的上百、上千的物种中,往往只有少数几种起着主要的影响或控制作用,这少数的几个物种就称为优势种。优势种不仅决定群落的外形和结构,而且在能量代谢上起着主导作用。为了度量群落中各个成员的相对重要性,即优势程度,通常需要用到物种的密度、盖度、频度和生物量等指标。其中生物量是指一定空间的有机体在单位时间内生产出来的有机物质的质量。它可把大小相差悬殊的物种在同一尺度上进行比较,从而表示出物种对资源的利用情况。

物种多样性包括两种含义:一是说明群落中物种的多少,即丰富度。群落中所含物种种类越多,物种多样性就越大;二是指群落中各个种的相对密度,又可称为群落的异质性,它与均匀性一般成正比。在一个群落中,各个种的相对密度越均匀,群落的异质性就越大。

某一地区群落中的种类数目,在很大程度上取决于生境(即群落生长的具体环境)的地理位置。一般来说,越向热带推移,物种多样性越高;海拔越高,物种多样性越低。

同样,种群与种群间的各种关系也存在于群落与群落之间,在此就不予详述。对于群落,我们更关注的是它的演替问题。

关于演替有两种主要观点:一种观点认为,演替是群落发展的有顺序过程,是有规律地向一定方向发展的,因而是能预见的。它是由群落引起物理环境改变的结果,即演替是由群落控制的,它以稳定的系统为发展顶点,即顶级群落;另一种观点认为,植被是由大量植物个体组成的,它的发展和维持是植物个体发展和维持的结果,因而演替是个体替代和个体进化的变化过程。但无论是哪种演替的观点,都把人们研究群落的视线由静态引入到动态。认识到群落的非平衡性,是当代生态理论的重大进展。

二、生态系统生态学

(一) 生态系统及其结构

生态系统是指在一定的时间和空间范围内,由生物群落与其环境组成的一个整体。该整体具有一定的大小和结构,各组成要素借助能量流动、物质循环和信息传递而相互联系、相互依存,并形成具有自我组织、自我调节功能的复合体。它在大小上是不确定的,即在空间边界上是模糊的,但它又可以是一个很具体的概念,例如一个池塘、一片沼泽都是一个生态系统,而最大、最复杂的生态系统就是生物圈。

生态系统都是由生物和非生物这两个部分组成的,其中生物可分为生产者、消费者和还原者;非生物又包括光、土壤、水、矿物质等。按生态系统的空间环境性质又可以把它分为内陆水域和湿地生态系统、海洋和海岸带生态系统、森林生态系统、草原生态系统和荒漠生态系统。

(二) 生态系统的运行

生态系统的运行是由组成生态系统的生物群落或生物群系(由若干生物群落组成)之间复杂的关系维持的。任何生态系统中,营养物质的循环和能量的流动都在不停地进行着。生态系统的物质循环是指化学物质由无机环境进入到生物有机体,经过生物有机体的生长代谢、死亡、分解,又重新返回环境的过程。在生态系统物质循环中,水的循环最为重要。水参与地球化学大循环,也参与生态小循环,起着调节气候、物质输送和生理生态作用。太阳能进入生态系统,并作为化学能沿着生态系统中生产者、消费者、分解者流动,这种生物与生物间、生物与环境间能量传递和转化的过程叫作生态系统的能量流动。能量在沿生产者和各级消费者顺序流动过程中逐渐减少,且它的流动方向是单一的、不可逆的,即能量以光能状态进入生态系统后,就不再以光能形式而是以热能形式进入环境中。

(三) 生态系统的环境功能

生态系统的环境功能大体分为生产功能、景观与社会文化功能、环境服务功能三个方面。生产功能主要满足人类的物质生活需要;景观与社会文化功能主要满足人类的精神生活需求;环境服务功能则为上述两种功能的实现提供保障,同时为人类提供健康、安全、舒适、清洁等多方面的服务,是人类社会经济可持续发展的主要保障。生态系统的环境功能具体又可分为以下几种。

1. 生产生物资源

生物资源都是依存于一定的生态系统发展的。在人类早期,生物资源曾是主要的维持生存与发展的自然资源,至今仍是许多发展中国家乡村居民的生活来源。人类生存依赖的蛋白质等营养物质,无一不是来自一定的生态系统。据统计,每年各类生态系统为

人类提供粮食 1.8×10^9 t、肉类约 6.0×10^8 t，同时海洋还提供鱼类约 1.0×10^8 t。生态系统还是重要的能量来源，据估计，全世界每年约有 15% 的能量取自生态系统，这一数据在发展中国家高达 40%。

2. 涵养水源、调节水文

生态系统对降水的储蓄作用表现为缓解旱涝等极端水情，减轻旱涝灾害。

森林可轻而易举地化解一场 50mm 的暴雨，其综合消洪能力达 70~270mm。许多江河发源于森林茂密的山区，其原因就在于良好的森林植被能截流雨季的降水，然后缓缓流出，形成长流的河溪。相反，植被遭破坏，蓄水功能就降低，河流便会出现暴涨暴跌现象。

3. 保持土壤、防止侵蚀

土壤是建造生态系统的物质基础。土壤与地上植被有着不可分割的相互依存关系。土壤又是一种几乎不可再生的资源，因为自然界每生成 1cm 厚的土壤层大约需百年以上的时间。我国是世界上土壤侵蚀最严重的国家之一。

生态系统保护土壤、防治水土流失的功能主要是由植物承担的。高大的植物冠盖可拦截雨水，削弱雨滴对土壤的直接溅蚀力；地被植物能阻截径流和蓄积水分，使水分下渗而减少径流冲刷；植物根系具有机械固土作用；根系分泌的有机物胶结土壤，可使其坚固而耐受冲刷；发达的根系还能使土壤疏松，增加雨水下渗能力而减少流失等。

4. 防风固沙、防治沙化

生态系统防风固沙、防治沙化的功能主要是由地面植物实现的。防护林在抵御风的侵袭中起着重大的作用。一部分进入林地的风受树木枝叶的阻挡以及气流本身的冲击摩擦，被削弱甚至完全消失；另一部分则沿着林缘攀升越过林墙，由于起伏不平的林冠会引起旋涡，从而消耗掉部分能量使风速降低。除了高大林木的阻挡作用之外，植物的根系均能固沙紧土并改良土壤结构，从而大大削弱了风的挟沙能力。植被的凋落物为土壤带来有机质，增加了更多植物生长的可能性。植被还能截流有限的降水，增加土壤水分，对于形成固沙植被起着助动作用。

5. 改善气候、平衡氧气和二氧化碳

森林能够防风，植物蒸腾可保持空气湿度，从而改善局部地区的小气候。森林对有林地区的气温具有良好的调节作用，使昼夜温度不至骤升骤降，夏季减轻干热，秋冬减轻霜冻。绿色植物尤其是高大林木所具有的防风、增湿、调温等改善气候的功能，对农业生产也是有利的。

生态系统中的绿色植物在生物生产的同时还调节着大气中的氧气变化，每年向大气释放大约 27×10^{21} t 氧气，并通过固定大气中的二氧化碳而减缓地球的温室效应。例如，亚马逊热带雨林每年能够固定储存 2 亿~3 亿 t 二氧化碳，相当于地球二氧化碳排放量的 5%，所以，绿色植物对区域乃至全球气候具有直接的调节作用。

6. 净化大气和水

绿色植物对保持空气清洁和净化大气具有抑尘滞尘、吸收有毒气体、释放有益健康的空气负离子和杀菌剂等独特作用。生态系统中的微生物不仅分解净化系统本身产生的有机废物，也是净化输入系统的人造污染物的主要能手。例如，江河湖海中的污染物降解作用就是主要通过水生微生物完成的。由大气、水或直接输入到土壤中的污染物，也主要靠土壤微生物来净化。

7. 保护生物多样性

生态系统的建造依靠生物多样性，而生物多样性的维持又依靠生态系统的存在与正常运行。陆地上森林的多层次结构特点和森林涵蓄水分及林地较高的肥力，为多样性的植物提供了适宜的生存和发展条件；海域内包括近海海域和海湾，珊瑚礁盘是水生生物多样性最高的地方；水陆交界的滩涂和湿地，由于人类干扰少、环境条件特殊，也成为生物多样性较高的地方。生态环境保护与生物多样性保护是密不可分的。生态环境保护中，着眼点首先是生物多样性保护，而生物多样性保护的许多原则都是生态环境保护所必须遵循的。

8. 自然景观与社会文化功能

生态系统多样性能造就美丽的景观，提供娱乐、旅游的场所，还能启迪人类智慧，提供科学研究对象和文学、美学创作的源泉，满足人类的精神需求。对现代人类社会来说，精神需求在迅速增加，因而生态环境的社会文化功能就更具有重要价值。

（四）生态平衡

在一定时间内，生态系统中生物与环境之间、生物各种群之间，通过能流、物流、信息流的传递，达到了相互适应、协调和统一的状态，这种处于动态平衡的状态称为生态平衡。生态平衡是指生态系统通过发育和调节所达到的一种稳定状态，它包括结构上的稳定、功能上的稳定和能量输入、输出上的稳定。当生态系统达到动态平衡的最稳定状态时，它能够自我调节和维持自己的正常功能，并能在很大程度上克服和消除外来的干扰，保持自身的稳定性。但是，生态系统的这种自我调节功能是有一定限度的，超过这一限度就会引起生态失调，甚至导致生态危机。

要想维持某一生态系统的平衡，就必须维持生态系统的多样性和物种多样性，必须维持生命元素循环的闭合，必须维持生态系统结构的完整性，必须维持生态系统生物与非生物环境的平衡。

三、景观生态学

景观是由结构、功能和演化上相互关联的不同类型的生态系统组成的、具有空间格局和空间异质性的单元。它是处于生态系统之上、地理区域之下的中间尺度，兼具经济、生态和美学价值。

景观生态学是研究景观这一层生物组织的科学。它以整个景观为对象，通过物质流、能量流、信息流与价值流在地球表层的传输和交换，通过生物与非生物以及人类之间的相互作用与转化，运用生态系统原理和系统方法，来研究景观结构和功能、景观动态变化以及相互作用机理、景观的美化格局、优化结构、合理利用和保护，是地理学和生态学相结合的产物。

无论是在景观生态学还是在景观生态规划中，斑块—廊道—基质模式都是用来描述景观空间格局的一个基本模式。

　　斑块是组成景观的基本要素,是在景观的空间比例尺上所能见到的最小异质性单元,即一个具体的生态系统。景观的各种性质都要由斑块反映出来,且同一斑块在不同的尺度下会表现出不同的特性;廊道是指不同于两侧基质的狭长地带,可以视为是一个线状或带状斑块,其具有通道和隔离的双重作用。廊道的结构特征对一个景观的生态过程有着强烈的影响,廊道是否能连接成网络,廊道在起源、宽度、连通性、弯曲度方面的不同都会对景观带来不同的影响;基质(模地)是景观中范围广阔、相对同质且连通性最强的背景地域,是一种重要的景观元素,是判定空间结构分析的重点。它在很大程度上决定着景观的性质,对景观的动态起着主导作用,影响能流、物流和物种流。

　　景观异质性是指在一个景观区域中,景观元素类型、组合及属性在空间或时间上的变异程度,是景观区别于其他生命层次的最显著特征。景观生态学研究主要基于地表的异质性信息,而景观以下层次的生态学研究则大多数需要以相对均质性的单元数据为内容。景观异质性主要来源于自然干扰、人类活动、植被的内源演替及其特定发展历史,包括时间异质性和空间异质性,更确切地说,是时空耦合异质性。空间异质性反映一定空间层次景观的多样性信息,而时间异质性则反映不同时间尺度景观空间异质性的差异。正是时间、空间两种异质性的交互作用才形成了景观系统的演化发展和动态平衡,即景观系统的结构、功能、性质和地位取决于其时间和空间的异质性。由此可见,景观异质性原理不仅是景观生态学的核心理论,也是景观生态规划的方法论基础和核心。

四、保护生态环境的基本原则

(一)保护生态系统整体性

　　生态系统的保护,首先要保护系统结构的完整性。生态系统结构的完整性包括:地域连续性、物种多样性、生物组成协调性和环境条件匹配性。破坏了生态系统的完整性,就会加速物种灭绝的进程。虽然每一个物种的灭绝相对来说可能微不足道,但它却增加了其他物种灭绝的可能性,当物种损失到一定程度时,生态系统就会彻底被破坏。同时,一旦破坏了植物之间、动物之间长期形成的组成协调性,就会使生态平衡受到严重的破坏。

(二)保持生态系统的再生产能力

　　生态系统都有一定的再生和恢复功能,一般来说,组成生态系统的层次越多,结构越复杂,系统越趋于稳定,受到外力干扰后,恢复其功能的自调节能力也越强。相反,越是简单的生态系统越是显得脆弱,受到外力作用后,其恢复能力也越弱。

(三)以生物多样性为核心

　　生物多样性一般包括遗传多样性、物种多样性和生态系统多样性三个层次。这里所讲的生物多样性主要是指物种多样性,生物多样性的保护也主要是指物种多样性的保护,其重点是防止物种灭绝。

　　导致物种灭绝的原因有两种:一种是内因,即分裂和蜕变这两种遗传变异;另一种是外因,又可分为作用于所有物种的非生物外因和只作用于一个或少数几个物种的生物外因。

内因作用只导致假灭绝,即虽然原来老物种消失,但却经各种亚种形式转变为新物种。外因作用的最终结果是导致真灭绝,会形成进化的盲支。

为有效地保护生物多样性,必须遵循以下原则:避免物种濒危或灭绝;保护生态系统的完整性;减少生境的损失和干扰;建立自然保护区;可持续地开发利用生态资源。

(四) 缓解区域生态环境问题

1. 水土流失

多山的地理特征和严重不均匀降水以及众多的人口和悠久的农垦历史,造成了我国严重的水土流失。水土流失不仅会破坏土壤使其丧失利用价值,还会使土壤肥分流失,生态功能低下,更严重的还会淤塞下游河床和湖泊,使航运受阻,水利工程失效。因此应实施"预防为主,全面规划,综合防治,因地制宜,加强管理,注重实效"的防治水土流失的方针。

2. 土地沙漠化

沙漠化土地的成因主要是人为影响,如过度采伐破坏植被、过度放牧、农垦开发、水资源利用不当、工矿交通建设破坏植被等。其防治也应贯彻预防为主的方针政策,实行以生物措施为主、生物措施与工程措施相结合的综合整治方案。要根据不同的立地条件,实施相应的防治措施,做到因地制宜、因害设防;还要考虑治用结合、讲求效益,从改善环境着眼,发展区域经济着手,将生态效益与社会经济效益统一起来。

3. 自然灾害

自然灾害从其成因性质分,有地质灾害(如地面沉降、海水入侵、海岸侵蚀、崩塌、滑坡、泥石流等)、气候灾害(干旱、洪涝、台风)、生物灾害(鼠、虫、病害)、污染灾害(酸雨、水源污染、海洋赤潮、化学物泄漏)等。自然灾害的防治原则是"预防为主、防治结合"和"防救结合",应根据灾害的类型、性质、成因进行因地制宜、因害设防的预防性治理;根据其危害范围和对象,进行监测、预测预报和组织救治。

(五) 关注特殊的问题

1. 保护特殊和重要生境

在地球上,有一些生态系统孕育的生物种类特别丰富,这类生态系统的损失会导致较多的物种灭绝或受威胁;还有一些生境,生息着法律规定的或科学研究确定的需要特别保护的珍稀濒危物种。这些生境都是需重点保护的对象,主要有:热带森林、原始森林、湿地生态系统、河口生境、荒野地、珊瑚礁。

2. 保护脆弱生态系统和生态脆弱带

脆弱生态系统是指那些受到外力作用后恢复比较艰难的生态系统。我国主要的脆弱生态系统是:海陆交接带、山地平原过渡带、农牧交错带、绿洲荒漠交界带、城乡接合部。这些地带的自然生产力都较低,都存在敏感生态因子并受其作用;或都易受到人为因素的干扰,抵抗外来干扰的能力差;或者正在受到强烈的人类活动影响。

3. 地方性敏感保护目标

在生态影响评价中,地域性的差异和充分满足当地社会、经济、民族等对生态环境的特殊要求常构成评价的敏感目标。如潜在的风景名胜点、水源地、各种纪念地、人群健康保护敏感目标、各种生物保护地等。

（六）重建退化的生态系统

重建退化的生态系统包括重建森林生态系统、重建农业生态系统、重建海洋渔业生态系统、重建与恢复水域生态系统、恢复矿产开发废弃土地等,使这些被损害的生态系统恢复到接近于它受干扰前的自然状况,即重建该系统干扰前的结构与功能及有关的物理、化学和生物学特征。只有做好生态恢复,重建退化的生态系统,才能更好地满足社会经济发展对资源的需求,才能改善生态环境,减轻对自然生态环境的压力。

第二节 生态影响评价工作内容

开发建设项目生态影响评价的主要目的是认识区域的生态环境特点与功能,明确开发建设项目对生态影响的性质、程度,确定所采取的相应措施以维持区域生态环境功能和自然资源的可持续利用性。通过评价可明确开发建设者的环境责任,同时为区域生态环境管理提供科学依据,也为改善区域生态环境提供建设性意见。原国家环境保护总局在借鉴国内外研究的基础上,发布了《环境影响评价技术导则 非污染生态影响》(HJ 19—2011),将非污染生态影响评价定义为对开发建设项目在建设和运行过程中对生态系统造成的非污染性影响进行评价,是我国为了区别污染类型的生态影响而命名的。为了进一步加强生态保护,避免概念、范畴上的疑义,环境保护部又于2022年发布了《环境影响评价技术导则 生态影响》(HJ 19—2022),代替原导则,以规范我国的生态影响评价。

以生态影响为主的建设项目应明确项目组成、地理位置、建设规模、总平面及施工布置、施工方式、施工时序、建设周期和运行方式,各种工程行为及其发生的地点、时间、方式和持续时间,以及设计方案中的生态保护措施等。同时应结合建设项目特点和区域生态环境状况,分析项目在施工期、运行期以及服务期满后(可根据项目情况选择)可能产生生态影响的工程行为及其影响方式,判断生态影响性质和影响程度,并重点关注影响强度大、范围广、历时长或涉及重要物种、生态敏感区的工程行为。

一、评价等级、评价范围、评价因子和评价标准

（一）评价等级

依据建设项目影响区域的生态敏感性和影响程度,将评价等级划分为一级、二级和三级。按以下原则确定评价等级。

(1) 涉及国家公园、自然保护区、世界自然遗产、重要生境时,评价等级为一级。

(2) 涉及自然公园时,评价等级为二级。

(3) 涉及生态保护红线时,评价等级不低于二级。

(4) 判断属于水文要素影响型且地表水评价等级不低于二级的建设项目,生态影响评价等级不低于二级。

(5) 地下水水位或土壤影响范围内分布有天然林、公益林、湿地等生态保护目标的建设项目,生态影响评价等级不低于二级。

（6）当工程占地规模大于 $20km^2$ 时（包括永久和临时占用陆域和水域），评价等级不低于二级；改建、扩建项目的占地范围以新增占地（包括陆域和水域）确定。

除本条（1）～（6）以外的情况，评价等级为三级。

（二）评价范围

（1）应依据项目对生态因子的影响方式、影响程度和生态因子之间的相互影响和相互依存关系确定。要充分体现生态完整性和生物多样性保护要求，涵盖项目全部活动的直接影响区域和间接影响区域。

可综合考虑项目与项目区的气候过程、水文过程、生物过程等生物地球化学循环过程的相互作用关系，以项目影响区域所涉及的完整气候单元、水文单元、生态单元、地理单元界限为参照边界。

一般来说，生态影响评价范围宜大不宜小。只管建设项目征地范围内的影响，不管其实际存在的影响，行业规范的误导，以及只从某一种影响因素考虑出发确定评价范围都会导致评价范围过小。在具体的生态影响评价中应尽量避免这些情况。

（2）涉及占用或穿（跨）越生态敏感区时，应考虑生态敏感区的结构、功能及主要保护对象，合理确定评价范围。

（3）矿山开采项目评价范围应涵盖开采区及其影响范围、各类场地及运输系统占地以及施工临时占地范围等。

（4）水利水电项目评价范围应涵盖枢纽工程建筑物、水库淹没、移民安置等永久占地、施工临时占地，以及库区坝上、坝下地表地下、水文水质影响河段及区域、受水区、退水影响区、输水沿线影响区等。

（5）线性工程穿越生态敏感区时，以线路穿越段向两端外延1km、线路中心线向两侧外延1km为参考评价范围，实际确定时应结合生态敏感区主要保护对象的分布、生态学特征、项目的穿越方式、周边地形地貌等适当调整。主要保护对象为野生动物及其栖息地时，应进一步扩大评价范围，涉及迁徙、洄游物种的，其评价范围应涵盖工程影响的迁徙洄游通道范围；穿越非生态敏感区时，以线路中心线向两侧外延300m为参考评价范围。

（6）陆上机场项目以占地边界外延3～5km为参考评价范围，实际确定时应结合机场类型、规模、占地类型、周边地形地貌等适当调整。涉及有净空处理的，应涵盖净空处理区域。航空器爬升或近航线下方区域内有以鸟类为重点保护对象的自然保护地和鸟类重要生境的，评价范围应涵盖受影响的自然保护地和重要生境范围。

（7）涉海工程的生态影响评价范围参照《海洋工程环境影响评价技术导则》（GB/T 19485—2014）。

（8）污染影响类建设项目评价范围应涵盖直接占用区域以及污染物排放产生的间接生态影响区域。

（三）评价因子

生态影响评价因子是一个比较复杂的体系，评价中应根据具体的情况进行筛选。筛选中主要考虑的因素是：最能代表和反映受影响生态环境的性质和特点者；易于测量或易于获得其有关信息者；法规要求或评价中要求的因子等。主要通过以下方面进行涉及区域环境质量的标志性因子的筛选：生态完整性判定，包括生物生产量的量度、生态体系稳定状况的度量、区域环境状况的综合分析；生物多样性保护范围的判定，包括生物多样性保护现代理论透视、动物对栖息地面积需求的研究成果。生态影响评价因子筛选表参见表 8.1。

表 8.1　生态影响评价因子筛选表

受影响对象	评 价 因 子
物种	分布范围、种群数量、种群结构、行为等
生境	生境面积、质量、连通性等
生物群落	物种组成、群落结构等
生态系统	植被覆盖度、生产力、生物量、生态系统等功能
生物多样性	物种丰富度、均匀度、优势度等
生态敏感区	主要保护对象、生态功能等
自然景观	景观多样性、完整性等
自然遗迹	遗迹多样性、完整性等
……	……

注：1. 应按施工期、运营期以及服务期满后（可根据项目情况选择）等不同阶段进行工程分析和评价因子筛选。
2. 影响性质主要包括长期与短期、可逆与不可逆生态影响。

（四）评价标准

生态系统不是大气和水那样的均匀介质和单一体系，而是一种类型和结构多样性很高、地域性特别强的复杂系统，其影响变化包括内在本质变化的过程和外表特征的变化，既有数量变化问题，也有质量变化问题，并且存在着由量变到质变的发展变化规律，还有系统修复、重建、系统改换、生态功能补偿等复杂问题，因而评价的标准体系不仅复杂，而且因地而异。此外，生态环境影响评价是分层次进行的，在实际的生态影响评价中，所评价的对象除生态系统外，还有资源问题、景观问题、生态环境问题，有时还有社会经济问题掺杂其间。生态环境评价标准可参照国家、行业、地方或国外相关标准，无参照标准的可采用所在地区及相似区域生态背景值或本底值、生态阈值或引用具有时效性的相关权威文献数据等。

1. 国家、行业和地方规定的标准

国家已发布的环境质量标准有《农田灌溉水质标准》(GB 5804—2005)、《农药安全使用标准》(GB 4285—1989)、《粮食卫生标准》(GB 2715—2005)以及地面水、海水质量标准等。国家已发布的重要生态环境功能区及其规划的保护要求有，自然保护区、水源保护区、重要生态功能区、风景区。地方政府颁布的标准和规划区目标，河流水系保护要求或规划功能，特别地域的保护要求有，绿化率要求、水土流失防治要求等。以上均是可选择的评价标准。

2. 背景值或本底值

以项目所在地的区域生态环境的背景值或本底值作为评价标准，如区域土壤背景值（曾长期用作标准）、区域植被覆盖率与生物量、区域水土流失本底值等。有时也可选取建设项目所在地的生态环境背景值作为参照标准,如生物丰富度、生物多样性等。如背景值和本底值不可获得或不易获得,则可采用类比对象的标准。

3. 科学研究已判定的生态效应

包括当地或相似条件下科学研究已判定的保障生态安全的绿化率要求、污染物在生物体内的最高允许量、特别敏感生物的环境质量要求等。

一般在生态影响评价中,可以通过建设项目实施前后生态系统环境功能的变化来衡量生态环境的盛衰与优劣。所有能反映生态环境功能和表征生态因子状态的标准和其指标值都可以直接作为判别基准,而大量反映生态系统结构和运行状态的指标,尚需按照功能与结构对应性原理,根据生态环境具体现状,借助于一些相关关系经适当计算而转化为反映环境功能的指标,方可用作判别基准。

二、生态环境现状调查与现状评价

(一)现状调查的内容

1. 陆生生态现状调查内容

陆生生态现状调查内容主要包括:评价范围内的植物区系、植被类型,植物群落结构及演替规律,群落中的关键种、建群种、优势种;动物区系、物种组成及分布特征;生态系统的类型、面积及空间分布;重要物种的分布、生态学特征、种群现状,迁徙物种的主要迁徙路线、迁徙时间,重要生境的分布及现状。

2. 水生生态现状调查内容

水生生态现状调查内容主要包括:评价范围内的水生生物、水生生境和渔业现状;重要物种的分布、生态学特征、种群现状以及生境状况;鱼类等重要水生动物的种类组成、种群结构、资源时空分布、产卵场、索饵场、越冬场等重要生境的分布、环境条件以及洄游路线、洄游时间等行为习性。

3. 生态敏感区调查内容

收集生态敏感区的相关规划资料、图件、数据,调查评价范围内生态敏感区主要保护对象、功能区划、保护要求等。

4. 调查区域存在的主要生态问题

如水土流失、沙漠化、石漠化、盐渍化、生物入侵和污染危害等。调查已经存在的对生态保护目标产生不利影响的干扰因素。

5. 改扩建项目调查内容

对于改扩建、分期实施的建设项目,调查既有工程、前期已实施工程的实际生态影响以及采取的生态保护措施。

(二)现状评价

1. 一级、二级评价

应根据现状调查结果选择以下全部或部分内容开展评价。

(1)根据植被和植物群落调查结果,编制植被类型图,统计评价范围内的植被类型及面积,可采用植被覆盖度等指标分析植被现状,图示植被覆盖度空间分布特点。

（2）根据土地利用调查结果，编制土地利用现状图，统计评价范围内的土地利用类型及面积。

（3）根据物种及生境调查结果，分析评价范围内的物种分布特点、重要物种的种群现状以及生境的质量、连通性、破碎化程度等，编制重要物种、重要生境分布图，迁徙、洄游物种的迁徙、洄游路线图。涉及国家重点保护野生动植物、极危、濒危物种的，可通过模型模拟物种适宜生境分布，图示工程与物种生境分布的空间关系。

（4）根据生态系统调查结果，编制生态系统类型分布图，统计评价范围内的生态系统类型及面积；结合区域生态问题调查结果，分析评价范围内的生态系统结构与功能状况以及总体变化趋势；涉及陆地生态系统的，可采用生物量、生产力、生态系统服务功能等指标开展评价；涉及河流、湖泊、湿地生态系统的，可采用生物完整性指数等指标开展评价。

（5）涉及生态敏感区的，分析其生态现状、保护现状和存在的问题。明确并图示生态敏感区及其主要保护对象、功能分区与工程的位置关系。

（6）可采用物种丰富度、香农—威纳多样性指数、Pielou 均匀度指数、Simpson 优势度指数等对评价范围内的物种多样性进行评价。

2．三级评价

可采用定性描述或面积、比例等定量指标，重点对评价范围内的土地利用现状、植被现状、野生动植物现状等进行分析，编制土地利用现状图、植被类型图、生态保护目标分布图等。

3．改扩建、分期实施的建设项目

这类项目应对既有工程、前期已实施工程的实际生态影响、已采取的生态保护措施的有效性和存在问题进行评价。

三、生态影响预测与评价

建设项目的生态影响预测和评价是在生态环境调查、生态问题分析及生态环境现状评价的基础上，结合开发建设活动的实际情况，建设项目的影响途径，区域生态保护的需要，受影响生态系统的主导生态功能以及区域生态抗御内外干扰的能力和受到破坏以后的恢复能力而进行的。

（一）预测与评价内容

1．一级、二级评价

应根据现状评价内容选择以下全部或部分内容开展预测评价。

（1）采用图形叠置法分析工程占用的植被类型、面积及比例；通过引起地表沉陷或改变地表径流、地下水水位、土壤理化性质等方式对植被产生影响的，采用生态机理分析法、类比分析法等方法分析植物群落的物种组成、群落结构等变化情况。

（2）结合工程的影响方式预测分析重要物种的分布、种群数量、生境状况等变化情况；分析施工活动和运行产生的噪声、灯光等对重要物种的影响；涉及迁徙、洄游物种的，分析工程施工和运行对迁徙、洄游行为的阻隔影响；涉及国家重点保护野生动植物、极危、濒危物种的,可采用生境评价方法预测分析物种适宜生境的分布及面积变化、生境破碎化程度等,图示建设项目实施后的物种适宜生境分布情况。

(3)结合水文情势、水动力和冲淤、水质(包括水温)等影响预测结果,预测分析水生生境质量、连通性以及产卵场、索饵场、越冬场等重要生境的变化情况,图示建设项目实施后的重要水生生境分布情况;结合生境变化预测分析鱼类等重要水生生物的种类组成、种群结构、资源时空分布等变化情况。

(4)采用图形叠置法分析工程占用的生态系统类型、面积及比例;结合生物量、生产力、生态系统功能等变化情况预测分析建设项目对生态系统的影响。

(5)结合工程施工和运行引入外来物种的主要途径、物种生物学特性以及区域生态环境特点,参考《外来物种环境风险评估技术导则》(HJ 624—2011),分析建设项目实施可能导致的生态风险。

(6)结合物种、生境以及生态系统变化情况,分析建设项目对所在区域生物多样性的影响;分析建设项目通过时间或空间的累积作用方式产生的生态影响,如生境丧失、退化及破碎化、生态系统退化、生物多样性下降等。

(7)涉及生态敏感区的,结合主要保护对象开展预测评价;涉及以自然景观、自然遗迹为主要保护对象的生态敏感区时,分析工程施工对景观、遗迹完整性的影响,结合工程建筑物、构筑物或其他设施的布局及设计,分析与景观、遗迹的协调性。

2. 三级评价

可采用图形叠置法、生态机理分析法、类比分析法等预测分析工程对土地利用、植被、野生动植物等的影响。

(二)预测与评价方法

常用的生态影响评价方法有许多,包括图形叠置法、生态机理分析法、生境评价法、类比分析法、列表清单法、综合评价法、景观生态学方法、生物生产力评价法、生态环境状况指数评价法、系统分析法、生物多样性评价方法等。另外,还有一些具体生态问题的评价方法,如水土流失评价方法等。选取方法时不仅要注意定性分析与定量分析相结合,还要针对评价对象来选择,应明确的是同一评价对象可用多种方法对其进行评价。

1. 生物多样性评价方法

生物多样性评价方法是指通过实地调查,分析生态系统和生物种的历史变迁、现状和存在主要问题的方法,其评价目的是有效保护生物多样性。物种多样性常用的评价指标包括物种丰富度、香农—威纳多样性指数、Pielou 均匀度指数、Simpson 优势度指数等。

(1)物种丰富度:调查区域内物种种数之和。

(2)生物多样性通常用香农—威纳指数(Shannon-Wiener index)表征,如式(8-1)所示。

$$H = -\sum_{i=1}^{S} P_i \ln P_i \tag{8-1}$$

式中:H—香农—威纳多样性指数;S—调查区域内物种种类总数;P_i—调查区域内属

于第 i 种的个体比例,如总个体数为 N,第 i 种个体数为 n_i,则 $P_i = n_i/N$。

(3) Pielou 均匀度指数是反映调查区域各物种个体数目分配均匀程度的指数,计算公式如式(8-2)所示。

$$J = \left(-\sum_{i=1}^{S} P_i \ln P_i \right) \div \ln S \tag{8-2}$$

式中:J—Pielou 均匀度指数;S—调查区域内物种种类总数;P_i—调查区域内属于第 i 种的个体比例。

(4) Simpson 优势度指数与均匀度指数相对应,计算公式如式(8-3)所示。

$$D = 1 - \sum_{i=1}^{S} P_i^2 \tag{8-3}$$

式中:D—Simpson 优势度指数;S—调查区域内物种种类总数;P_i—调查区域内属于第 i 种的个体比例。

2. 景观生态学方法

景观生态学方法通过空间结构分析和功能与稳定性分析这两个方面评价生态环境质量状况。

(1) 空间结构分析。景观是由斑块、廊道和基质组成的,而基质的判定是空间结构分析的重点。基质的判定有相对面积大、连通程度高、具有动态控制功能这三个标准,其判定多借用计算植被重要值的方法。斑块的表征:一是多样性指数;二是优势度指数(DO)。计算公式如式(8-4)所示。

$$\mathrm{DO} = 0.5 \times [0.5 \times (R_d + R_f) + L_p] \times 100\% \tag{8-4}$$

式中:R_d—斑块 i 的数目/斑块总数×100%;R_f—斑块 i 出现的样方数/总样方数×100%;L_p—i 的面积/样地总面积×100%。

(2) 功能与稳定性分析。功能与稳定性分析包括组成因子的生态适应性分析、生物的恢复能力分析、系统的抗干扰或抗退化能力分析、种源的持久性和可行性分析、景观开放性分析等。

景观多样性指数如式(8-5)所示。

$$H = -\sum_{i=1}^{n} P_i \ln P_i \tag{8-5}$$

式中:P_i—某类型景观所占面积百分比;n—景观类型数。

生态环境质量如式(8-6)所示。

$$EQ = \sum_{i=1}^{n} A_i \div N \tag{8-6}$$

式中:A_i—土地生态适应性分值(分阈值 0～100),如 A_2 为植被覆盖度(实际覆盖值为权值,实际覆盖度除以 100 为阈值);A_3 为抗退化能力赋值(强赋值 100,较强 60,一般 40,一般以下 0);A_4 为恢复能力赋值(强赋值 80,较强 60,一般 40,一般以下 0);$N=4$。

结合专家评分法对开发建设活动前后的 EQ 值分别计算,查阅表 8.2 看其等级变化情况。

表 8.2   EQ 值划分标准及相应生态级别

EQ 值	100～70	69～50	49～30	29～10	9～0
生态级别	I	II	III	IV	V

景观生态方法主要应用在城市和区域土地利用规划与功能区划、区域生态环境现状评价和影响评价、大型特大型建设项目环境影响评价以及景观生态资源评价和预测生境变化中。

3. 类比分析法

类比分析法是一种比较常用的定性和半定量评价方法,一般有生态整体类比、生态因子类比和生态问题类比等。

根据已有的建设项目的生态影响,分析或预测拟建项目可能产生的影响。选择好类比对象(类比项目)是进行类比分析或预测评价的基础,也是该方法成败的关键。

类比对象的选择条件是:工程性质、工艺和规模与拟建项目基本相当,生态因子(地理、地质、气候、生物因素等)相似,项目建成已有一定时间,所产生的影响已基本全部显现。

类比对象确定后,需选择和确定类比因子及指标,并对类比对象开展调查与评价,再分析拟建项目与类比对象的差异。根据类比对象与拟建项目的比较,做出类比分析结论。

4. 水土流失评价方法

水土流失又称土壤侵蚀,主要指水力对土壤造成的侵蚀。一般可以用侵蚀模数(侵蚀强度)、侵蚀面积、侵蚀量这三个定量数据来评价水土流失的程度。侵蚀面积可通过资料调查或遥感解译得出;侵蚀量可根据侵蚀面积与侵蚀模数的乘积计算得出,也可根据实测生态影响评价得出。以下主要介绍利用侵蚀模数的评价方法。

(1) 通用水土流失方程(USLE)如式(8-7)所示。

$$E = R_e \times K_e \times L \times S \times C \times P \tag{8-7}$$

式中:E—单位面积土壤侵蚀量,$1/km^2$;R_e—降雨侵蚀力因子,$R_e = EI_{30}$(一次降雨总动能×最大 30min 雨强);K_e—土壤可侵蚀因子,根据土壤的类型、有机物含量、土壤结构以及渗透性来确定;L—坡长因子,$L =$(斜坡长度/22.1)^m,m 一般为 0.5;S—坡度因子,$LS = 0.067L^{0.2}S^{1.3}$;C—植被和经营管理因子,与植被覆盖度和耕作期相关;P—措施因子,主要有农业耕作措施、工程措施、植物措施。

(2) 如果评价区内有多个土壤性质和状态不同的地块,则按式(8-8)计算。

$$G = \sum_{i=1}^{n} E_i \times A_i \tag{8-8}$$

式中:G—地块总侵蚀量;E_i—第 i 地块单位面积土壤侵蚀量;i—第 i 地块;A_i—第 i 地块的面积,m^2。

四、生态影响的防护、恢复与管理措施

生态影响预测与评价方法有待不断完善,现阶段的生态影响评价内容十分强调影响

减缓。

（一）原则与要求

应针对生态影响的对象、范围、时段、程度,提出避让、减缓、修复、补偿、管理、监测等对策措施,分析措施的技术可行性、经济合理性、运行稳定性、生态保护和修复效果的可达性,选择技术先进、经济合理、便于实施、运行稳定、长期有效的措施,明确措施的内容、设施的规模及工艺、实施位置和时间、责任主体、实施保障、实施效果等,编制生态保护措施平面布置图、生态保护措施设 计图,并估算（概算）生态保护投资。

优先采取避让方案,源头防止生态破坏,包括通过选址选线调整或局部方案优化避让生态敏感区,施工作业避让重要物种的繁殖期、越冬期、迁徙洄游期等关键活动期和特别保护期,取消或调整产生显著不利影响的工程内容和施工方式等。优先采用生态友好的工程建设技术、工艺及材料等。

坚持山水林田湖草沙一体化保护和系统治理的思路,提出生态保护对策措施。必要时开展专题研究和设计,确保生态保护措施有效。坚持尊重自然、顺应自然、保护自然的理念,采取自然的恢复措施或绿色修复工艺,避免生态保护措施自身的不利影响。不应采取违背自然规律的措施,切实保护生物多样性。

（二）生态影响的防护

防止重要生境及野生生物受建设工程的生态影响是环境影响评价的一项重要内容。生态影响防护通常以替代方案的形式来实现。

1. 保护措施

（1）生态影响的避让。生态影响的避让就是采取适当的措施,尽可能在最大程度上避免潜在的不利生态影响。因为有些类型的生态环境一经破坏就不能再恢复,而这类生态系统具有重要保护价值或特别重要的生态功能,因此应予以绝对的保护。采取的措施通常包括更改工程场址、修改工程设计、限制施工方法或时间、道路改线、变更规划或工程规模等。

（2）生态影响的减缓。采取适当的措施,尽量减少不可避免的生态影响的程度和范围,如迁移重要的物种,把工程限于某一特定地方或范围内进行,把受干扰的生境进行修复等。采取适当的隔离措施或建立通道等均可在一定程度上减缓生态影响。

（3）生态影响的补偿。当重要物种及生境受到工程影响时,可通过在当地或异地提供同样物种或相似生境的方法进行补偿。例如,大型开发区的建设可能会侵占大片林地或草地,可以通过区内适当搭配绿化面积和绿化类型加以补偿。

生态影响的防护对于建设项目的设计、施工、运行和管理是非常重要的。生态影响评价工作不但要发现建设项目可能产生的生态影响,更重要的是能够提出避让、减缓或补偿的措施建议,防护重要生境及野生生物可能受工程影响的措施,如按优先次序选择,应遵循"避让—减缓—补偿"这一顺序,也就是说能避让的尽量避让,实在不能避让的则采取措施减缓,减缓不能奏效的就应有必要的补偿方案。

（4）生态影响的恢复。建设项目产生的不可避免的生态影响或暂时性的生态影响,可以通过生态恢复技术予以消除。在环境影响评价工作中,应在判断生态影响的类别、程度和范围的基础上,提出生态恢复的要求,并依据建设项目所在区域的自然、社会及经济条件,提出具体的生态恢复建议方案。

一般来说,对于一个缺损的生态系统,生物种类及其生长介质的丧失或改变是影响生态恢复的主要障碍,这也是大多数陆生生态系统的生态恢复所要解决的关键问题。通常采用以下技术:选择合适的植物种类改造介质,使之变得更适合植物的生长;利用物理或化学的方法直接改良介质;上述两种方法结合使用,可以大大加速并维持生态系统的重建。

以矿山废弃地为例,生态恢复的类型及其选择要考虑矿种、采掘方式、废弃地类型、自然环境以及社会发展的需要等因素。表 8.3 为我国部分典型矿山生态恢复类型。不难看出,我国矿山废弃地生态恢复类型亦在向多样化的方向发展,不但注重生态效益,也注重经济与使用效益。

表 8.3   我国部分典型矿山生态恢复类型

主 要 矿 种	生态重建面积/hm²	恢 复 类 型
金矿	538.4	农业、林业、草地
石墨矿	246.6	农业、林业、工矿
煤矿、石墨矿	76.2	林业
锰矿	71.3	果园、工业用地
砂矿	80	农田(水田)
煤矿(排土场)	83.5	工业、建筑
煤矿(排土场)	60.5	农业、旅游业
煤矿(塌陷区)	26.7	渔业
煤矿(塌陷区)	14.5	水上公园

2. 监测与管理

结合项目规模、生态影响特点及所在区域的生态敏感性,针对性地提出全生命周期、长期跟踪或常规的生态监测计划,提出必要的科技支撑方案。大中型水利水电项目、采掘类项目、新建 100km 以上的高速公路及铁路项目、大型海上机场项目等应开展全生命周期生态监测;新建 50~100km 的高速公路及铁路项目、新建码头项目、高等级航道项目、围填海项目以及占用或穿(跨)越生态敏感区的其他项目应开展长期跟踪生态监测(施工期并延续至正式投运后 5~10 年);其他项目可根据情况开展常规生态监测。

生态监测计划应明确监测因子、方法、频次、点位等。开展全生命周期和长期跟踪生态监测的项目,在生态敏感区可适当增加调查密度、频次。

施工期重点监测施工活动干扰下生态保护目标的受影响状况,如植物群落变化、重要物种的活动、分布变化、生境质量变化等;运行期重点监测对生态保护目标的实际影响、生态保护对策措施的有效性以及生态修复效果等。有条件或有必要的,可开展生物多样性监测。

明确施工期和运行期环境管理原则与技术要求。可提出开展施工期工程环境监理、环境影响评价等环境管理和技术要求。

第三节　生态影响评价案例分析

案例一

某新建天然气管道干线工程起自 H 站,止于 M 末站,全长 120km,管径为 1 219mm,压力为 10MPa,设计年输送能力为 $4.0×10^9 m^2$,工程全线包括首、末站共 6 座站场和 8 座监控室,全线管道外防腐采用普通级三层 PE 防腐层,设置阴极保护站对管道进行保护。全线采用监控与数据采集系统、监控室设置远程终端装置、站场设置站控系统和安全仪表系统等措施,提高系统的安全性。其中 K 分输站场的主要功能为过滤分离、调压和计量,主要建设内容包括新建过滤分离系统(3 座旋风分离器和 3 座过滤分离器)、放空系统(1 具放空立管)、计量调压系统(4 套计量撬和 4 套调压撬)和环保工程(1 座污水暂存池和 1 座化粪池)等。过滤分离系统是对输送介质中含有的沙粒和其他固体杂物进行过滤分离,过滤分离器每年定期进行 1 次检测,泄漏的少量天然气和系统超压天然气泄放均通过放空系统的放空立管放空,超压放空频率为每年 1～2 次。营运期 K 分输站场产生的生活污水经化粪池处理后暂存,定期由罐车清运至城镇污水处理厂处理。

管道干线工程沿线经过平原区和丘陵区,用地类型有农田、荒地、一般林地和公益林区,其中穿越高速公路和等级公路等交通设施 12 处、小型河流 4 处。在第三、第四监控阀室之间的管道沿大岗省级自然保护区(简称大岗保护区)外围经过,该段管道长度为 1 000m,横跨了湿地汇流区,距试验区最近距离 100m,距核心区最近距离 2 000m。

大岗保护区主要保护对象为湿地生态系统及其珍稀濒危鸟类等,涉及鸟类达 140 多种,其中有国家野生保护动物一级鸟类 6 种,二级鸟类 17 种。大岗保护区也是东亚鸟类迁徙中的驿站,候鸟迁徙期为 4—5 月和 9—11 月。工程穿越段的区域生境与保护区生境相似,管道沿线现状主要为农田和虾池,涉及部分鸟类的栖息与觅食地。

管道建设施工方法有挖沟法、定向钻法和顶管法。挖沟法用于管线穿越平原区和丘陵区的农田、荒地、一般林地和公益林地处的施工,作业带宽度为 24～26m,管顶埋深不小于 1.2m,土方全部用于管沟回填或场地平整,不设置取弃土场;顶管法用于管线穿越交通设施处的施工,管顶最大埋深为 5m,最大穿越长度为 100m;定向钻法用于管线穿越环境敏感区或河流处的施工,最大穿越深度为 15m,最大穿越长度为 1 200m,定向钻法施工所用泥浆的主要成分是膨润土和少量(一般为 5% 左右)的添加剂(羧甲基纤维素纳 CMC)。

大岗保护区附近的管段采用定向钻法施工,在施工场地定向钻的出、入土点,布置泥浆配制间、泥浆池、材料和管材堆放场及定向钻机等。泥浆池底采用可降解防渗透膜进行防渗处理。泥浆池的大小按 30% 余量设计,以防止雨水冲刷外溢。施工结束后,泥浆经固化后覆土复垦。

管道工程安装完成后,分段试压以监测管道的强度和严密性,管道试压采用清洁水,试压排水含少量悬浮物(SS),经沉淀处理后用于沿线农田和林地灌溉。

对大岗保护区附近的管段,工程设计单位提出如下进一步提高系统安全性的措施:

提高监控与数据采集系统监控报警的设定精度、降低紧急截断系统控制关断阀值、减少自动控制响应时间、同时强化人员值守和巡线。

根据《环境影响评价技术导则　生态影响》(HJ 19—2022)开展生态影响评价工作。大岗保护区段涉及自然保护区,因采用定向钻施工,且未在自然保护区设置永久工程和临时工程,确定生态影响评价工作等级由一级降为二级。

问题:

(1) 分析邻近大岗保护区段管道采用定向钻敷设方式的合理性。

(2) 提出邻近大岗保护区段敷管施工过程中的主要生态保护措施。

(3) 给出生态现状评价中关于大岗自然保护区的工作内容。

解析:

(1) ①该段管道在大岗保护区外围经过,距保护区较近,长度为 1 000m,且横跨了湿地汇流区,采用定向钻法敷设方式,最大穿越长度为 1 200m,大于 1 000m,可减小对湿地汇流区的影响,不破坏湿地的水力联系。②穿越深度较大,不会影响穿越处地表的湿地生态系统及植被,并采用环境友好型泥浆,且不在自然保护区内设置永久工程和临时工程,对保护区湿地及鸟类影响较小。

(2) ①主要施工场地(出、入土点,泥浆配制间、泥浆池,材料和管材堆放场等)远离大岗保护区布置。②缩窄施工作业带宽度,尽可能减少施工占地。③避开夜间施工,避开候鸟迁徙期4—5月和9—11月施工。

(3) ①分析大岗自然保护区生态现状、保护现状、存在的问题;给出保护对象、面积、功能分区与工程位置关系。②湿地生态系统:分析评价结构与功能状况及变化趋势、完整性、物种多样性。③保护鸟类及重要物种:分析种群现状、分布特点以及生境质量、连通性、破碎化程度;图示物种及适宜生境分布及工程的空间位置关系;给出东亚鸟类栖息地及迁徙路线,附珍稀濒危鸟类迁徙路线图。④植被、植物:给出植被类型、面积、分布、植被现状、盖度及空间分布,附植被类型图。⑤编制土地利用现状图、生态系统类型分布图等相关生态图件。

案例二

某高速公路工程于 2021 年获得环境影响评价批复,2021 年 3 月开工建立,2021 年 9 月建成通车试营运。道路全长 160km,双向四车道,设计行车速度100km/h,路基宽度26m,设互通立交 6 处,特大桥 1 座,大中小桥假设若干,效劳区 4 处,收费站 6 处,养护工区 2 处。试营运期日平均交通量约为工程可行性研究报告预测交通量的 68%。建立单位委托开展开工环境保护验收调查。

环境保护行政主管部门批复的环境影响评价文件载明:道路在 Q 自然保护区(保护对象为某种国家重点保护鸟类及其栖息地)实验区内路段长限制在 5km 之内;实验区内全路段应采取隔声和阻光措施;沿线有声环境敏感点 13 处(居民点 12 处和 S 学校),S 学校建筑物为平房,与路肩程度间隔 30m,应在路肩设置长度不少于 180m 的声屏障;养护工区、收费站、服务区污水均应处理到满足《污水综合排放标准》(GB 8978—1996)二级标准。

初步调查说明：工程道路略有调整，实际穿越 Q 自然保护区实验区的路段长度为 4.5km，全路段建有声屏障（非透明）或密植林带等隔声阻光措施；沿线声环境敏感点 11 处，相比环境影响评价阶段减少 2 处居民点；S 学校建筑物与路肩程度间隔 40m，高差未变，周边地形开阔，路肩处建有长度为 180m 的直立型声屏障；效劳区等附属设施均建有污水处理系统，排水按《污水综合排放标准》(GB 8978—1996) 一级标准设计。

问题：

(1) 对于 Q 自然保护区，生态影响调查的主要内容有哪些？

(2) 对于居民点，声环境影响调查的主要内容有哪些？

(3) 为确定声屏障对 S 学校的降噪量，应如何布设监测点位？

解析：

(1) ①调查该自然保护区的根本情况：保护级别、功能区划，附保护区功能区划图。②调查保护区重点保护鸟类的物种、种群、分布、生态学特征、栖息地条件。③调查线路穿越自然保护区的详细位置、道路桩号、所穿越的保护区的功能区类别，附线路穿越保护区位置图。④调查工程建立、工程运行对保护区构造、功能、重点保护鸟类造成的实际影响。⑤调查工程采取的声屏障、密植林带等隔声、阻光措施的详细情况及其有效性，判断是否满足环境影响评价及批复的要求。

(2) ①调查 10 处居民点与公路的空间位置关系，并附图。②明确各居民点所处声环境功能区。③调查工程对沿线受影响居民点采取的降噪措施情况。④选择有代表性的与公路有不同间隔的居民点进展昼夜监测。⑤根据对监测结果的分析，对超标敏感点提出进一步采取措施的要求。

(3) ①在 S 学校教室前 1m 布点。②在无声屏障的开阔地带（间隔声屏障 100 米外），等间隔布设对照点。

案例三

某拟建水电站是 A 江水电规划梯级开发方案中的第三级电站（堤坝式），以发电为主，兼顾城市供水和防洪，总装机容量 3 000MW。坝址处多年平均流量 1 850m³/s，水库设计坝高 159m，设计正常蓄水位 1 134m，调节库容 $5.55 \times 10^8 \text{m}^3$，具有调节功能，在电力系统需要时也可承当日调峰任务，泄洪消能方式为挑流消能。

工程施工区设有砂石加工系统、混凝土机拌和制冷系统、机械修配、汽车修理及保养厂，以及业主营地和承包商营地。施工顶峰人数 9 000 人，施工总工期 92 个月，工程建立征地总面积 59km²，搬迁安置人口 3 000 人，设 3 个移民集中安置点。

大坝上游属高中山峡谷地貌，库区河段水环境功能为Ⅲ类，现状水质达标。水库在正常蓄水位时，洄水长度 96km，水库吞没区分布有 A 江特有鱼类的产卵场，其产卵期为 3—4 月。经预测，水库蓄水后水温呈季节性弱分层，3 月和 4 月出库水温较坝址天然水温分别低 1.8℃和 0.4℃。

B 市位于电站下游约 27km 处，依江而建，现有 2 个自来水厂的取水口和 7 个工业企业的取水口均位于 A 江，城市生活污水和工业废水经处理后排入 A 江。电站建成后，B 市现有的 2 个自来水厂取水口上移至库区。

问题：

（1）给出本工程运行期对水生生物产生影响的主要因素。

（2）本工程是否需要配套工程措施保障水库下游最小生态需水量？说明理由。

解析：

（1）①大坝的阻隔：大坝建成后，阻隔了坝上、坝下水生生物的种群交流，特别是对 A 江特有鱼类、其他洄游性鱼类造成阻隔影响。②水文情势的变化：库区流速变缓，库区鱼类种群构造可能发生变化，原流水型鱼类会减少或消失，静水型鱼类会增加；库区饵料生物也会变化。③库区吞没：破坏了 A 江特有鱼类的产卵场。④低温水：对库区及坝下水生生物有不利影响。⑤气体过饱和：高坝大库、挑流消能产生的气体过饱和对鱼类有不利影响。

（2）不需要。理由：该电站是堤坝式水电站，正常发电时下泄的水量可以满足下游生态用水。即使不发电，也可以通过闸坝放水保障下游生态用水。

案例四

西南地区某水电站为 R 河水电规划的最末一级，该水电站于 2014 年取得环境影响评价批复，于 2015 年开工建设，并于 2019 年建成，现进行竣工环境保护验收工作。该水电站采用引水式开发，装机容量为 340MW，水库正常蓄水位 1 782m，死水位为 1 750m，调节库容为 269 万 m^3，具有日调节功能。该水电站由主体工程和移民安置工程组成，主要包括枢纽大坝、引水隧洞、发电厂房、业主营地等永久工程和综合加工厂、综合仓库、施工营地、渣场、料场等施工临时辅助工程；移民安置工程包括 2 处集中移民安置点、1 家迁建企业和 7.5km 长复建公路，坝址多年平均流量 282m^3/s，正常蓄水位 30m，水库库区长 8.5km。大坝与发电厂房尾水汇入口之间减水河段长 7.8km，沿岸无生活取用水需求。发电厂房尾水汇入口与下游河口之间河段长 20km，目前为天然河道，尚未开发利用。

环境影响评价文件载明的工程区域环境概况为：坝址上游左岸分布有一处国家级森林公园，森林公园边界与大坝工区最近 500m，与水库淹没沿线最近 300m，水库淹没及工程占地区域植被主要为流域内广布的稀疏灌草丛，零星分布有国家Ⅱ级保护植物红椿，未见保护动物活动；工程区河段土著鱼类均喜流水生境，产黏性卵，产卵期（3—4 月）需一定涨水刺激。坝址下游共分布有 3 处土著鱼类产卵场，分别位于坝下 3km，厂房尾水汇入口下游 1km，厂房尾水汇入口下游 15km。

环境影响评价及批复文件的主要环境保护措施包括：建设生态流量泄放洞及在线监控系统，坝址处常年泄放不少于 30m^3/s 的生态基流，在业主营地范围内建设鱼类增殖放流站，对受影响的鱼类进行增殖放流、修建鱼道；移栽受影响红椿，恢复施工迹地植被等。同时提出 2 处集中安置点和企业、公路复建等工程需开展专项环境影响评价的要求。

竣工环境保护验收拟定的调查范围为水库淹没区，主体工程施工区及坝下受影响河段。工程调查显示：主体工程建设内容及主要技术指标与环境影响评价基本一致；施工场地有局部调整，将 1 处综合加工厂和 1 处施工营地调整至原施工征地范围外，新增占地不涉及森林公园。同时边坡及隧洞开挖不存在弃渣的情况。

环境保护措施落实调查显示：建设单位每月采用人工监测的方法对下泄流量进行定期监测；将鱼类增殖站调至业主营地外，位于原设计下游约 2km 处，增殖放流对象、规模、规格未发生变化，其余环境保护措施均按照原环境影响评价及批复文件进行落实。

水文情势调查显示：汛期（7—9 月）因大坝泄洪，减水河段流量大于 $30m^3/s$，非汛期均维持 $30m^3/s$，受电站日调峰运行影响，非汛期日内发电流量最大变幅达 $397m^3/s$，厂房尾水汇入口下游 5km 范围内河道水位日内波动显著。

水生生态影响调查显示：工程运行后，坝下游河段鱼类组成较工程建成前未发生变化，减水河段鱼类产卵场、产卵规模及厂房尾水汇入口下游 1km 处的产卵场鱼苗孵化率有下降趋势，但由于验收调查时工程运行时间短，尚无法判断对鱼类资源的影响程度。

问题：

（1）竣工环境保护验收调查范围是否合适？说明理由。

（2）指出陆生生态验收调查的重点内容。

（3）指出鱼类增殖放流措施落实情况调查的重点内容。

（4）针对工程及环境保护措施落实情况的调查结果，建设单位应完成哪些整改内容？

（5）针对短期未显现的鱼类资源影响，应提出哪些后续的环境保护工作建议？

解析：

（1）不合适。理由：竣工环境保护验收调查范围应与环境确定的评价范围一致，有变更应进行调整，还应包括移民安置工程施工区，主体工程及移民安置工程周边影响区（如森林公园区域）。

（2）①工程永久、临时占地情况（位置、面积、占地类型、用途等），1 处综合加工厂和 1 处施工营地占地情况。②工程对森林公园、植被（特别是红椿）的影响程度和范围，影响区域内植被类型、数量、覆盖率的变化情况。③临时占地生态恢复情况（恢复植被类型、效果等）。④受影响红椿移栽情况。

（3）①增殖放流站建设、运行情况，增殖放流对象、规模、规格、放流地点、放流季节情况。②增殖放流站实际位置、位置变更原因。

（4）①补办新增占地审批手续。②设置生态流量在线监控系统并正常运行。

（5）①对鱼类资源进行跟踪监测，适时开展环境影响后评价工作。②根据跟踪监测和后评价结果，提出针对鱼类资源的补救措施。

思　考　题

（1）生态影响评价标准的主要来源。

（2）生态环境影响评价等级的判定依据。

（3）生态现状调查的内容。

土壤环境影响评价

　　土壤是人类赖以生存与发展的重要资源与生态环境条件,处于岩石、大气、水和生物圈交接面,具有最为复杂的能量交换和物质迁移转化过程。自20世纪50年代起,世界各国逐渐认识到土壤环境保护的重要性。我国土壤环境保护的工作长期以来集中在农用地,然而随着经济高速发展,大量的工业"三废"与交通排放污染物通过各种方式进入土壤,建设用地的环境问题日益浮现,2015年"某外国语学校毒地事件"更是将土壤环境问题推上风口浪尖。为防治或减缓土壤退化、保护土壤环境,《土壤污染防治行动计划》(简称"土十条")、《土壤污染防治法》《环境影响评价技术导则　土壤环境(试行)》等相关法律法规逐步颁布实施,这说明土壤环境影响评价在我国环境影响评价体系中的地位正在不断提高。本章主要介绍与土壤环境有关的基本概念、土壤环境影响评价的内容、工作程序、方法和要求等。

第一节　土壤环境概述

一、土壤环境

　　土壤环境是指受自然或人为因素作用的,由矿物质、有机质、水、空气、生物有机体等组成的陆地表面疏松综合体,包括陆地表层能够生长植物的土壤层和污染物能够影响的松散层等。

　　建设项目对土壤环境产生的影响分为生态影响和环境污染。土壤环境生态影响是指由于人为因素引起土壤环境特征变化导致其生态功能变化的过程或状态。土壤环境污染影响是指因人为因素导致某种物质进入土壤环境,引起土壤物理、化学、生物等方面特性的改变,导致土壤质量恶化的过程或状态。

二、土壤环境污染的特点

(一)隐蔽性与潜伏性

　　土壤污染是污染物在土壤中长期积累的过程,其危害也是持续的、具有积累性的。土壤污染一般要通过观测到地下水受到污染、农产品的产量及质量下降，以及因长期摄食由污染土壤生产的植物产品的人体和动物的健康状况恶化等方式才能显现出来。这些现象充分反映出土壤环境污染具有隐蔽性和潜伏性，不像大气污染或水体污染那样容易为人们察觉。

（二）不可逆性与长期性

污染物进入土壤环境后，便与复杂的土壤组成物质发生一系列迁移转化作用。多数无机污染物，特别是金属和微量元素，都能与土壤中有机质或矿物质相结合，而且许多污染作用为不可逆过程，如此，污染物最终形成难溶化合物沉积在土壤中并长久留存，很难使其离开土壤，因而土壤一旦受到污染，就很难恢复，成为一种顽固的环境污染问题。

（三）危害性与扩散性

污染物不仅会在土壤中存留，还会通过食物链富集而严重危害动物和人类健康。土壤污染还可以通过地下水渗漏，造成地下水污染，或通过地表径流污染水体。土壤污染地区若遭风蚀，又会将污染的土粒吹扬到远处，扩大污染面。

三、土壤环境污染防治发展历程

（一）国际

20世纪50年代，全球范围内爆发了一系列环境公害事件，世界各国普遍认识到土壤环境保护的重要性。在20世纪60—70年代，欧美各国针对土壤环境提出了一系列环境质量标准与防治法等，例如苏联在1968年就制定了全球第一个土壤环境质量标准；日本"骨痛病"等环境公害事件迫使日本在1970年制定了土壤污染防治法；美国自20世纪70年代开始规定"土壤中有毒元素的最高允许量"。进入20世纪80年代，西方欧美发达国家便将土壤保护纳入国家环境管理体系，目前已形成完善的集法律法规、技术标准和管理机制为一体的土壤污染防治技术体系，制定了以风险管控为核心的集污染预防、风险管控、治理修复和土地流转再利用为一体的土壤分级分类可持续管理策略。如美国以拉夫运河事件为起点，形成了一套完整的涵盖法律法规、技术规范及管理手段的土壤污染防治体系。基于美国国家环境政策法发布的《超级基金法》与《资源保护及修复法案》对于美国开展土壤污染防治具有里程碑式的意义。在《超级基金法》中首次提出了"棕地"的概念，后续在基础法案的指导下，美国土壤污染防治法律法规体系随着棕地项目的开展进一步完善，包括《土壤筛选导则》《国家优先控制场地名录》《第9区初步修复目标值》等。

在土壤研究方面，土壤污染防治与土壤修复一直是非常热门的研究领域。20世纪60—70年代，欧美发达国家最早开始了化学物质在土壤中的持留、释放与运移研究，这与他们开始土壤保护立法是同步进行的。之后一段时间对于土壤污染过程的机理研究一直在进行，主要研究热点集中在土壤污染过程、修复机理与技术、恢复方法等方面。1998年的第16届国际土壤科学大会上，国际土壤科学联合会正式成立了国际土壤修复专业委员会，标志着土壤修复正式成为世界各国普遍关注的一个重要议题。

西方发达国家的土壤污染问题发现早，治理也早，因为土壤污染深深地影响到了民众的生活水平和经济发展,他们着重研究重金属、多环芳烃、农药、多氯联苯等类型污染物在土壤中的迁移积累和生态效应,同时也提出了很多对这些污染的控制修复措施。研究早期主要集中于宏观尺度上的污染物迁移转化,近年来,则将研究重点转移到"重金属污染与生物累积效应"和"土壤有机污染与生物降解"两个方面。

总体来说,欧美国家的土壤研究发展较为成熟,土壤的污染问题已经得到了较大程度的改善。

(二)国内

由于土壤环境污染特点以及土地管理历史状况,我国开始土壤环境管理起步较晚,直到 1995 年才真正意义上颁布了第一个土壤环境质量标准,并于 1996 年 3 月 1 日起正式实施,而其重点仍局限于农用地的环境质量管控。

随着我国工业"三废"和交通污染物大量排放进入土壤,建设用地土壤环境问题日益显现,土壤污染逐渐成为社会讨论热点,再叠加农用化学品的大量使用,导致我国土壤环境面临严峻考验。

为此,国家颁布了一系列法律法规与政策文件,以应对日益突出的土壤环境问题。原环境保护部于 2014 年 2 月出台了《场地环境调查技术导则》(HJ 25.1—2014)、《场地环境监测技术导则》(HJ 25.2—2014)、《污染场地风险评估技术导则》(HJ 25.3—2014)等一系列文件,为土壤环境管理提供了技术支持。2016 年 5 月 28 日,国务院印发了《土壤污染防治行动计划》,这一计划的发布可以说是整个土壤污染防治事业的里程碑事件。2018 年生态环境部颁布了《土壤环境质量 建设用地土壤污染风险管控标准》(GB 36600—2018)与《土壤环境质量 农用地土壤污染风险管控标准》(GB 15618—2018),更新相应要求与标准值以适应当今土壤环境状况。2018 年 8 月 31 日,十三届全国人大常委会第五次会议通过了《中华人民共和国土壤污染防治法》,这是我国首部有关土壤污染的防治法案,为我国土壤环境管理提供了有效的法律支撑。

总体来说,相较于欧美发达国家,我国土壤环境管理起步较晚,随着社会与政府对于土壤环境的逐渐重视,土壤管理近年来得到了较大发展,但仍存在较多漏洞与问题,亟待在实践中予以解决。

第二节　土壤环境影响评价工作内容

一、评价等级的确定

根据《环境影响评价技术导则 土壤环境(试行)》(HJ 964—2018),土壤环境影响评价工作可划分为三级。根据建设项目对土壤环境可能产生的影响,将土壤环境影响类型划分为生态影响型与污染影响型,其中生态影响重点指土壤环境的盐化、酸化、碱化等。根据行业特征、工艺特点或规模大小等判别项目类别,项目可分为Ⅰ类、Ⅱ类、Ⅲ类、Ⅳ类,其中Ⅳ类建设项目可不开展土壤环境影响评价(见表 9.1)。生态影响型与污染影响型存在不同划分依据。

表 9.1　土壤环境影响评价项目类别

行业类别		项目类别			
		Ⅰ 类	Ⅱ 类	Ⅲ 类	Ⅳ 类
农林牧渔业		灌溉面积大于 50 万亩的灌区工程	新建 5 万亩至 50 万亩的、改造 30 万亩及以上的灌区工程；年出栏生猪 10 万头（其他畜禽种类折合猪的养殖规模）及以上的畜食养殖场或养殖小区	年出栏生猪 5 000 头（其他畜禽种类折合猪的养殖规模）及以上的畜食养殖场或养殖小区	其他
水利		库容 1 亿 m³ 及以上水库；长度大于 1 000km 的引水工程	库容 1 000 万 m³ 至 1 亿 m³ 水库；跨流域调水的引水工程	其他	
采矿业		金属矿、石油、页岩油开采	化学矿采选；石棉矿采选；煤矿采选、天然气开采、页岩气开采、砂岩气开采、煤层气开采（含净化、液化）	其他	
制造业	纺织、化纤、皮革等及服装、鞋制造	制革、皮毛鞣制	化学纤维制造；有洗毛、染整、脱胶工段及产生缫丝废水、精炼废水的纺织品；有湿法印花、染色、水洗工艺的服装制造；使用有机溶剂的制鞋业	其他	
	造纸和纸制品		纸浆、溶解浆、纤维浆等制造；造纸（含制浆工艺）	其他	
	设备制造、金属制品、汽车制造及其他用品制造	有电镀工艺的；金属制品表面处理及热处理加工的；使用有机涂层的（喷粉、喷塑和电泳除外）；有钝化工艺的热镀锌	有化学处理工艺的	其他	
	石油、化工	石油加工、炼焦；化学原料和化学制品制造；农药制造；涂料、染料、颜料、油墨及其类似产品制造；合成材料制造；炸药、火工及焰火产品制造；水处理剂等制造；化学药品制造；生物、生化制品制造	半导体材料、日用化妆品制造；化学肥料制造	其他	

续表

行业类别		项目类别			
		Ⅰ类	Ⅱ类	Ⅲ类	Ⅳ类
制造业	金属冶炼和压延加工及非金属矿物制品	有色金属冶炼（含再生有色金属冶炼）	有色金属铸造及合金制造；炼铁；球团；烧结炼钢；冷轧压延加工；铬铁合金制造；水泥制造；平板玻璃制造；石棉制品；含焙烧的石墨	其他	
	电力热力燃气及水生产和供应业	生活垃圾及污泥发电	水力发电；火力发电（燃气发电除外）；矸石、油页岩、石油焦等综合利用发电；工业废水处理；燃气生产	生活污水处理；燃煤锅炉总容量 65t/h（不含）以上的热力生产工程；燃油锅炉总容量 65t/h（不含）以上的热力生产工程	其他
	交通运输仓储邮政业		油库（不含加油站的油库）；机场的供油工程及油库；涉及危险品、化学品、石油、成品油储罐区的码头及仓储；石油及成品油的输送管线	公路的加油站；铁路的维修场所	其他
	环境和公共设施管理业	危险废物利用及处理	采取填埋和焚烧方式的一般工业固体废物处置及综合利用；城镇生活垃圾（不含餐厨废弃物）集中处置	一般工业固体废物处置及综合利用（除采取填埋和焚烧方式以外的）；废旧资源加工、再生利用	其他
	社会事业与服务业			高尔夫球场；加油站；赛车场	其他
	其他行业				全部

注：1. 仅切割组装的、单纯混合和分装的、编织物及其制品制造的，列入Ⅳ类。

2. 建设项目土壤环境影响评价项目类别不在本表的，可根据土壤环境影响源、影响途径、影响因子的识别结果，参照相近或相似项目类别确定。

其他用品制造包括木材加工和木、竹、藤、棕、草制品业；家具制造业；文教、工美、体育和娱乐用品制造业；仪器仪表制造业等。

（一）生态影响型

首先，判断建设项目所在地土壤环境敏感程度，判别依据见表 9.2。同一建设项目涉及两个或两个以上场地或地区的，应分别判定其敏感程度；产生两种或两种以上生态影响后果的，敏感程度按相对最高级别判定。

表9.2 生态影响型敏感程度分级表

敏感程度	判 断 依 据		
	盐 化	酸 化	碱 化
敏感	建设项目所在地干燥度ª>2.5且常年地下水位平均埋深<1.5m的地势平坦区域;或土壤含盐量>4g/kg的区域	pH≤4.5	pH≥9.0
较敏感	建设项目所在地干燥度>2.5且常年地下水位平均埋深≥1.5m的,或1.8<干燥度≤2.5且常年地下水位平均埋深<1.8m的地势平坦区域;建设项目所在地干燥度>2.5或常年地下水位平均埋深<1.5m的平原区;或2g/kg<土壤含盐量≤4g/kg的区域	4.5<pH≤5.5	8.5≤pH<9.0
不敏感	其他	5.5<pH<8.5	

注:a 是指采用 E601 观测的多年平均水面蒸发量与降水量的比值,即蒸降比值。

其次,根据识别的土壤环境影响评价项目类别与敏感程度分级结果划分评价工作等级,详见表9.3。

表9.3 生态影响型评价工作等级划分表

敏感程度	评 价 等 级		
	Ⅰ类	Ⅱ类	Ⅲ类
敏感	一级	二级	三级
较敏感	二级	二级	三级
不敏感	二级	三级	—

注:"—"表示可不开展土壤环境影响评价工作。

(二)污染影响型

将建设项目占地规模分为大型(≥50hm²)、中型(5～50hm²)、小型(≤5hm²),建设项目占地主要为永久占地。

建设项目所在地周边的土壤环境敏感程度分为敏感、较敏感、不敏感,判别依据见表9.4。

表9.4 污染影响型敏感程度分级表

敏感程度	判 别 依 据
敏感	建设项目周边存在耕地、园地、牧草地、饮用水水源地或居民区、学校、医院、疗养院、养老院等土壤环境敏感目标的
较敏感	建设项目周边存在其他土壤环境敏感目标的
不敏感	其他情况

根据土壤环境影响评价项目类别、占地规模与敏感程度划分评价工作等级,详见表9.5。

表 9.5　污染影响型评价工作等级划分表

敏感程度	评价等级								
	Ⅰ类			Ⅱ类			Ⅲ类		
	大	中	小	大	中	小	大	中	小
敏感	一级	一级	一级	二级	二级	二级	三级	三级	三级
较敏感	一级	一级	二级	二级	二级	三级	三级	三级	—
不敏感	一级	二级	二级	二级	三级	三级	三级	—	—

注:"—"表示可不开展土壤环境影响评价工作。

建设项目同时涉及土壤环境生态影响型与污染影响型时,应分别判定评价工作等级,并按相应等级分别开展评价工作。

当同一建设项目涉及两个或两个以上场地时,各场地应分别判定评价工作等级,并按相应等级分别开展评价工作。

线性工程重点针对主要站场位置(如输油站、泵站、阀室、加油站、维修场所等)应分段判定评价等级,并按相应等级分别开展评价工作。

二、土壤环境现状调查与评价

(一)调查范围

调查评价范围应包括建设项目可能影响的范围,能满足土壤环境影响预测和评价要求;改、扩建类建设项目的现状调查评价范围还应兼顾现有工程可能影响的范围。可根据建设项目影响类型、污染途径、气象条件、地形地貌、水文地质条件等确定并说明,或参考表 9.6 确定。

表 9.6　现状调查范围

评价工作等级	影响类型	调查范围[a]	
		占地[b]范围内	占地范围外
一级	生态影响型	全部	5km 范围内
	污染影响型		1km 范围内
二级	生态影响型		2km 范围内
	污染影响型		0.2km 范围内
三级	生态影响型		1km 范围内
	污染影响型		0.05km 范围内

注:a 涉及大气沉降途径影响的,可根据主导风向向下风向的最大落地浓度点适当调整。
b 矿山类项目指开采区与各场地的占地;改、扩建类指现有工程与拟建工程的占地。

建设项目同时涉及土壤环境生态影响与污染影响时,应各自确定调查评价范围。危险品、化学品或石油等输送管线应以工程边界两侧向外延伸 0.2km 作为调查评价范围。

(二)调查内容

1. 资料收集

根据建设项目特点、可能产生的环境影响和当地环境特征,有针对性地收集调查评价范围内的相关资料,主要包括以下内容。

(1)土地利用现状图、土地利用规划图、土壤类型分布图。

(2)气象资料、地形地貌特征资料、水文及水文地质资料等。

(3)土地利用历史情况。

(4)与建设项目土壤环境影响评价相关的其他资料。

2. 理化特性调查内容

在充分收集资料的基础上,根据土壤环境影响类型、建设项目特征与评价需要,有针对性地选择调查内容,主要包括土体构型、土壤结构、土壤质地、阳离子交换量、氧化还原电位、饱和导水率、土壤容重、孔隙度等。土壤环境生态影响型建设项目还应调查植被、地下水位埋深、地下水溶解性总固体等,可参照《环境影响评价技术导则 土壤环境(试行)》(HJ 964—2018)附录中表 C.1 填写。评价工作等级为一级的建设项目应参照表 C.2 填写土壤剖面调查表。

3. 影响源调查

应调查与建设项目产生同种特征因子或造成相同土壤环境影响后果的影响源。改、扩建的污染影响型建设项目,其评价工作等级为一级、二级的,应对现有工程的土壤环境保护措施情况进行调查,并重点调查主要装置或设施附近的土壤污染现状。

4. 现状监测

(1)监测点数要求。建设项目各评价工作等级的监测点数不少于表 9.7 要求。生态影响型建设项目可优化调整占地范围内、外监测点数量,保持总数不变。占地范围超过 5 000hm² 的,每增加 1 000hm² 增加 1 个监测点;污染影响型建设项目占地范围超过 100hm² 的,每增加 20hm² 增加 1 个监测点。

表 9.7 现状监测布点类型与数量

评价工作等级		占地范围内	占地范围外
一级	生态影响型	5 个表层点[a]	6 个表层样点
	污染影响型	5 个柱状样点[b],2 个表层样点	4 个表层样点
二级	生态影响型	3 个表层样点	4 个表层样点
	污染影响型	3 个柱状样点,1 个表层样点	2 个表层样点
三级	生态影响型	1 个表层样点	2 个表层样点
	污染影响型	3 个表层样点	—

注:"—"表示无现状监测布点类型与数量的要求。

a 表层样应在 0~0.2m 取样。

b 柱状样通常在 0~0.5m、0.5~1.5m、1.5~3m 分别取样,3m 以下每 3m 取一个样,可根据基础埋深、土体构型适当调整。

(2)现状监测因子及频次。土壤环境现状监测因子分为基本因子和建设项目的特征因子。

基本因子为 GB 15618、GB 36600 中规定的基本项目,根据调查评价范围内的土地利用类型选取。评价工作等级为一级的建设项目,应至少开展 1 次现状监测;评价工作等级为二级、三级的建设项目,若掌握近 3 年至少 1 次的监测数据,可不再进行现状监测。

特征因子为建设项目产生的特有因子,既是特征因子又是基本因子的,按特征因子对待。特征因子应至少开展 1 次现状监测。

以下两种点位须同时监测基本因子与特征因子:①调查评价范围内的每种土壤类型应至少设置 1 个表层样监测点,应尽量设置在未受人为污染或相对未受污染的区域的;②建设项目占地范围及其可能影响区域的土壤环境已存在污染风险的,应结合用地历史资料和现状调查情况,在可能受影响最重的区域布设监测点。除此之外,其他监测点位可仅监测特征因子。

(3)现状评价标准。我国在 1995 年实施的《土壤环境质量标准》(GB 15618—1995),经过二十多年的发展,已经不再符合现代化土壤管理要求。为此,国家针对实际情况开展修订,于 2018 年 8 月 1 日将原质量标准拆分为《土壤环境质量 建设用地土壤污染风险管控标准(试行)》(GB 36600—2018)和《土壤环境质量 农用地土壤污染风险管控标准(试行)》(GB 15618—2018)。根据调查评价范围内的土地利用类型,分别选取GB 15618、GB 36600 等标准中的筛选值进行评价,土地利用类型无相应标准的可只给出现状监测值。

建设用地土壤污染风险管控标准。城市建设用地根据保护对象暴露情况的不同,可划分为两类。

第一类用地:包括《城市用地分类与规划建设用地标准》(GB 50137—2011)规定的城市建设用地中的居住用地(R)公共管理与公共服务用地中的中小学用地(A33)、医疗卫生用地(A5)和社会福利设施用地(A6)以及公园绿地(G1)中的社区公园或儿童公园用地等。

第二类用地:包括《城市用地分类与规划建设用地标准》(GB 50137—2011)规定的城市建设用地中的工业用地(M)、物流仓储用地(W)、商业服务业设施用地(B)、道路与交通设施用地(S)、公共设施用地(U)、公共管理与公共服务用地(A)(A3、A5、A6 除外)以及绿地与广场用地(G)(G1 中的社区公园或儿童公园用地除外)等。

根据建设用地的分类情况,第一类用地与第二类用地皆制定了相应的污染风险筛选值与风险管控值,见表 9.8。

表 9.8   建设用地土壤污染风险筛选值和管制值(部分内容)   单位:mg/kg

序号	污染物项目	CAS 编号	筛选值		管制值	
			第一类用地	第二类用地	第一类用地	第二类用地
重金属和无机物						
1	砷	7440-38-2	20	60	120	140
2	镉	7440-43-9	20	65	47	172
3	铬(六价)	18540-29-9	3.0	5.7	30	78
4	铜	7440-50-8	2 000	18 000	8 000	36 000
5	铅	7439-92-1	400	800	800	2 500
6	汞	7439-97-6	8	38	33	82
7	镍	7440-02-0	150	900	600	2 000

建设用地规划用途为第一类用地的,使用表中第一类用地的筛选值和管制值;规划用途为第二类用地的,使用表中第二类用地的筛选值和管制值;规划用途不明确的,使用表中第一类用地的筛选值和管制值。

污染物含量等于或者低于风险筛选值的,建设用地土壤污染风险一般情况下可以忽略;高于风险筛选值的,应当根据相应标准或技术要求开展详细调查,判断是否需要采取风险管控或修复措施;通过详细调查确定污染物含量高于风险管制值,对人体健康存在不可接受风险的,应当采取风险管控或修复措施。

农用地土壤污染风险管控标准。农用地同样按照污染风险筛选值与管制值进行管控,但并未对土地类型进行分级,见表9.9和表9.10。

表 9.9　农用地土壤污染风险筛选值(部分内容)　　　　单位：mg/kg

序号	污染物项目		风险筛选值			
			pH≤5.5	5.5＜pH≤6.5	6.5＜pH≤7.5	pH＞7.5
1	镉	水田	0.3	0.4	0.6	0.8
		其他	0.3	0.3	0.3	0.6
2	汞	水田	0.5	0.5	0.6	1.0
		其他	1.3	1.8	2.4	3.4
3	砷	水田	30	30	25	20
		其他	40	40	30	25
4	铅	水田	80	100	140	240
		其他	70	90	120	170
5	铬	水田	250	250	300	350
		其他	150	150	200	250

表 9.10　农用地土壤污染风险管制值　　　　单位：mg/kg

序号	污染物项目	风险筛选值			
		pH≤5.5	5.5＜pH≤6.5	6.5＜pH≤7.5	pH＞7.5
1	镉	1.5	2.0	3.0	4.0
2	汞	2.0	2.5	4.0	6.0
3	砷	200	150	120	100
4	铅	400	500	700	1 000
5	铬	800	850	1 000	1 300

当土壤中污染物含量等于或低于表中规定的风险筛选值时,土壤风险较低,一般情况可忽略;高于风险筛选值时,可能存在土壤污染风险,应当加强土壤环境监测和农产品协同监测;当土壤中镉、汞、砷、铅、铬含量高于风险管制值时,原则上应当采取禁止种植食用农产品、退耕还林等严格管控措施。

评价因子在 GB 15618、GB 36600 等标准中未规定的,可参照行业、地方或国外相关标准进行评价,无可参照标准的可只给出现状监测值。

(4)评价方法。土壤环境质量现状评价应采用标准指数法,并进行统计分析,给出样本数量、最大值、最小值、均值、标准差、检出率和超标率、最大超标倍数等。

对照《环境影响评价技术导则　土壤环境（试行）》（HJ 964—2018）给出各监测点位土壤盐化、酸化、碱化的级别，统计样本数量、最大值、最小值和均值，并评价均值对应的级别。

三、土壤环境影响预测

土壤环境影响预测与评价方法应根据建设项目土壤环境影响类型与评价工作等级确定。可能引起土壤盐化、酸化、碱化等影响的建设项目，其评价工作等级为一级、二级的，预测方法可参见《环境影响评价技术导则　土壤环境（试行）》（HJ 964—2018）或进行类比分析。

污染影响型建设项目，其评价工作等级为一级、二级的，预测方法可参见《环境影响评价技术导则　土壤环境（试行）》（HJ 964—2018）附录或进行类比分析；占地范围内还应根据土体构型、土壤质地、饱和导水率等分析其可能影响的深度。

评价工作等级为三级的建设项目，可采用定性描述或类比分析法进行预测。

四、土壤环境影响评价

（一）以下情况可得出建设项目土壤环境影响可接受的结论

（1）建设项目各不同阶段，土壤环境敏感目标处且占地范围内各评价因子均满足相关标准要求的。

（2）生态影响型建设项目各不同阶段，出现或加重土壤盐化、酸化、碱化等问题，但采取防控措施后，可满足相关标准要求的。

（3）污染影响型建设项目各不同阶段，土壤环境敏感目标处或占地范围内有个别点位、层位或评价因子出现超标，但采取必要措施后，可满足 GB 15618、GB 36600 或其他土壤污染防治相关管理规定的。

（二）以下情况不能得出建设项目土壤环境影响可接受的结论

（1）生态影响型建设项目，土壤盐化、酸化、碱化等对预测评价范围内土壤原有生态功能造成重大不可逆影响的。

（2）污染影响型建设项目各不同阶段，土壤环境敏感目标处或占地范围内多个点位、层位或评价因子出现超标，采取必要措施后，仍无法满足 GB 15618、GB 36600 或其他土壤污染防治相关管理规定的。

第三节　土壤环境影响评价案例分析

某新建的输油管道工程位于 Q 市，设计输油规模为 $1\,000\times10^4$ t/a，全长为 55.1km，管道材质为 L415MPSL2 直缝埋弧焊钢管，管径为 DN711mm，设计压力为 6.3MPa。全线设首站、分输清管站和末站 3 座站场和 1 个截断阀室。管道路由为：东起设在 D 港区原油油库内的首站，向西敷设 5km 后折向南，再敷设 20.1km 到达分输清管站；从分输清管站继续向南敷设 15.3km 至截断阀室；从截断阀室向南再敷设 14.7km 至 H 炼化厂内的末站。

管道工程永久占地 8 132m²,用于布置站场和"三桩"(里程桩、转角桩、标志桩);临时占地 1.45×10⁶m²,用于布置施工带(宽度 18m)和施工便道(总长 14km)。管材防腐采用双层 PE,管道壁厚 8.8mm,穿越河流等特殊敷设段采用三层 PE,并将壁厚增加至 11.9mm,全线设阴极保护。根据地貌地质特征及地面既有设施情况,管道敷设施工方法有挖沟法、顶管法和定向钻法。其中,挖沟法应用于管道经过的平原区和丘陵区,包括一段 3.8km 的一般林地段和一段 0.7km 的公益林区段;顶管法应用于管道穿越等级公路和铁路,包括 1 条等级公路和 1 条铁路;定向钻法应用于管道穿越河流和引水干渠,包括 1 条中型河流和 1 条引水干渠。挖沟法施工的管道埋深为管道的管顶距地面 1.2m;顶管法施工的最大穿越深度为 5m,最大穿越长度 100m;定向钻法施工的最大穿越深度为 15m,最大穿越长度 1 200m,施工场地设在河流或干渠两岸的出、入土点附近,布置有泥浆配置间、泥浆池、材料和管材堆放场及定向钻机等。

站场工艺包括输油和清管两个流程。输油流程:来自油库的原油通过首站输油泵输送至分输清管站,再通过分输清管站内的分输阀组和输油泵,输送至末站;末站接收的原油,经过滤、计量后,通过输油泵输送至 H 炼化厂储罐。清管流程:采用清管球去除粘附在管道内壁上含有岩屑的蜡质油泥等附着物,清管球由设置在分输清管站内的发送设施发出,由设置在末站的接受设施接收。管道全线设智能检测监控系统,在截断阀室设有阀组间,配 1 个远控切断阀,在首站、分输清管站和末站均设有进、出站紧急切断阀。

拟采取的生态保护措施:挖沟法施工采用分层开挖、分层堆放、分层回填和施工带临时占地植被恢复等措施;顶管施工采用弃渣土处置措施;定向钻施工采用及时清理机械设备漏油、异地处置废弃泥浆等措施。管道试压废水经沉淀处理后排入附近河沟,拟采取的污染防治措施为:3 座站场均设 1 台 10m² 的卧式污油罐和 1 台污油泵,收集泄压或检修产生的污油。各站场输油泵均采用减振基础。分输清管站和末站各设置 1 处 10m² 的危险废物暂存间,暂存检修产生的含油抹布、污油及清管废物(末站)。首末站均设一座 50m³ 的含油污水池和一座 10m³ 的生活污水暂存池,污水处理分别依托油库和 H 炼化厂的污水处理设施。在分输清管站和截断阀室配备干粉灭火器等消防设施。全线抢、维修和溢油应急均依托油库和 H 炼化厂的应急物资库配备的溢油围栏堵排设施和物资。

管道工程沿线主要经过平原区,土地现状多为农田,主要种植高粱、玉米和小麦等农作物;有 7km 管线经过丘陵区,土地现状为林地和农田,林地主要分布有杨树、槐树、松树等乔木。全线评价范围无珍稀濒危野生动植物分布,河道两侧及田间多分布灌丛和草本植物。引水干渠为自西向东流向,在当地生态保护红线区块登记表上被列为饮用水源保护红线区,保护范围为输水渠道的水域和两岸堤坝背水面坡角外延 30m 范围内的陆域。干渠在管道穿越处下游 55km 汇入 M 水库。每年 5—7 月、12 月至次年 2 月干渠输水量较少。

根据土地类型、占地面积、项目类别等,环境影响评价文件编制单位初步判定分输清管站土壤环境影响评价工作等级为二级。可研文件载明该站占地内工艺设施、输油管道及仪表控制室等均在地面布置,站界处的进、出站管道埋地敷设。

问题:给出分输清管站场内土壤调查3个柱状样点和1个表层样点的布设方案和特征监测因子。

解析:①监测位置:3个柱状样点、1个表层样点均在分输清管站内。②具体位置:3个柱状样点(污油储罐、危险废物暂存间、含油污水池);1个表层样点(站内合适位置)。③采样深度:3个柱状样点的深度在0~0.5m、0.5~1.5m、1.5~3m,3m以下视情况而定;1个表层样点的深度在0~0.2m。④特征监测因子:石油类。

思 考 题

(1) 土壤环境质量现状监测时,监测方案如何设计?

(2) 污染影响型建设项目的土壤环境影响途径包括哪些?

环境风险评价

2005 年 11 月 13 日,中国石油吉林石化公司双苯厂苯胺装置发生爆炸,事故造成了 5 人丧生、70 人受伤。虽因救险及时未引发更大的安全事故,然而,由于在事故处理过程中忽视了环境安全,导致约 100t 硝基苯、苯胺倾泻入松花江中,造成长达 80km,持续时间约 40h 的"污染地毯",下游城市哈尔滨于 11 月 22 日宣布停止供应自来水,引发了严重的用水危机和恐慌,甚至还产生了一些国际影响,被联合国环境署称为近年来较严重的河川污染事件。痛定思痛,原国家环保总局开始了全国范围的环境风险排查,同时加强对建设项目环境风险评价的管理,提出了严格的审批要求。从此,环境风险评价成为环境影响评价中不可或缺的一部分。本章主要介绍与环境风险有关的基本概念、环境风险评价的内容、工作程序、方法等。

第一节　环境风险评价概念

一、基本概念

(一)风险

风险是人们在从事生产活动或其他社会活动中伴随效益的同时可能产生的有害后果的定量描述,包括事故的可能性和估测的后果。风险可以定义为 $R=P \times S$,其中 R 代表风险指数,P 表示出现风险的概率,而 S 表示风险事件的后果损失。

风险与危险是紧密相连的,正是由于风险反映了一定时空条件下不幸事件发生的可能性,揭示了事件发生的规律,因而风险可以看成是危险的根源。也就是说,正是由于客观存在着产生不利后果的可能性,才使得一定范围中的事物处于危险的状况之中。

(二)环境风险

环境风险是指在自然环境中产生的或通过自然环境传递的对人类健

康和幸福产生不利影响、同时又具有某些不确定性的危害事件,具体是指突发性事故对环境(或健康)的危害程度及可能性,用风险值 R 表征,其定义为事故发生概率 P 与事故造成的环境(或健康)后果 C 的乘积,即

$$R[危害/单位时间]=P[事故/单位时间]\times C[危害/事故]$$

在所有预测的概率不为零的事故中,对环境(或健康)危害最严重的重大事故被称为最大可信事故。

环境风险具有不确定性和危害性的特点。不确定性是指人们对事件发生的时间、地点、强度等事先难以准确预测;危害性是针对事件的后果而言,具有风险的事件对其承受者会造成威胁,并且一旦事件发生,就会对风险的承受者造成损失或危害,包括对人体健康、经济财产、社会福利乃至生态系统等带来不同程度的危害。

环境风险广泛存在于人们的生产和其他活动中,而且表现方式纷繁复杂。根据产生原因的差异,可以将环境风险分为化学风险、物理风险以及自然灾害引发的风险,化学风险是指对人类、动物和植物能产生毒害或其他不利作用的化学物品的排放、泄漏,或者是易燃易爆材料的泄漏而引发的风险;物理风险是指机械设备或机械结构的故障所引发的风险;自然灾害引发的风险是指地震、火山、洪水、台风等自然灾害带来的化学性和物理性的风险,显然,自然灾害引发的风险具有综合的特点。

另外,我们也可根据危害事件承受对象的差异,将风险分为三类,即人群风险、设施风险以及生态风险。人群风险是指因危害性事件而致人病、伤、死、残等损失的风险;设施风险是指危害性事件对人类社会的经济活动的依托设施,如水库大坝、房屋等造成破坏的风险;生态风险是指危害性事件对生态系统中的某些要素或生态系统本身造成破坏的可能性,对生态系统的破坏作用可以是使某种群落数量减少乃至灭绝,导致生态系统的结构、功能发生变异。

由于人类对环境风险并非无能为力,因此环境风险不能被简单看作是由事故释放的一种或多种危险性因素造成的后果,而应看作由产生和控制风险的所有因素构成的系统。

(三) 环境风险评价

广义的环境风险评价是指对建设项目的兴建、运转,或是区域开发行为,包括自然灾害所引起的对人体健康、社会经济发展、生态系统等所造成的风险可能带来的损失进行评估,并据此进行管理和决策的过程。狭义的环境风险评价又常称为事故风险评价,它主要考虑与项目关联的突发性灾难事故,包括易燃、易爆和有毒物质、放射性物质失控状态下的泄漏、大型技术系统(如桥梁、水坝等)的故障。发生这种灾难性事故的概率虽然很小,但影响的程度往往是巨大的。在现代工业高速发展的同时,污染事故时有发生。例如,20 世纪 80 年代发生的印度博帕尔异氰酸酯毒气泄漏(当时导致 3 500~7 500 人死亡,至 2002 年估计已导致约 2 万人死亡)与苏联切尔诺贝利核电站事故一样,都是震惊世界的重大污染事故。

《建设项目环境风险评价技术导则》(HJ/T 169—2004)中给建设项目的环境风险评价下了如下定义:对建设项目建设和运行期间发生的可预测突发性事件或事故(一般不包括人为破坏和自然灾害)引起的有毒有害、易燃易爆等物质泄漏,或突发事件产生的新

的有毒有害物质,所造成的对人身安全与环境的影响和损害,进行评估,提出防范、应急与减缓措施。建设项目的环境风险评价是针对建设项目本身引起的风险进行评价的,它考虑建设项目引发的具有不确定性的危害。

各种化学品的环境风险评价是独立于建设项目的,它针对有毒有害化学品对人类健康和生态系统的长期危害而进行,如化学品的致癌风险的评价等,属于毒理学研究领域,本书不加以赘述。

二、环境风险评价的历程

(一)国际环境风险评价的历程

环境风险研究起源于对自然灾害的认识、评估及防治。20 世纪 30—40 年代,人类就开始对自然灾害进行系统的研究。随着科学技术的不断发展,技术风险层出不穷。从 20 世纪 50 年代开始,由于核电站事故的潜在危害以及人类对核风险的恐惧心理,西方国家开始对核安全加以研究。50 年代后期,美国核能管理委员会(NRC)发表了著名的报告"大型核电站中重大事故的理论可能性及其后果"。60 年代以前,风险评价尚处于萌芽阶段,风险评价内涵不甚明确,主要采用毒物鉴定方法进行健康影响分析,以定性研究为主。直到 60 年代,毒理学家才开发出一些定量的方法对低浓度暴露条件下的健康风险进行评价。

1973 年,NRC 首次提出了环境风险的概念,标志着环境风险评价的正式开启。1975 年,NRC 完成了核电站系统安全研究的《核电厂概率风险评价指南》(WASH—1400 报告),并在其中发展和建立了著名的概率风险评价方法。其后世界银行的环境和科学部很快颁布了关于《控制影响厂外人员和环境的重大危害事故》的导则和指南。同时,故障树分析、事件树分析方法等也得到了很好的发展,并形成了一系列实际应用程序。在其他领域,美国食品和药物管理局(FDA)在 1973 年将风险评价的思想引入食品和药物中物质残留量的标准制定中,并且取得了成功。美国环保局从 20 世纪 70 年代中期开始也将类似方法应用于农药管理领域。在风险较大的石油、化工行业,技术风险的研究也开始出现。1969 年,美国国家环保局等组织召开了"世界石油泄漏大会",专门讨论石油泄漏的风险控制和管理。针对化工领域出现的各种风险类型,美国道(DOW)化学公司创立了化工领域风险评价的方法和指标体系。在这一背景下,诸如 UNEP、SCOPE 等国际组织开始组织环境风险方面的合作研究,出版相应的专著。

20 世纪 80 年代中期,环境风险评价得到很大的发展,是风险评价体系建立的技术准备阶段。1983 年,美国国家科学院出版的红皮书《联邦政府的风险评价:管理程序》,首次提出了完整的环境风险评价程序,称为风险评价"四步法",即危害鉴别、剂量—效应关系评价、暴露评价和风险表征,并对各部分都做了明确的定义,同时,指出了风险评价和风险管理的区别,认为风险评价是一种科学研究,通过风险评价,可以确定损害人体健康和环境的程度和可能性。风险管理则是将风险评价的信息与经济、社会、政治、法律、伦理等因素综合起来进行群体决策的过程。由此,风险评价的基本框架已经形成。在此基础上,美国国家环保局(EPA)制定和颁布了有关风险评价的一系列技术性文件、准则或指南,如 1986 年,美国 EPA 在多年的实践基础上提出了《人体健康风险评价指南》,但内容大多是关于人体健康风险评价方面的。1989年,美国EPA对1986年指南进行了修改。从此,风险评价的科学体系基本形成,并处于不断发展和完善阶段,并由人体健康风险评价向生态风险评价发展。

（二）我国环境风险评价的历程

我国对于环境风险的研究起步自20世纪80年代。随着石油化工工业的飞速发展,科研人员在化工项目,易燃、易爆、有毒化学品等方面做了大量的工作,并逐渐对危险化学品事故排放的后果有了一定的研究,在一些大型化工厂的环境影响评价中已提到风险评价的重要性,并做了定性评价的尝试。

1986年以前,我国的环境风险研究工作主要局限在核及其他工业领域,着眼于安全分析,以及化学物致癌危险性评价。1986年开始,环境风险评价的概念逐渐引入我国,在石家庄全国环境影响评价和区域环境研究学术研讨会上,已明确提出环境风险评价的概念。自此之后,国内开始有文章介绍环境风险评价方面的知识。再稍后,还出现了区域环境风险评价的提法。

1990年,原国家环境保护局污管司颁发了《关于对重大环境污染事故隐患进行风险评价的通知》国家环保局(90)环管字第057号文;同年,原国家环境保护局有毒化学品办公室召开了第一届有毒化学品风险管理讨论会。这标志着我国的环境风险评价工作已得到环境管理部门的重视,各部门开始摸索适合我国国情的环境风险分析和管理手段。

进入21世纪,我国加强了对环境风险的控制。2004年《建设项目环境风险评价技术导则》(HJ/T 169—2004)的出台标志着建设项目环境风险评价正式纳入环境影响评价管理范畴,作为环境影响评价单位进行环境风险评价时使用的技术规范。2005年松花江水污染事故后,环境风险评价地位更是大大提高,成为环境影响评价中非常重要的一部分,且直接影响着决策。2017年8月12日天津港发生重大爆炸案后,环境风险评价进一步被大众与政府所重视,政府也于后续颁布更新了一系列环境风险评价的技术与指导性文件。生态环境部于2018年10月14日发布了《建设项目环境风险评价技术导则》(HJ 169—2018),对建设项目的环境影响评价提出了新的要求。

三、环境风险评价的程序

一个完整的环境风险评价的程序如图10.1所示。

环境风险评价分为七个阶段。

(1)风险调查:主要包括风险源及环境敏感目标的调查。

(2)环境风险潜势初判:主要包括危险性及环境敏感性的判断,其中,风险潜势可分为Ⅰ~Ⅳ$^+$多个等级。风险潜势为Ⅰ时进行简单分析,而风险潜势为Ⅱ及以上的则需要进行下一步程序——风险识别。

(3)风险识别:主要识别范围包括风险源项、风险类型、可能扩散途径及可能的影响后果。

(4)风险事故情形分析:在此程序中需要确定风险源强,选择模型及设定参数。

(5)风险预测与评价:主要任务是给出风险的计算结果及评价范围内某给定群体的

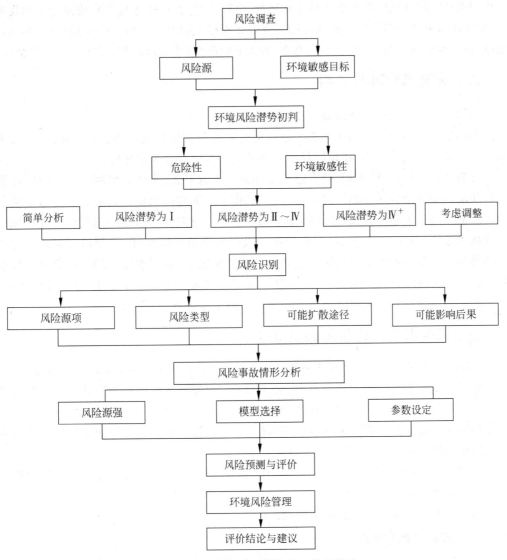

图 10.1 环境风险评价技术工作程序图

致死率或有害效应的发生率,判断环境风险是否能被接受。

(6)环境风险管理:根据风险评价的结果,采取适当的管理措施,以降低或消除风险。

(7)评价结论与建议。

第二节 环境风险评价工作内容

一、风险调查

风险调查主要是分析建设项目物质及工艺系统的危险性和环境敏感性。风险源调查是指调查建设项目危险物质数量和分布情况、生产工艺特点,收集危险物质安全技术说明书(MSDS)等基础资料。环境敏感目标调查是指根据危险物质可能的影响途径,明确环境敏感目标,给出环境敏感目标区位分布图,列表明确调查对象、属性、相对方位及距离等信息。

二、环境风险潜势初判

建设项目环境风险潜势划分为Ⅰ、Ⅱ、Ⅲ、Ⅳ/Ⅳ$^{+}$级。

根据建设项目涉及的物质和工艺系统的危险性及其所在地的环境敏感程度,结合事故情形下环境影响途径,对建设项目潜在环境危害程度进行概化分析。

分析建设项目生产、使用、储存过程中涉及的有毒有害、易燃易爆物质,可参见《建设项目环境风险评价技术导则》(HJ 169—2018)中确定的危险物质的临界量。定量分析危险物质数量与临界量的比值(Q)和所属行业及生产工艺特点(M),按《建设项目环境风险评价技术导则》(HJ 169—2018)对危险物质及工艺系统危险性(P)等级进行判断。分析危险物质在事故情形下的环境影响途径,如大气、地表水、地下水等,按照《建设项目环境风险评价技术导则》(HJ 169—2018)对建设项目各要素环境敏感程度(E)等级进行判断。

最终建设项目环境风险潜势综合等级取各要素等级的相对高值。

三、风险识别及评价等级的确定

环境风险识别是在各种环境影响识别和工程分析的基础上进一步辨识风险影响因子。

环境风险识别可以分为两个层次:项目筛选;对筛选出的项目识别其中有哪些风险源产生的风险是重大并需要进行评价的,并识别引起这些风险的主要因素和传播途径。经筛选确定要做风险影响评价的项目,需进一步在工程分析基础上识别有哪些可能引发重大后果的风险因子,以及引发的原因。

项目风险影响识别应包含拟建设项目从建设、运行到服务期满的各个阶段,如果有可能宜延伸到项目的设计工作中。

以下主要介绍项目风险影响的识别。

(一)风险识别的内容

风险识别所包括的范围是全系统,从物质、设备、装置、工艺到与其相关的单元。与之相应的要进行物质危险性、工艺过程及其反应危险性、设备危险性、储运危险性等的识别。风险识别的内容可分为三部分,分别是生产过程所涉及的物质危险性识别、生产系统危险性识别和危险物质向环境转移的途径识别。物质危险性识别的范围包括主要原辅材料、燃料、中间产品、最终产品污染物、火灾和爆炸伴生/次生物等;生产系统危险性识别的范围包括主要生产装置、储运系统、公用工程和辅助生产设施,以及环境保护设施等;危险物质向环境转移的途径识别包括分析危险物质特性及可能的环境风险类型,识别危险物质影响环境的途径,分析可能影响的环境敏感目标。

(二)风险识别的方法

首先根据危险物质泄漏、火灾、爆炸等突发性事故可能造成的环境风险类型,收集和准备建设项目工程资料、周边环境资料、国内外同行业、同类型事故统计分析及典型事故案例资料。对已建工程应收集环境管理制度、操作和维护手册、突发环境事件应急预案、应急培训、演练记录、历史突发环境事件及生产安全事故调查资料、设备失效统计数据等。

在物质危险性识别方面，主要是按《建设项目环境风险评价技术导则》(HJ 169—2018)识别出的危险物质，以图表的方式给出其易燃易爆、有毒有害的危险特性，并明确危险物质的分布。

在生产系统危险性识别方面，按工艺流程和平面布置功能区划，结合物质危险性识别，以图表的方式给出危险单元划分结果及单元内危险物质的最大存在量。按生产工艺流程分析危险单元内潜在的风险源。按危险单元分析风险源的危险性、存在条件和转化为事故的触发因素。采用定性或定量分析方法筛选确定重点风险源。

在环境风险类型及危害分析方面，环境风险类型包括危险物质泄漏，火灾、爆炸等引发的伴生/次生污染物排放；危害分析就是根据物质及生产系统危险性识别结果，分析环境风险类型、危险物质向环境转移的可能途径和影响方式。

（三）风险识别的结果

在风险识别的基础上，图示危险单元分布，给出建设项目环境风险识别汇总，包括危险单元、风险源、主要危险物质、环境风险类型、环境影响途径、可能受影响的环境敏感目标等，说明风险源的主要参数。

根据以上识别结果，确定风险评价等级。

环境风险评价工作等级划分为一级、二级、三级。根据建设项目涉及的物质及工艺系统危险性和所在地的环境敏感性确定环境风险潜势。按照表 10.1 确定评价工作等级，风险潜势按表 10.2 判断，工艺系统危险性等级判断见表 10.3。

表 10.1　环境风险评价工作等级划分

环境风险潜势	IV、IV$^+$	III	II	I
评价工作等级	一	二	三	简单分析

表 10.2　建设项目环境风险潜势划分

环境敏感程度(E)	危险物质及工艺系统危险性(P)			
	极高危害(P1)	高度危害(P2)	中度危害(P3)	轻度危害(P4)
环境高度敏感区(E1)	IV$^+$	IV	III	III
环境中度敏感区(E2)	IV	III	III	II
环境低度敏感区(E3)	III	III	II	I

表 10.3　工艺系统危险性等级判断(P)

危险物质数量与临界量比值(Q)	行业及生产工艺(M)			
	M1	M2	M3	M4
$Q \geqslant 100$	P1	P1	P2	P3
$10 \leqslant Q < 100$	P1	P2	P3	P4
$1 \leqslant Q < 10$	P2	P3	P4	P4

危险物质数量与临界量比值(Q)的计算方法如式(10-1)所示。

$$Q = \frac{q_1}{Q_1} + \frac{q_2}{Q_2} + \cdots + \frac{q_n}{Q_n} \tag{10-1}$$

式中：$q_1,q_2,\cdots,q_n$——每一种危险物质的最大存在量，t；$Q_1,Q_2,\cdots,Q_n$——每种危险物质的临界量，t。

当 $Q<1$ 时，该项目环境风险潜势为Ⅰ。

当 $Q \geqslant 1$ 时，将 Q 值划分为：$1 \leqslant Q < 10$；$10 \leqslant Q < 100$；$Q \geqslant 100$。

四、风险事故情形分析

在风险识别的基础上，选择对环境影响较大并具有代表性的事故类型，设定风险事故情形。风险事故情形设定内容应包括环境风险类型、风险源、危险单元、危险物质和影响途径等。

(一)风险事故情形设定需要遵循的原则

(1)同一种危险物质可能有多种环境风险类型。风险事故情形应包括危险物质泄漏，火灾、爆炸等引发的伴生/次生污染物排放情形。对不同环境要素产生影响的风险事故情形，应分别进行设定。

(2)对于火灾、爆炸事故，需将事故中未完全燃烧的危险物质在高温下迅速挥发释放至大气，将燃烧过程中产生的伴生/次生污染物对环境的影响作为风险事故情形设定的内容。

(3)设定的风险事故情形发生可能性应处于合理的区间，并与经济技术发展水平相适应。一般而言，发生频率小于 10^{-6}/年的事件是极小概率事件，可作为代表性事故情形中最大可信事故设定的参考。

(4)由于事故触发因素具有不确定性，因此事故情形的设定并不能包含全部可能的环境风险，但通过具有代表性的事故情形分析可为风险管理提供科学依据。事故情形的设定应在环境风险识别的基础上筛选，设定的事故情形应具有危险物质、环境危害、影响途径等方面的代表性。

基于风险事故情形的设定，进行源项分析，合理估算源强。

在建设项目的环境风险评价中，往往只对所有可能发生的事故中危害最严重的重大事故(最大可信事故)展开评价。事故源项分析的内容就是确定最大可信事故的发生概率和危险品的泄漏量。

(二)源项分析

1.源项分析方法

源项分析应基于风险事故情形的设定，合理估算源强。泄漏频率可参考《建设项目环境风险评价技术导则》(HJ 169—2018)附录的推荐方法确定，也可采用事故树、事件树分析法或类比法等确定。

2.事故源强的确定

事故源强是为事故后果预测提供分析模拟情形。事故源强设定可采用计算法和经验估算法。计算法适用于以腐蚀或应力作用等引起的泄漏型为主的事故;经验估算法适用于以火灾、爆炸等突发性事故产生的伴生/次生的污染物释放。以下将重点介绍物质的泄漏量。

物质泄漏量的计算需要确定泄漏时间和估算泄漏速率。泄漏量计算包括液体泄漏速率、气体泄漏速率、两相流泄漏、泄漏液体蒸发量计算等。泄漏时间应结合建设项目探测和隔离系统的设计原则确定。一般情况下,设置紧急隔离系统的单元,泄漏时间可设定为 10min;未设置紧急隔离系统的单元,泄漏时间可设定为 30min。泄漏液体的蒸发时间应结合物质特性、气象条件、工况等综合考虑,一般情况下,可按 15~30min 计;泄漏物质形成的液池面积以不超过泄漏单元的围堰(或堤)面积计。

(1) 液体泄漏速率。液体泄漏速率 Q_L 用伯努利方程计算(限制条件为液体在喷口内不应有急骤蒸发),如式(10-2)所示。

$$Q_L = C_d A \rho \sqrt{\frac{2(P - P_0)}{\rho} + 2gh} \tag{10-2}$$

式中:Q_L—液体泄漏速率,kg/s;C_d—液体泄漏系数,按表 10.4 选取;A—裂口面积,m^2;ρ—泄漏液体密度;P—环境压力,Pa;P_0—容器内介质压力,Pa;g—重力加速度,$9.81 m/s^2$;h—裂口之上液位高度,m。

表 10.4 液体泄漏系数(C_d)

雷诺数 R_e	裂口形状		
	圆形(多边形)	三角形	长方形
>100	0.65	0.60	0.55
≤100	0.50	0.45	0.40

(2) 气体泄漏速率。当式(10-3)成立时,气体流动属音速流动(临界流)。

$$\frac{P_0}{P} \leqslant \left(\frac{2}{k+1}\right)^{\frac{k}{k-1}} \tag{10-3}$$

当式(10-4)成立时,气体流动属于亚音速流动(次临界流)。

$$\frac{P_0}{P} > \left(\frac{2}{k+1}\right)^{\frac{k}{k-1}} \tag{10-4}$$

式中:P_0—容器内介质压力,Pa;P—环境压力,Pa;k—气体的绝热指数(热容比),即定压比热容 C_p 与定容比热容 C_v 之比。

假定气体的特性是理想气体,气体泄漏速度 Q_G 按式(10-5)计算。

$$Q_G = Y C_d A P \sqrt{\frac{MK}{RT_G}\left(\frac{2}{k+1}\right)^{\frac{k+1}{k-1}}} \tag{10-5}$$

式中:Q_G—气体泄漏速度,kg/s;C_d—气体泄漏系数(当裂口形状为圆形时取 1.00,三角形时取 0.95,长方形时取 0.90);A—裂口面积,m^2;P—容器压力,Pa;M—分子量;R—气体常数,J(mol·K);T_G—气体温度,K;Y—流出系数,临界流 $Y=1.0$,次临界流按式(10-6)计算。

$$Y = \left(\frac{P_0}{P}\right)^{\frac{1}{k}} \times \left[1 - \left(\frac{P_0}{P}\right)^{\frac{k-1}{k}}\right]^{\frac{1}{2}} \times \left[\left(\frac{2}{k-1}\right)\left(\frac{k+1}{2}\right)^{\frac{k+1}{k-1}}\right]^{\frac{1}{2}} \quad (10\text{-}6)$$

（3）两相流泄漏。假定液相和气相是均匀的，且互相平衡，两相流泄漏按式(10-7)计算。

$$Q_{LG} = C_d A \sqrt{2\rho_m(P - P_c)} \quad (10\text{-}7)$$

式中：Q_{LG}—两相流泄漏速度，kg/s；C_d—两相流泄漏系数，可取 0.8；A—裂口面积；ρ_m—两相混合物的平均密度，kg/m³；P—操作压力或容器压力，Pa；P_c—临界压力，Pa，可取 $P_c = 0.55P$。由式(10-8)计算。

$$\rho_m = \frac{1}{\dfrac{F_v}{\rho_1} + \dfrac{1 - F_v}{\rho_2}} \quad (10\text{-}8)$$

式中：ρ_1—液体蒸发的蒸气密度，kg/m³；ρ_2—液体密度，kg/m³；F_v—蒸发的液体占液体总量的比例，由式(10-9)计算。

$$F_v = \frac{C_p(T_{LG} - T_c)}{H} \quad (10\text{-}9)$$

式中：C_p—两相混合物的定压比热，J/(kg·K)；T_{LG}—两相混合物的温度，K；T_c—液体在临界压力下的沸点，K；H—液体的汽化热，J/kg。

当 $F_v > 1$ 时，表明液体将全部蒸发成气体，这时应按气体泄漏量计算；如果 F_v 很小，则可按液体泄漏公式计算。

（4）泄漏液体蒸发量。泄漏液体的蒸发分为闪蒸蒸发、热量蒸发和质量蒸发三种，其蒸发总量为这三种蒸发之和。

闪蒸量的估算：过热液体闪蒸量 Q_1 可按式(10-10)估算。

$$Q_1 = F \cdot W_T \div t_1 \quad (10\text{-}10)$$

式中：Q_1—闪蒸量，kg/s；W_T—液体泄漏总量，kg；t_1—闪蒸蒸发时间，s；F—蒸发的液体占液体总量的比例，按式(10-11)计算。

$$F = \frac{C_p(T_L - T_b)}{H} \quad (10\text{-}11)$$

式中：C_p—液体的定压比热，J/(kg·K)；T_L—泄漏前液体的温度，K；T_b—液体在常压下的沸点，K；H—液体的汽化热，J/kg。

热量蒸发估算：当液体闪蒸不完全，有一部分液体在地面形成液池，并吸收地面热量而气化称为热量蒸发。热量蒸发的蒸发速度 Q_2 按式(10-12)计算。

$$Q_2 = \frac{\lambda S(T_0 - T_b)}{H \pi \sqrt{\alpha t}} \quad (10\text{-}12)$$

式中：Q_2—热量蒸发速率，kg/s；T_0—环境温度，K；T_b—沸点温度，K；λ—表面热导系数（见表 10.5）；S—液池面积，m²；H—液体汽化热，J/kg；α—表面热扩散系数（见表 10.5），m²/s；t—蒸发时间，s。

表 10.5 某些地面的热传递性质

地面情况	$\lambda/[\mathrm{W}/(\mathrm{m}\cdot\mathrm{K})]$	$\alpha/(\mathrm{m}^2/\mathrm{s})$
水泥	1.1	1.29×10^{-7}
土地	0.9	4.3×10^{-7}
干涸土地	0.3	2.3×10^{-7}
湿地	0.6	3.3×10^{-7}
沙砾地	2.5	11.0×10^{-7}

质量蒸发估算：当热量蒸发结束，转由液池表面气流运动使液体蒸发，称为质量蒸发。

质量蒸发速率 Q_3 按式(10-13)计算。

$$Q_3 = \alpha\times P\times M/(R\times T_0)\times\mu^{(2-n)/(2+n)}\times r^{(4+n)/(2+n)} \tag{10-13}$$

式中：Q_3—质量蒸发速率，kg/s；α，n—大气稳定度系数(见表 10.6)；P—液体表面蒸气压，Pa；R—气体常数，J/(mol·K)；T_0—环境温度，K；μ—风速，m/s；r—液池半径，m。

表 10.6 液池蒸发模式参数

大气稳定度	n	α
不稳定(A,B)	0.2	3.846×10^{-3}
中性(D)	0.25	4.685×10^{-3}
稳定(E,F)	0.3	5.285×10^{-3}

液池最大直径取决于泄漏点附近的地域构型、泄漏的连续性或瞬时性。有围堰的，以围堰最大等效半径为池液半径；无围堰时，设定液体瞬间扩散到最小厚度时的半径为池液半径。

液体蒸发总量的计算：液体蒸发总量按式(10-14)计算。

$$W_P = Q_1 t_1 + Q_2 t_2 + Q_3 t_3 \tag{10-14}$$

式中：W_P—液体蒸发总量，kg；Q_1—闪蒸液体蒸发速率，kg/s；Q_2—热量蒸发速率，kg/s；Q_3—质量蒸发速率，kg/s；t_1—闪蒸蒸发时间，s；t_2—热量蒸发时间，s；t_3—从液体泄漏到全部清理完毕的时间，s。

五、风险预测与评价

新颁布的风险评价导则对风险预测做了简化处理，只开展暴露评价，主要是对有毒有害物质在大气中的扩散及有毒有害物质在地表水、地下水环境中的运移扩散两方面进行预测。

在预测有毒有害物质在大气中的扩散导致的风险时，需要筛选预测模型、确定预测范围与计算点、事故源参数、气象参数、选取大气毒性终点浓度值，并对预测结果进行表述。筛选模型时，应区分重质气体与轻质气体排放，选择合适的大气风险预测模型。模型选择应结合模型的适用范围、参数要求等说明模型选择的依据。预测范围即预测物质浓度达到评价标准时的最大影响范围，通常由预测模型计算获取，预测范围一般不超过

10km。计算点分特殊计算点和一般计算点,特殊计算点指大气环境敏感目标等关心点,一般计算点指下风向不同距离点。一般计算点的设置应具有一定分辨率,距离风险源500m 范围内可设置 10~50m 间距,大于 500m 范围内可设置 50~100m 间距。事故源参数的确定就是根据大气风险预测模型的需要,调查泄漏设备类型、尺寸、操作参数(压力、温度等),泄漏物质理化特性(摩尔质量、沸点、临界温度、临界压力、比热容比、气体定压比热容、液体定压比热容、液体密度、汽化热等)。一级评价,须选取最不利气象条件及事故发生地的最常见气象条件分别进行后果预测;二级评价,须选取最不利气象条件进行后果预测。大气毒性终点浓度即预测评价标准。预测结果需给出以下内容:给出下风向不同距离处有毒有害物质的最大浓度,以及预测浓度达到不同毒性终点浓度的最大影响范围;给出各关心点的有毒有害物质浓度随时间变化情况,以及关心点的预测浓度超过评价标准时对应的时刻和持续时间。

在预测有毒有害物质在地表水、地下水环境中的运移扩散导致的风险时,需要筛选预测模型、选取终点浓度值及表述预测结果。根据风险识别结果、有毒有害物质进入水体的方式、水体类别及特征以及有毒有害物质的溶解性,选择适用的预测模型。终点浓度即预测评价标准,终点浓度值根据水体分类及预测点水体功能要求,按照 GB 3838、GB 5749、GB 3097 或 GB/T 14848 选取。对于未列入上述标准,但确需进行分析预测的物质,其终点浓度值选取可参照 HJ 2.3 和 HJ 610。对于难以获取终点浓度值的物质,可按质点运移到达判定。地表水风险预测结果需包括:给出有毒有害物质进入地表水体最远超标距离及时间;给出有毒有害物质经排放通道到达下游(按水流方向)环境敏感目标处的到达时间、超标时间、超标持续时间及最大浓度;对于在水体中漂移类物质,应给出漂移轨迹;地下水风险预测应给出有毒有害物质进入地下水体到达下游厂区边界和环境敏感目标处的到达时间、超标时间、超标持续时间及最大浓度。

新颁布的风险评价导则简化了事故概率分析和效应评价,仅需结合各要素风险预测,分析说明建设项目环境风险的危害范围与程度。大气环境风险的影响范围和程度由大气毒性终点浓度确定,明确影响范围内的人口分布情况;地表水、地下水对照功能区质量标准浓度(或参考浓度)进行分析,明确对下游环境敏感目标的影响情况。

六、环境风险管理

环境风险管理的目标是采用最低合理可行原则来管控环境风险。采取的环境风险防范措施应与社会经济技术发展水平相适应,运用科学的技术手段和管理方法,对环境风险进行有效的预防、监控和响应。

(一)环境风险防范措施

(1)大气环境风险防范应结合风险源状况,明确环境风险的防范、减缓措施,提出环境风险监控要求,并结合环境风险预测分析结果、区域交通道路和安置场所位置等,提出事故状态下人员的疏散通道及安置等应急建议。

(2)事故废水环境风险防范应明确"单元—厂区—园区/区域"的环境风险防控体系要求,设置事故废水收集(尽可能以非动力自流方式)和应急储存设施,以满足事故状态下收集泄漏物料、污染消防水和污染雨水的需要,明确并图示防止事故废水进入外环境的控制、封堵系统。应急储存设施应根据发生事故的设备容量、事故时消防用水量及可能进入应急储存设施的雨水量等因素综合确定。应急储存设施内的事故废水,应及时进行有效处置,做到回用或达标排放,结合环境风险预测分析结果,提出实施监控和启动相应的园区/区域突发环境事件应急预案的建议要求。

（3）地下水环境风险防范应重点采取源头控制和分区防渗措施,加强对地下水环境的监控、预警,提出事故应急减缓措施。

（4）针对主要风险源,应提出设立风险监控及应急监测系统,实现事故预警和快速应急监测、跟踪,提出对应急物资、人员等的管理要求。

（5）对于改建、扩建和技术改造项目,应分析依托企业现有环境风险防范措施的有效性,提出合理意见和建议。

（6）环境风险防范措施应纳入环保投资和建设项目竣工环境保护验收内容。

（7）考虑到事故触发具有不确定性,厂内环境风险防控系统应纳入园区/区域环境风险防控体系,明确风险防控设施、管理的衔接要求。极端事故风险防控及应急处置应结合所在园区/区域环境风险防控体系统筹考虑,按分级响应要求及时启动园区/区域环境风险防范措施,实现厂内与园区/区域环境风险防控设施及管理有效联动,有效防控环境风险。

（二）突发环境事件应急预案编制要求

按照国家、地方和相关部门要求,企业突发环境事件应急预案编制或完善的原则要求包括:预案适用范围、环境事件分类与分级、组织机构与职责、监控和预警、应急响应、应急保障、善后处置、预案管理与演练等内容。

明确企业、园区/区域、地方政府环境风险应急体系。企业突发环境事件应急预案应体现分级响应、区域联动的原则,与地方政府突发环境事件应急预案相衔接,明确分级响应程序。

总之,环境风险是可以预测的,也是可以控制的。为了减轻风险后果、频率和影响,有必要采取减少风险危害的措施,提出相应的风险应急管理计划并给予实施。

七、环境风险评价结论与建议

评价结论应包括项目危险因素、环境敏感性及事故环境影响、环境风险防范措施和应急预案、环境风险评价结论与建议几大内容。

项目危险因素部分需简要说明主要危险物质、危险单元及其分布,明确项目危险因素,提出优化平面布局、调整危险物质存在量及危险性控制的建议;环境敏感性及事故环境影响部分需简要说明项目所在区域环境敏感目标及其特点,根据预测分析结果,明确突发性事故可能造成环境影响的区域和涉及的环境敏感目标,提出相应保护措施及要求;环境风险防范措施和应急预案部分需结合区域环境条件和园区/区域环境风险防控要求,明确建设项目环境风险防控体系,重点说明防止危险物质进入环境及进入环境后的控制、监测等措施,提出优化调整风险防范措施建议及突发环境事件应急预案原则要求；环境风险评价结论与建议部分需综合环境风险评价专题的工作过程，明确给出建设项目环境风险是否可防控的结论，根据建设项目环境风险可能影响的范围与程度，提出缓解环境风险的建议措施，对存在较大环境风险的建设项目，需提出环境影响后评价的要求。

第三节　环境风险评价案例分析

案例一

某丁苯/丁腈胶乳项目，主要建设容包括：原料准备、聚合、汽提、调整、过滤、冷却、灌装等生产单元；丁二烯罐区（球罐），苯乙烯、丙烯酸、丙烯腈等液体原料罐区，产品罐区，原料和产品仓库等贮存设施；脱盐水站、制冷站、循环水系统、真空系统、质检研发中心、办公楼等公辅设施；废气和废水处理装置、固废仓库、事故水池、火炬等环保设施；以及2条长1.5km，分别连接园区苯乙烯和丁二烯供应企业与项目罐区之间的原料输送管线。

丁苯胶乳生产工艺：单体苯乙烯、丁二烯、丙烯酸和甲基丙烯酸甲酯（MMA）、助剂、脱盐水等按配比加入聚合釜，在引发剂作用下发生聚合反应，形成分散于水中的聚合物乳液；乳液经蒸汽提脱除未反应的单体后，加入助剂调整组分、再经振动过滤和冷却，得到的合格产品送储罐储存或灌装装桶。丁腈胶乳生产时用丙烯替换苯乙烯，胶乳生产为序批式作业，密闭操作。

项目设原料准备间，进行小包装固体和液体助剂的溶解、计量和调配，再经管道将助剂送至各使用点；桶装MMA等原料在装置区用桶泵加入设备。真空系统设置水环真空泵，为汽提塔和二次汽提塔提供所需真空。汽提塔顶的气相经冷凝得到的冷凝液在冷凝液罐分层去除未反应单体（油相S1），水相送二次汽提塔。二次汽提冷凝液回用于调整工序，剩余部分作为废水W1处理，塔釜产生的少量聚合物S2装桶。

聚合及后续工序均设有密闭过滤器和质控采样点，质检研发中心承担原料和样品的性能测试，并进行胶乳系列产品的研发工作，质检后废样品作危废处置。每批次产品生产完成后，对管线设备进行氮气置换和脱盐水清洗，清洗水回用至生产系统；生产5个批次后，采用高压水枪冲洗聚合釜除垢，产生冲洗水W3。设计方案提出VOCs废气控制措施为：聚合釜废气G1、真空系统废气G2、冷凝液罐及各类中间罐废气、氮气置换气和储罐小呼吸废气均通过管道输送至废气缓冲罐，再经直燃式废气焚烧（TO）＋选择性催化还原装置（SCR）处理后由1号排气筒达标排放，SCR还原剂为氨水。储罐配套平衡管和干式快接头，控制槽车卸料大呼吸。

原料准备操作区按规范设置有集气系统，质检和研发等操作在通风柜内进行，收集的配料废气G3和质检研发废气分别经对应的活性炭吸附装置处理后，由各自排气筒达标排放。项目选用了密闭性好的设备与管线组件，制订有投产后泄漏检测修复计划，并配套了聚合釜超压安全阀放散收集、火炬引燃及工作状态监控设施等事故废气应对措施。

根据《石油化学工业污染物排放标准》（GB 31571—2015），含苯系物、氰化物废水应单独收集、储存并进行预处理。企业拟用管道将剩余的二次汽提冷凝液 W1 和真空系统废水 W2 输送至密闭的废水处理站,通过调节均质、絮凝沉淀、二沉、砂滤和活性炭吸附处理后,再与聚合釜冲洗水 W1、研发废水、循环水和脱盐水系统排水、生活污水混合后,达标纳管进入园区污水管网。废水处理站产生的污泥经压滤、干化后装袋送固废仓库中的危废暂存间。项目各类危废均在危废暂存间密闭暂存。

环境影响评价文件编制单位根据生产装置、罐区、原料和产品仓库、废水处理站的物料情况和在线量计算了 Q 值;按聚合工艺和液体原料罐区计算了 M 值;根据项目周边 5km 范围内人口总数,判断了大气环境敏感程度等级,据此确定出项目大气环境风险潜势。

注:丙烯腈为高毒物,丙烯酸及 MMA 具有刺激性气味,单体均为易燃物料;助剂包括引发剂、乳化剂、链转移剂、终止剂、配位剂、消泡剂、中和剂、杀菌剂、还原剂、表面活性剂、催化剂、阻聚剂等,在不同操作环节根据需要加入;丁苯胶乳水含量约为 50%,不属于挥发性有机液体。

问题:

(1) 大气环境风险潜势的确定内容是否完整? 说明理由。

(2) 给出生产单元和环保设施产生的危险废物。

解析:

(1) 不完整。理由:还应调查 500m 范围内的影响人数;应以厂内最大存储量及最大在线量核算 Q 值;不应仅调查聚合工艺,还应调查其他工艺(如高温高压工艺),核算 M 值。

(2) ①生产单元产生的危险废物:油相 S1,聚合物 S2、S3,污水处理工艺产生的污泥,质检中心产生的质检废物。②环保设施产生的危险废物:丙烯腈、丁二烯的废包装容器、废包装桶、废活性炭。

案例二

华东某原油管道工程建于 1978 年,全长 65km,总体自东向西走向,设计年常温输出量为 $1\,800\times10^4\,t$,设计压力为 4.2MPa,全线设 A~H 共 8 座输油站,32 个截断阀,其中 A 为首站,H 为末站,B~G 为中间站,管道采用外径 720mm、壁厚 6mm 的螺旋焊缝钢管,钢管外壁采用石油沥青玻璃布防腐和阴极保护措施。C、D 中间站之间的管道位于平原区,走向为管道出 C 中间站,向西 12km 处穿越 R 河,穿越 R 河后继续西行 23km 设手动截断阀,然后向西再经过 15km 达到 D 中间站。

C 中间站具有分输功能,站内主体设施包括 4 座用于中转和存储原油的 $10\times10^4\,m^3$ 的外浮顶罐;2 座分别用于储存污油和泄放油的 $2\,000m^3$ 的固定顶储罐,4 台输油泵,8 个紧急切断阀,1 个中控室;环保设施包括 1 套含油污水处理设施,1 套生活污水处理设施,1 个约 $30m^2$ 的危废存储间,1 座备有围油栏、收油机、布栏艇等的应急物资库。该管道工程目前实际年输油量为 $1\,500\times10^4\,t$。

安全隐患整治发现,受上游沙闸长期汛期排洪影响,穿越 R 河的管段有 70m 露出河床需实施相应的改线。改线工程拟将穿河管线向下游平移 0.8km,再自东向西敷设

1.2km 并穿越 R 河,最后自北向南敷设 0.8km 至 L 点与原管连接。改线工程建设内容为:新建管线总长 2.8km,拆除旧管道总长为 1.2km,在 C 站以西 14.3km 外新建一个永久占地 30m² 的截断阀(内设一个远控截断阀),改线工程管材为直缝埋弧焊钢管,外径和壁厚不变,外壁采用三层 PE 加强防腐和阴极保护措施,改线段运营由 C 站负责,改线工程实施后该管道工程每千米管段内原油最大存在量为 400t。

C、D 中间站之间沿线多为耕地,农作物有小麦、玉米、蔬菜等。距 L 连接点南侧 110m 和 340m 分别有甲村(350 户,1 440 人)、乙村(200 户,1 000 人)。R 河为三类水体,自南向北流向,改线管道穿越河槽宽 100m,两堤间宽 220m。两岸有耕地,分别有杨树、低矮灌丛。下游 7.5km 处为某既有饮用水水源保护区上边界。

陆地管线施工设置 12m 宽施工带,管沟挖深 2.5m,宽 2m。施工过程包括挖沟、布管、吊管入沟、组焊、试压、回填及场地恢复。

改线管道 R 河穿越段施工采用定向钻穿越方式,在河床底部最深处可达 15m,穿越长度 500m。在 R 河两岸分别设一个占地 2 000m² 施工场地,场地内布置有料棚,泥浆配制间和泥浆池等设施。泥浆主要成分为膨润土,添加少量纯碱和羟甲基纤维素钠。定向钻施工过程产生的钻屑、泥浆循环利用,施工结束后,废弃泥浆及钻屑属于一般工业固体废物。

旧管道拆除包括开挖、管道两段的封堵、抽出原油、管道清洗、分段切割、取出管道及回填恢复地貌等作业。旧管道拆除抽出的原油及管道清洗产生的油泥、含油污水等依托 C 站现有设施处理或暂存。经测定,本项目环境风险评价等级为二级,新建阀室土壤环境影响评价等级为三级,改线管道土壤环境影响评价等级为二级。

根据《建设项目环境风险评价技术导则》原油的临界量为 2 500t。

问题:

(1) 收集与处理旧管道拆除环节的原油、油泥及含油废水分别可依托 C 站哪些设施?

(2) 指出截断阀与改线管道段土壤环境质量现状监测点的布点类型和数量。

(3) 给出陆地管道开挖与回填施工应采用的生态保护措施和恢复措施。

(4) 计算改线管道段环境风险评价的 Q 值。

(5) 环境风险评价时,用甲、乙两村总人数判断大气环境敏感程度是否合理? 说明理由。

解析:

(1) ①原油依托 4 座用于中转和存储原油的 $10 \times 10^4 m^3$ 的外浮顶罐。②油泥依托 30m² 的危废存储间。③含油废水依托含油污水处理设施。

(2) ①限制作业带宽度(或作业带宽度不超过 12m),减少占地。②分层开挖、表土单独保存、挖出土分层堆放、回填时反序回填。③回填后及时恢复为耕地,种植当地农作物,管道中心线两侧 5m 范围内不得种植深根系植物(或不得种植杨树、低矮灌丛)。

(3) ①截断阀:土壤环境影响评价等级为三级,属于污染影响型,占地范围内布置 3 个表层样点。②改线管道段:土壤环境影响评价等级为二级,属于污染影响型,占地范围内布置 3 个柱状样点、1 个表层样点,占地范围外布置 2 个表层样点。

(4) $Q=(14.3+2.8-1.2)\times400\div2\,500=2.544$。

(5) 不合理。理由：石油管线判断大气环境敏感程度依据是管道周边 200m 范围内的人口数量，乙村距管道为 340m，超过 200m 范围，不应计乙村人数。

案例三

某原油管道工程设计输送量为 800 万 t/a，管径为 72mm，壁厚为 12mm，全线采用 3 层 PE 防腐和阴极保护措施。经路由优化后，其中一段长 52km 的管线走向为：西起 A 输油站，向东沿平原区布线，于 20km 处穿越 B 河，穿越 B 河后设 C 截断阀室，管线再经平原区 8km、丘陵区 14km、平原区 10km 布线后向东到达 D 截断阀室。

A 输油站内有输油泵、管廊、燃油加热炉、1 个 2 000m³ 拱顶式泄放罐、紧急切断阀、污油池和生活污水处理设施。沿线环境现状：平原区主要为旱地，多种植玉米、小麦或棉花；丘陵山区主要为次生性针阔混交林和灌木林，主要物种为黑松、刺槐、沙兰杨、枸杞、沙棘、荆条等，林下草本植物多为狗尾草、狗牙根和蒲公英等；穿越的 B 河为Ⅲ类水体，河槽宽 100m，两堤间宽 200m，自北向南流向，丰水期平均流速为 0.5m/s，枯水期平均流速为 0.2m/s；管道穿越河流处下游 15km 为一县级的饮用水水源保护区上边界。

陆地管道段施工采用大开挖方式，管沟深度 2~3m，回填土距管顶 1.2m 左右，施工带宽度均按 18m 控制，占地为临时用地。管道施工过程包括清理施工带宽地表、开挖管沟、组焊、下管、清管试压和管沟回填等。

B 河穿越段施工采用定向钻穿越方式，深度在 3~15m，在河床底部最深处可达 15m，穿越长度为 480m。在西河堤的西侧和东河堤的东侧分别设入、出土点施工场地，临时占用约 0.8hm² 的耕地。场地内布置钻机、泥浆池和泥浆收集池、料场等。泥浆池规格为 20m×20m×1m，泥浆主要成分为膨润土，添加少量纯碱和羟甲基纤维素钠。定向钻施工过程产生的钻屑、泥浆循环利用施工结束后，泥浆池中的废弃泥浆含水率 90%。弃泥浆及钻屑均属于一般工业固体废物。

为保证 B 河穿越段管道的安全，增加了穿越段管道的壁厚，同时配备了数量充足的布栏艇、围油栏及收油机等应急设施。

工程采取的生态保护措施：挖出土分层堆放、回填时反序分层回填，回填后采用当地植物恢复植被。

问题：

(1) 找出 A 输油站运营期废气污染源及其污染因子。

(2) 给出大开挖段施工带植被恢复的基本要求。

(3) 分别给出废弃泥浆和钻屑的处理处置建议。

(4) 为减轻管道泄漏对 B 河的影响，提出需要考虑的风险防范和应急措施。

解析：

(1) ①废气污染源为燃油加热炉烟囱，污染因子是二氧化硫氮氧化物、烟尘（颗粒物）。②废气污染源为拱顶式泄放罐无组织废气，污染因子是非甲烷总烃（VOCS）。③废气污染源为生活污水处理设施无组织废气，污染因子是硫化氢、氨气、臭气浓度。④废气污染源为污油池无组织废气，污染因子是非甲烷总烃。

（2）①管沟挖出土分层堆放，表层土单独堆放，用反序分层方式回填覆土。②优先采用当地物种进行植被恢复。③管道中心线两侧的 5m 范围内种植浅根性植被，如林下草本植物（狗尾草、狼牙根和蒲公英等）。④平原旱地区恢复为耕地（玉米、小麦或棉花等）。⑤回填前，对施工地表进行清理。

（3）①钻屑送固废填埋场或用于铺路材料，或按一般工业固体废物规定处置。②废弃泥浆干化后送固废填埋场或按一般工业固体废物规定处置。③废弃泥浆经相关部门同意后，选择场地直接固化填埋。

（4）①穿越 B 河前增设截断阀室。②提高管材等级。③采用套管。④加强巡护。⑤制定应急预案。

思 考 题

（1）举例说明环境风险的特点。

（2）环境风险评价的程序包括哪几个阶段？每个阶段的主要内容是什么？

（3）与其他环境要素的影响评价相比，环境风险评价有何特点？

污染防治措施

针对各类环境影响应采取相应的减缓措施,我国环境影响评价中尤其强调废水、废气、固体废弃物和噪声等的污染防治措施。本章在介绍污染控制方法原理的基础上,结合环境影响评价中对污染防治措施的要求,介绍了污染防治措施技术经济可行性论证的内容和方法。

第一节 概 述

一般来说,生产型建设项目投入运营后,会有各类废弃物如废水、废气、固体废弃物和噪声等产生,必须采取适当的控制措施,使之达到相关国家或地方排放标准后再排放,以减少对环境的影响。为此,在环境影响评价中,应对拟采用的各类污染控制措施进行技术、经济可行性论证,从处理工艺、处理能力、处理效果、二次污染、总量控制要求等方面,评述其长期稳定达标排放的技术可行性和经济合理性,为今后的污染控制工程设计起到指导作用。

总体而言,对于新建项目,应通过工程分析充分了解建设项目的污染物产生特点,在充分调查同类企业的污染物控制方法及其实际运行的技术、经济指标和经验教训的基础上,提出本项目拟采用的各类污染控制措施;对于技改、扩建项目,则应通过分析现有项目采用的污染处理措施、实际运行情况、达标率和存在问题等,提出改进意见,用于完善技改、扩建项目的污染防治措施。

提出初步拟采用的各项污染防治措施后,应对其技术可行性进行论证,并加以完善;同时,应逐项匡算其投资,分析污染防治设施投资构成及其在总投资中占有的比例,估算各项污染防治措施的运行费用,从而得到项目污染防治措施的经济合理性分析结果。如果拟采用的污染防治措施投资在总投资中占有比例过大,或运行费用过高,会影响建设项目投运后污染防治措施的长期稳定运行,此时应通过调整拟采用的污染防治措施的工艺、设备等,再次匡算其投资和运行费用,直至达到合适的技术经济性指标,最终完成污染防治措施的技术经济可行性论证。

第二节　废水处理方法及工艺流程

一、废水处理技术分类

现代废水处理单元技术按应用原理可分为物理法、化学法、物理化学法和生物法四大类。物理法是利用物理作用来分离废水中的悬浮物或乳浊物,常见的有格栅、筛滤、离心、澄清、过滤、隔油等方法;化学法是利用化学反应的作用来去除废水中的溶解物质或胶体物质,常见的有中和、沉淀、氧化还原、电化学、焚烧等方法;物理化学法是利用物理化学作用来去除废水中溶解物质或胶体物质,常见的有混凝、气浮、离子交换与吸附、膜分离、萃取、汽提、吹脱、蒸发、结晶等方法;生物处理法是利用微生物代谢作用,使废水中的有机污染物和无机微生物营养物转化为稳定、无害的物质,常见的有活性污泥法、生物膜法、厌氧生物消化法、稳定塘与湿地处理等。生物处理法也可按是否供氧而分为好氧处理和厌氧处理两类,前者主要有活性污泥法和生物膜法两种,后者包括各种厌氧消化法。

从作用上分,废水处理方法又可分为分离和无害化技术两大类。沉淀、过滤、蒸发结晶、离心、气浮、吹脱、膜分离、离子交换与吸附等单元技术均属于分离方法,其实质是将物质从混合物中分离出来或从一种介质转移至另一种介质中。分离方法通常会产生一种或几种浓缩液或废渣,需进一步处置,这些浓缩液或废渣是否能得到妥善处置常成为该分离方法应用的制约因素;氧化还原、化学或热分解、生化处理等属于污染物的无害化技术,可将污染物逐步分解成简单化合物或单质,达到无害化的目的。

按处理程度,废水处理方法又可分为一级、二级和三级处理。生活污水与工业废水的处理分级有所不同。生活污水一级处理的任务是从废水中去除呈悬浮状态的固体,为达到分离去除的目的,多采用物理处理法中的各种处理单元;二级处理的任务是大幅度地去除废水中呈胶体和溶解状态的有机污染物以达到排放标准,多采用生物处理方法;三级处理属于深度处理,通过进一步去除前两级未能去除的污染物,达到回用的目的。工业废水处理则可分为预处理、高级处理和深度处理等三级处理。预处理的作用首先是回收废水中有用物质;预处理的第二个作用是调节水质参数,保证后面高级处理工序的正常运行,如在吸附、离子交换、膜分离等单元方法前,通过预处理将废水中悬浮物等机械杂质降到相当低的程度;预处理的第三个作用是降低后道处理单元的负荷。工业废水的高级处理是通过化学、物理化学或生物方法进一步回收废水中有用物质或基本达到排放标准。工业废水的深度处理是通过更精细的处理过程如物理化学过程等,消除废水中微量污染物,达到更严格的排放标准或回用要求。

废水处理流程的研制。应根据工程分析得到的各废水源源强、所含有的污染因子种类和排放要求,设计完成由一个或多个工艺单元构成的完整处理流程,并对该研制流程进行投资估算和运行费用估算,得到最终的处理流程技术和经济可行性评估结论。

二、废水的物理处理方法

（一）均和调节

为尽可能减小或控制废水水质、水量的波动,在废水处理系统的前端或中间,设置均匀调节池。

根据调节池的功能,调节池分为均量池、均质池、均化池和事故池。

1. 均量池

均量池的主要作用是均化水量,常用的均量池有线内调节式和线外调节式两种。由于工业废水的水质变化甚于水量变化,因此单纯的均量池很少,大多同时具有均质池的功能。

2. 均质池

均质池又称水质调节池,其作用是将不同时间或不同来源的废水进行混合,使出流水质比较均匀。当废水源在不同时间段水质变化较大或有多股废水需经同一处理设施处理时须设置均质池。

常用的均质池形式有泵回流式、机械搅拌式、空气搅拌式和水力混合式等。前三种形式利用外加的动力,其设备较简单,效果较好,但运行费用高;水力混合式无须搅拌设备,但结构较复杂,容易造成沉淀堵塞等。

3. 均化池

均化池兼有均量池和均质池的功能,既能对废水水量进行调节,又能对废水水质进行调节。如采用表面曝气或鼓风曝气时,除避免悬浮物沉淀和出现厌氧情况外,还可以有预曝气的作用。

4. 事故池

事故池主要用于承受事故生产系统的废液(酸、碱、盐类及低挥发性有机废液,易挥发有机废液不宜收进事故池)、废水和火灾、爆炸时救援产生的消防废水等。环境风险系数较高的建设项目应当根据生产系统可能的事故废液、废水量以及火灾时消防用水量、罐体冷却用水量等估算事故池容积。

（二）隔滤

1. 格栅与筛网

筛滤截留法是指利用留有孔眼的装置或由某种介质组成的滤层,截留废水中粗大的悬浮物和杂物,以保证后续处理设施能正常运行的一种预处理方法。

各类格栅常用于生活污水处理系统的前端,工业废水中粗大的杂物通常较少,故较少使用。

2. 过滤

废水处理中过滤的目的是去除废水中的微细悬浮物质,常用的过滤设备有滤池、各种过滤机等。

滤池是一类粗过滤设备,类型很多,按外壳材料可分为钢制或水工构筑物池;按滤速的大小可分为慢滤池(滤速<0~4m/h)、快滤池(滤速为 4~10m/h)和高速滤池(滤速为

10～60m/h）；按水流过滤层的方向可分为上向流、下向流、双向流、径向流等；按滤料种类可分为砂滤池、煤滤池、煤—砂滤池等；按滤料层数可分为单层滤池、双层滤池、多层滤池；按水流性质可分为压力滤池（水头为 15～35m）和重力滤池（水头为 4～5m）等。

工业废水处理设施中常用的过滤机按其过滤精度可分为粗过滤设备和精密过滤设备两大类。粗过滤设备包括板框压滤机、厢式压滤机、带式过滤机等，这些设备常用于废水沉淀渣打脱水和生物处理的剩余污泥的脱水处理等；精密过滤设备包括微孔过滤机、滤筒过滤机、袋式过滤机等，常用于较高级的处理单元如吸附、离子交换、萃取、膜分离、电化学装置等之前的预处理。

各类滤池在运行过程中会产生反冲洗污水，含高浓度悬浮物，需送沉淀池或过滤设备等处理。各类过滤机在运行过程中产生的滤渣应通过资源综合利用、焚烧或其他方法加以妥善处置。

（三）沉砂与沉淀

1．沉砂池

沉砂池一般设置在泵站和沉淀池之前，用以分离废水中密度和颗粒较大的砂粒、灰渣等无机固体颗粒。

平流沉砂池是最常用的一种形式，它的截留效果好、工作稳定、构造简单、造价低。

曝气沉砂池集曝气和除砂为一体，由于池中设有曝气设备，具有预曝气、脱臭、防止污水厌氧分解、除油和除泡等功能，可去除一部分易挥发的有机物、无机物和 COD 等，为后续的沉淀、曝气和污泥消化池的正常运行以及污泥的脱水提供有利条件。但若脱除有恶臭、高毒性易挥发物质时，可能会造成大气无组织排放污染，因此不宜采用。

冶金、烟气处理产生的废水常采用沉砂池进行治理。

2．沉淀池

沉淀是水中的固体物质在重力的作用下下沉，从而与水分离的一种过程。

在废水处理系统中，沉淀池有多种功能，主要的作用是去除悬浮物，为后续处理单元创造工作条件。在生物处理前设初沉池，可减轻后续处理设施的负荷，保证生物处理设施功能的发挥；在生物处理设备后设二沉池，可分离生物污泥，使处理水达到一定的澄清度要求。

根据池内水流方向，沉淀池类型可分为平流式、辐流式和竖流式等。

平流式沉淀池中废水沿池长水平流动通过沉降区并完成沉降过程，是最常用的沉淀池类型，有一定长宽比要求，占地面积较大。

辐流式沉淀池是一种直径较大的圆形池，常用于大型污水处理工程中。

竖流式沉淀池的池面多呈圆形或正多边形，其特点是占地面积小。

（四）离心分离

所谓离心分离，是在离心力的作用下利用悬浮物与水的密度不同将其分离，多用于黏度较高的污泥脱水等固液分离，常用的设备或设施有离心机、水力旋流器、旋流沉淀池、甩干机等。

（五）隔油

采用自然上浮法去除可浮油的设施,称为隔油池。

常用的隔油池有平流式隔油池和斜板式隔油池两类。平流式隔油池的结构与平流式沉淀池基本相同。隔油分离出的油渣,应根据实际组成进行综合利用或焚烧处置。

（六）吹脱

吹脱法用以脱除废水中的溶解气体和某些易挥发溶质。吹脱时,使废水与空气充分接触,废水中的溶解气体和易挥发的溶质穿过气液界面,向气相扩散,从而达到脱除污染物的目的。若将解吸的污染物收集,可以将其回收或制取新产品。

吹脱曝气既可以脱除原存于废水中的溶解气体,也可以脱除化学转化而形成的溶解气体。例如,废水中的硫化钠和氯化钠是固态盐在水中的溶解物,它们是无法用吹脱曝气法从废水中分离出来的。但是,硫化钠和氰化钠都是弱酸强碱盐,在酸性条件下,S^{2-}和CN^-能与H^+反应生成H_2S和HCN,用曝气吹脱,就可将污染物(S^{2-}、CN^-)以H_2S、HCN形式脱除。这种吹脱曝气称为转化吹脱法。

为了使吹脱过程能顺利进行,往往需要对废水进行一定的预处理,主要目的是去除悬浮物、除油、调整酸度、调节温度和压力。常见的预处理包括以下几种。

1. 澄清

废水中的各种悬浮物能引起传质设备阻塞,因此必须通过澄清处理将废水中的悬浮物浓度降低到一定水平。

2. 除油

废水中的油类污染物能包裹在液滴外面,从而严重影响传质过程,应预先去除。

3. 调整酸度

废水中污染物的存在状态与酸碱度有关。如表 11.1 所示,pH 值越低,游离的 H_2S 百分含量就越高。若 pH≤5,则可将其全部从废水中吹脱出来。

表 11.1　pH 值与游离 H_2S 的关系

pH 值	5	5.5	6	6.5	7	7.5	8	8.5	9	9.5	10
游离 H_2S/%	100	97	95	83	64	40	15	4	2	1	0

又如,水体中 NH_3 的浓度可用式(11-1)表示。

$$C_{NH_3} = C_{OH^-} \times C \div (C_{OH^-} + K_b) \qquad (11-1)$$

式中:C_{NH_3}—氨的浓度;C_{OH^-}—氢氧根浓度,mol/L;C—废水中氨氮总浓度,mol/L;$C = C_{NH_3} + C_{NH_4^+}$;$K_b$—氨的离解常数。此式说明,废水中游离氨的浓度随废水中氨氮总浓度的增加而增加,随 pH 值和温度的增加而增加。

4. 加热

气体的溶解度随温度的升高而降低,欲获得高的解吸率,往往要对废水预加热。例如,常压下,二氧化硫在 20℃解度为 11g/100g 水,而温度升至 50℃时,溶解度降至 4g/100g 水。又如,氰化氢在 40℃下脱除率极低,当高于 40℃,脱除率随温度的升高而迅速增加。

5. 负压

根据亨利定律,欲脱除水中的溶解气体,有两种途径:在液面上气体压力不变的条件下,提高废水温度;在一定的温度条件下,尽量减少气体在液面上的压力。在实际工程中,往往一方面通过提高废水水温,另一方面通过不断供应新鲜空气和采用真空操作的方法来达到迅速脱除水中有害气体的目的。

采用吹脱法处理废水时最重要的问题是防止二次污染。吹脱过程中,污染物不断地由液相转入气相,当其逸出的浓度和速率超过排放标准时,便造成所谓的二次污染。因此,吹脱法逸出的气态污染物,当排放浓度和速率符合排放标准时,可向大气排放;中等浓度的气态污染物,可以导入炉内燃烧;高浓度的气态污染物,则应回收利用。

(七)汽提法

汽提法是用来脱除废水中的挥发性溶解物质的,其实质是:通过与水蒸气的直接接触,使废水中的挥发性物质按一定比例扩散到气相中去,从而达到从废水中分离污染物的目的。

汽提法分离污染物的原理视污染物的性质而异,一般可归纳为以下两个方面。

1. 简单蒸馏

对于与水互溶的挥发性物质,利用其在气液平衡条件下,在气相的浓度大于在液相的浓度这一特性,通过蒸汽直接加热,使其在沸点(水与挥发物两沸点间的某一温度)下按一定比例富集于气相。

2. 蒸汽蒸馏

对于与水不互溶或几乎不互溶的挥发性污染物质,利用混合液的沸点低于两组分沸点这一特性,将高沸点挥发物在较低温度下加以分离除去。例如废水中的松节油、苯胺、酚、硝基苯等物质,在低于100℃的条件下,用蒸汽蒸馏法可将其有效脱除。

汽提法通常应用于以下两种情况:一是回收废水中有用物质,特别是废水中与水不互溶或几乎不互溶的挥发性污染物质,通过汽提一分层法可以得到回收;二是某些高毒性或具有特殊性质如难以生物降解的污染物,因其在水中浓度过低不易处理,可通过汽提法富集后再采用适当的方法进行处理。

(八)蒸发、结晶

所谓蒸发、结晶,是指加热蒸发溶剂,使溶液由不饱和变为饱和,再继续蒸发,过剩的溶质就会呈晶体析出的过程。蒸发时耗能很大,效率也较低,为了节能和提高效率,常采用多级闪蒸和多效蒸发等工艺。

所谓闪蒸,是指一定温度的溶液在压力突然降低的条件下,部分溶剂急骤蒸发的现象。多级闪蒸是将经过加热的溶液,依次在多个压力逐渐降低的闪蒸室中进行蒸发,将蒸汽冷凝而得到淡水。

在多效蒸发中,通入新鲜蒸汽的蒸发器为第一效,第一效蒸发器中水溶液蒸发时产生的蒸汽称为二次蒸汽。利用第一效蒸发器的二次蒸汽进行加热的蒸发器为第二效,以此类推。由于除末级外的各效蒸发器的二次蒸汽都作为下一级蒸发器的加热蒸汽,因此就提高了新鲜蒸汽的利用率,即对于相同的总蒸发水量 W,采用多效蒸发时所需的新鲜蒸汽 D 将远小于单效。热损失、温差损失和不同压力下汽化热有很大差别,工业上最小的 D/W 值见表 11.2。

表 11.2 蒸发 1kg 水所需的新鲜蒸汽 单位:kg

效数	单效	双效	三效	四效	五效
$(D/W)/\min$	1.1	0.57	0.40	0.30	0.27

环境工程中,常采用多效蒸发处理含盐量较高的废水,以脱除废水中大部分盐分,使其适合后续生化等处理单元的要求。

采用多效蒸发法处理高含盐废水需注意的问题有两个:一是当废水中含有低沸点组分时,应在蒸发器后接冷凝设备,将低沸点组分与末级的二次蒸汽冷凝收集后进行必要的处理,避免造成对大气的二次污染;二是蒸发析出的盐渣中含有大量污染物,必须经分离、精制处理后才可作为工业用盐。如难以分离、精制,则盐渣将成为固废或危废,此时不宜采用蒸发析盐方法。

三、废水的化学处理方法

(一)中和处理

中和主要是指对酸性、碱性废水的处理。

常用的碱性中和药剂有石灰(CaO)、石灰石($CaCO_3$)和氢氧化钠($NaOH$)等,由于碱性中和药剂多为固体粉状,劳动条件较差,因此应采取一定的措施控制投加过程中产生的粉尘等。

常用的酸性中和药剂主要是无机酸,如盐酸、硫酸等。使用盐酸的优点是反应产物的溶解度大,泥渣量小,但出水的溶解性总固体和氯离子浓度高。使用硫酸时,如果废水中含有的是钙盐,则会产生大量的硫酸钙沉淀,当废水中有机物或重金属浓度高时,硫酸钙沉淀夹带有机物或重金属共沉而成为危险固废;当后续处理单元中有厌氧段时,厌氧会将水中的硫酸根还原为硫化氢和单质硫,形成硫化氢气体和水中硫化物的二次污染,故不宜采用硫酸为中和剂。

当采用化工副产的酸、碱作为中和剂时,要注意其是否含有较多的有机物,特别是毒性较大的有机物以及重金属,以防在中和过程中带进新的污染因子,使水质恶化。

药剂中和法的优点是可处理任何浓度的酸性、碱性废水,允许废水中有较多的悬浮杂质,对水质、水量的波动适应性强,且中和过程易调节;缺点是劳动条件差,药剂配制及投加设备较多,泥渣多且脱水难,易形成二次污染。

从废弃物综合利用的角度出发,在一定的条件下,可以将酸性废水与碱性废水互相中和,但需清楚了解各自的污染因子组成以及可能发生的化学作用,避免水质复杂化或二次污染。

中和处理的另一用途是通过中和,使废水中的有机酸、有机碱等物质在一定的酸碱度下析出而被分离。如涤纶碱减量废水中含有高浓度的对苯二甲酸,通过调节废水至酸性后,对苯二甲酸溶解度降低而析出,不但可回收,而且因对苯二甲酸析出后废水的 COD 得以大幅度降低,有利于后续生化处理。

(二)化学沉淀

化学沉淀法是向废水中投加某些化学药剂(沉淀剂),使其与废水中溶解态的污染物直接发生化学反应,形成难溶的固体生成物,然后进行固废分离,除去水中污染物的过程。废水中的重金属离子(如汞、镉、铅、锌、镍、铬、铁、铜等)、碱土金属(如钙、镁)、某些非重金属(如砷、氟、硫、硼)以及一些有机物均可采用化学沉淀法去除。

化学沉淀法的工艺过程:投加化学沉淀剂,与水中污染物反应,生成难溶的沉淀物析出;通过凝聚、沉降、浮上、过滤、离心等方法进行固液分离;泥渣的处理和回收利用。

(三)氧化/还原处理

利用有毒有害污染物在化学反应过程中能被氧化或还原的性质,改变污染物的形态,将它们变成无毒或微毒的新物质或者转化成容易与水分离的形态,从而达到处理的目的,这种方法称为氧化/还原法。

按照污染物的净化原理,氧化/还原处理方法包括药剂法、电化学法(电解)和光化学法三大类。

废水中的有机污染物(如色、嗅、味、COD)以及还原性无机离子(如 CN^-、S^{2-}、Fe^{2+}、Mn^{2+} 等)可通过氧化法消除其危害,而废水中的许多金属离子(如汞、铜、镉、银、金、六价铬、镍等)可通过还原法去除。废水处理中最常采用的氧化剂是空气、臭氧、氯气、次氯酸钠和过氧化氢;常用的还原剂有硫酸亚铁、亚硫酸氢钠、硼氢化钠、铁屑等。

尽管与生物氧化法相比,化学氧化/还原法需较高的运行费用,但对于有毒工业废水,化学氧化/还原法作为一种预处理方法,可以破坏对生物具有毒性的基团,降解大分子有机物,为后续处理单元提供条件,因此各种化学氧化/还原法特别是催化化学氧化/还原法在农药中间体、医药中间体、染料中间体及其他难处理废水中的应用越来越广泛。

应用化学氧化/还原法需要注意的是,某些化学氧化/还原剂会与废水中的某些物质反应生成毒性更高的污染物,因此,应在充分调研废水组分的前提下采用。

四、废水的物理化学处理方法

(一)混凝澄清法

混凝是在混凝剂的离解和水解产物作用下,使水中的胶体污染物和细微悬浮物脱稳,并凝聚为具有可分离的絮凝体的过程。

混凝沉淀的处理过程包括投药、混合、反应及沉淀分离。

澄清池是用于混凝处理的一种设备。在澄清池内,可以同时完成混合、反应、沉淀分离过程。澄清池大致分为两大类:一类是悬浮泥渣型,有悬浮澄清池、脉冲澄清池;另一类是泥渣循环型,有机械加速澄清池和水力循环加速澄清池。目前常用的是机械加速澄清池,多为圆形钢筋混凝土结构。

(二)浮选法

浮选法是通过投加混凝剂或絮凝剂使废水中的悬浮颗粒、乳化油脱稳、絮凝,以微小气泡作载体,黏附水中的悬浮颗粒,随气泡夹带浮渣升至水面,通过收集泡沫或浮渣来分离污染物。

浮选法主要用于处理废水中靠自然沉降或上浮难以去除的浮油,或相对密度接近于1的悬浮颗粒。浮选过程包括气泡产生、气泡与颗粒附着以及 E 浮分离等连续过程。

按水中气泡产生的方式,浮选法分为溶气浮选法、布气浮选法和电解浮选法。其中溶气浮选法中的加压溶气浮选法应用最广泛。

(三) 吸附与离子交换

吸附就是使液相中的污染物转移到吸附剂表面的过程。活性炭是早期最常用的吸附剂,而现代常用的工业吸附剂是各类吸附树脂、活性炭纤维等高效吸附材料。在工业废水处理中,吸附主要用于回收废水中有用物质。活性炭吸附装置一般采用固定床、移动床及流动床。

离子交换技术是目前广泛应用的物理化学分离方法。对于工业废水,离子交换主要用来去除废水中的阳离子(如重金属),但也能去除阴离子,如氯化物、砷酸盐等。离子交换操作是在装有离子交换剂的交换柱中以过滤方式进行的,整个工艺过程包括交换、反冲洗、再生和清洗四个阶段,各个阶段依次进行,形成循环。

无机离子交换剂如沸石等,晶格中有数量不足的阳离子,也可以由合成的有机聚合材料制成,聚合材料有可离子化的官能团,如磺酸基、酚羟基、埃基、氨基等。

有机合成的离子交换树脂有可用于阳离子交换的,如有磺酸基、酚羟、梭基等官能团的树脂,也有可用于阴离子交换的,如含有季胺基、伯胺基等官能团的树脂。

移动床的运行操作方式:原水从下而上流过吸附层,吸附剂由上而下间歇或连续移动。由于原水从塔底进入,水中夹带的悬浮物随饱和炭排出,因此不需要反冲洗设备,对原水预处理的要求较低,操作管理方便。流动床是一种较为先进的床型,吸附剂在塔中处于膨胀状态,塔中吸附剂与废水逆向连续流动。由于吸附剂保持流化状态,与水的接触面积大,因此设备小而生产能力大,基建费用低。

虽然现代离子交换与吸附剂具有一定的选择吸附性,但该性能吸附选择性受到多种因素影响,常常不能达到理想的程度。例如工业废水中含有具有可回收价值的物质,同时,常常也含有非常复杂极易被吸附的大分子有机色素物质,因此,脱附液或再生液中除了含有高浓度的被吸附(交换)物质外,常常呈现高色度,必须经净化、提纯,分离除去这些杂质后才能得到较纯净的回收物质。脱附液或再生液的净化、提纯一般可采取沉淀、精馏等方法,各种杂质、有机色素等被分离进入废渣或废液,最终送焚烧或安全填埋处置。因此,如果废水中没有回收价值足够高的物质,采用吸附(离子交换)方法不符合经济可行性原则。

(四) 萃取

废水的萃取处理是利用分配定律的原理,用一种与水不互溶,而对废水中某种污染物溶解度大的有机溶剂,从废水中分离除去该污染物的方法。

萃取剂的性质直接影响萃取效果,也影响萃取费用。在选择萃取剂时,一般应考虑以下几个方面的因素。

(1) 萃取剂应有良好的溶解性能。一是对萃取物溶解度要高；二是萃取剂本身在水中的溶解度要低。由分配定律可知，萃取物在萃取剂中的溶解度越大，分配系数越大，分离效果也就越好，相应地，萃取设备也越小，萃取剂用量也越少；酚的萃取剂分配系数见表 11.3。

表 11.3　某些萃取剂萃取酚的分配系数

萃取剂	苯	重苯	中油	杂醇油	异丙醇	三甲酚磷酸酯	醋酸丁酯
分配系数	2.2	2.5	2.5	8	20	38	50

(2) 萃取剂与水的比重差要大。两者的比重差越大，萃取相与萃余相就越容易分层分离。合适的萃取剂应该是两液相在充分搅拌混合后，分层分离的时间不大于 5min。

(3) 萃取剂要容易再生。萃取剂与萃取物的沸点差要大，两者不形成恒沸物。

(4) 价格低廉，来源要广。

(5) 萃取剂应无毒，腐蚀性小，稳定性好，不易燃烧爆炸。

在工业上，萃取剂是循环使用的。萃取后的萃取相需经再生，将萃取物分离后再继续使用。常见的再生方法有以下两种。

1. 物理法

利用萃取剂与萃取物的沸点差，采用蒸馏或蒸发方法来分离。例如，用醋酸丁酯萃取废水中的酚时，单元酚的沸点为 18～202.5℃，醋酸丁酯为 116℃，两者的沸点差较大，控制适当的温度，采用蒸馏法即可将两者分离。

2. 化学法

投加某种化学药剂使它与萃取物形成不溶于萃取剂的盐类，从而达到两者分离的目的，即为化学法。例如，用重苯或中油萃取废水中的酚时，往萃取相中投加浓度为 2%～20% 的苛性钠，使酚形成酚钠盐结晶析出。化学再生法使用的设备有板式塔和离心萃取机等。

根据萃取剂(或称有机相)与废水(或称水相)接触方式的不同，萃取作业可分为间歇式和连续式两种。根据两者接触次数(或接触情况)的不同，萃取流程可分为单级萃取和多级萃取两种，后者又分为"错流"与"逆流"两种方式。

萃取法存在的问题主要是萃取剂的残留，这种残留可由于两种原因造成：一种是任何一种萃取剂在水中都有一定的溶解度，因此即使分层分得非常好，处理尾水中也将含有等于或大于其自身溶解度的萃取剂；另一种是分层后分离不彻底造成萃取剂的流失，形成原因主要是萃取工艺参数不合理或设备落后所致。残留的萃取剂易成为新的污染物，在后续处理单元中应加以考虑。

（五）反渗透

在自然状态下，当半透膜两侧存在不同浓度的溶液时，稀溶液中的水分子将通过半透膜进入浓溶液一侧。如果在浓溶液一侧加足够的压力，则浓溶液中的水分子将通过半透膜逆向扩散到稀溶液中去，这就是反渗透。

反渗透作为一种分离方法有以下特性。

（1）有机物比无机物易分离。

（2）电解质比非电解质易分离。对电解质来说，电荷高的分离性好。例如，去除率大小顺序为 $Al^{3+}>Mg^{2+}>Ca^{2+}>Na^+$，$PO_4^{3-}>SO_4^{2-}>Cl^-$。

（3）无机离子的去除率受该离子在水合状态中所特有的水合数、水合离子半径影响，水合离子半径越大的离子（一般离子半径小的离子，其水合离子半径大），则越容易被去除。例如，某些阳离子的去除率大小顺序为 $Mg^{2+}>Ca^{2+}>Li^+>Na^+>K^+$，而阴离子的顺序为 $F^->Cr^->Br^->NO_3^-$。

（4）硝酸盐、高氯酸盐、氰化物、硫氢化物不像氯离子那样容易去除。铵盐的去除效果也没有钠离子好。

（5）对非电解质来说，分子越大的越易去除。

（6）气体容易透过膜，例如氨、氯、碳酸气、硫化氢、氧等气体的分离率就很低。再如，氨的分离率较差，但调整 pH，使之变成铵离子后，分离性就变好。

（7）弱酸，如硼酸、有机酸的去除率较低。

反渗透在常温和没有发生相变化的情况下，就能将水与溶质分离开，因此适合因加热而易变质的物质的浓缩。在药品制造领域内，反渗透可应用于激素、微生物、疫苗、抗生素的分离与浓缩。此外，由于相对能耗较低，反渗透也可作为预浓缩方法来使用，例如，在糖液、牛奶、纸浆废水、放射性废液、重金属盐液、氨基酸等的浓缩，海水、咸水的淡化中都能应用。

反渗透用于工业废水处理时，应对废水进行适当预处理，去除悬浮物、易污染膜的大分子有机物、微生物等。

反渗透法的应用范围如表 11.4 所示。

表 11.4　反渗透法的应用范围

无机化工	海水、地下咸水、河口水的淡化、硬水软化、重金属盐的回收
有机化工	甘油与 NaCl 等这类有机物与无机物的分离，从有机溶剂中回收溶剂，沸点相近的混合物的分离
食品工业	天然果汁、野菜汁液等的浓缩，砂糖溶液的浓缩和去除盐分，咖啡、茶的提取物的分离与浓缩
医药工业	人工肾脏、病毒、细菌的分离，生物碱、激素、维生素、疫苗、抗生素的分离与浓缩
其他	纸浆工业等化学工艺排液的处理，放射性废液处理，从各种排水中回收有用物质

（六）电渗析

电渗析是在离子交换的基础上发展起来的新技术，与离子交换法不同，不需要再生，是利用离子交换膜在直流电场作用下对溶液中电解质的阴、阳离子有选择性透过，从而达到对溶液淡化、提纯、浓缩、精制目的的方法，属于隔膜分离技术。

电渗析器在两级之间交替排列着阳、阴离子选择性透过膜，膜间用隔板隔开，隔板槽起着导水和通过电流的作用。当两极接通直流电源之后，水中的离子发生定向迁移，而阳离子只能通过阳离子交换膜向负极迁移，被浓室中的阴膜截留；阴离子只能通过阴膜向正极方向迁移，被浓室中的阳膜截留。相应地出现水中离子"只出不进"和"只进不出"

的两种隔室。在"只出不进"的隔室(淡室)中离子越来越少,水逐渐被淡化,在相反的"只进不出"的隔室(浓室)中离子越来越多,电介质离子浓度不断升高而成为浓水,从而达到淡化、提纯、浓缩或精制的目的。

电渗析技术的主要特点:对分离组分的高选择性;能耗低、工程投资少;连续运转,自动化程度高;水回收率高;不因化学作用和热降解改变溶液性质;不用化学药剂,预处理要求较低。

电渗析广泛应用于海水和苦咸水淡化、有机物的回收、发酵液提取、电镀废水处理、化纤废水处理、放射性废水处理、电化学再生离子交换树脂等。

(七)超滤

超滤是以压力为推动力,利用超滤膜不同孔径对液体进行分离的物理筛分过程。在压差的推动下,原料液中的溶剂和小的溶质粒子从高压的料液侧透过膜到低压侧,所得到的液体一般称为滤出液或透过液,而大的粒子组分被膜截留,使它在滤剩液中浓度增大,达到溶液的净化、分离与浓缩的目的。

超滤起源于 1748 年,Schmidt 用棉花胶膜或璐膜分滤溶液,当施加一定压力时,溶液(水)透过膜,而蛋白质、胶体等物质则被截留下来,其过滤精度远远超过滤纸,于是他提出"超滤"一词。1896 年,Martin 制出了第二张人工超滤膜。20 世纪 60 年代,分子量级概念的提出,是现代超滤的开始,70 年代和 80 年代是高速发展期,90 年代以后开始趋于成熟。

超滤膜早期用的是醋酸纤维素膜材料,此后还用聚砜、聚丙烯腈、聚氯乙烯、聚偏氟乙烯、氯乙烯醇等以及无机膜材料。膜的孔径为 $0.002\sim0.1\mu m$,截留分子量(CWCO)为 $500\sim500\,000$Dalton,操作压力在 $0.07\sim0.7$MPa。超滤的作用机理是超滤膜的筛滤作用,所以膜对特定物质的排斥性主要取决于物质分子的大小、形状、柔韧性以及超滤的运行条件。

超滤具有以下特点。

(1)可实现物料的高效分离、纯化及高倍数浓缩。

(2)处理过程无相变,对物料中组成成分无任何不良影响,且分离、纯化、浓缩过程中始终处于常温状态,特别适用于热敏性物质。

(3)系统能耗低,与传统工艺设备相比,设备运行费用低,能有效降低生产成本,提高企业经济效益。

(4)系统集成化程度高,结构紧凑,占地面积少,操作与维护简便。

(5)可实现对重要工艺操作参数的在线集中监控。

常用的超滤工艺流程如下。

源水→机械过滤器→活性炭过滤器→精密过滤器→高压泵→超滤主系统

超滤膜技术广泛应用于食品工业、饮料工业、乳品工业、生物发酵、医药化工、生物制剂、中药制剂、临床医学等工业生产领域,也可以用来去除废水中的淀粉、蛋白质、树胶、油漆等有机物,以及黏土、微生物等,还可用于污泥脱水。超滤可以与好氧处理一起组成膜—生物处理工艺,代替二次沉淀池等,在印染、食品工业废水或资源回收等领域已经有了许多成功实例。

(八)纳滤

纳滤是介于超滤与反渗透之间的一种膜分离技术,在高于渗透压力作用下,水分子和少部分溶解盐通过选择性半透膜,而其他的溶解盐及胶体、有机物、细菌、微生物等杂质随浓水排出。

纳滤系统的核心是纳滤膜,纳滤膜的截流分子量介于反渗透膜和超滤膜之间,约为80～2 000Dalton,同时纳滤膜表面带有电荷,对无机盐有一定的截流率,对二价及多价离子有很高的去除率,达90%以上,对单价离子的截留率小于80%。因为它的表面分离层由聚电介质构成,所以对离子有静电相互作用。从结构上看,纳滤膜大多是复合型膜,即膜的表面分离层和它的支撑层的化学组成不同。根据第一个特征,推测纳滤膜的表面分离层可能拥有1～5nm的微孔结构,故称为"纳滤"。

纳滤膜可分为物料型和水膜。物料型纳滤膜最大的特点是宽流道(46～80mil)、无死角的结构。宽流道物料膜与水膜(主要用于水处理,一般流道为28～31mil)最大的区别在于物料膜的流道比水膜要宽很多。较宽的流道有较好的抗污染性,流道越宽,液体在流道内的流速将会减小,膜元件两端压差就会降低,从而达到一个最佳的过滤过程。从工程经验来看,窄流道膜元件清洗频率和清洗的难度明显高于宽流道。反复清洗会大大缩短膜元件的寿命。在同样条件下,宽流道膜元件在污染后,清洗的可恢复性明显优于窄流道。

纳滤膜特点如表11.5所示。

表 11.5　纳滤膜特点

截留分子量	用　　途	操作压力/bar
80	氨基酸浓缩及小分子物质的浓缩	20
150～200	小分子物料的脱盐浓缩	15～20
400～500	小分子物料的脱色、脱盐及大分子物料浓缩	10～15
700～800	脱色、浓缩	10

纳滤膜分离规律:对于阴离子,截留率递增顺序为 $NO_3^- < Cl^- < OH^- < SO_4^{2-} < CO_3^{2-}$;对于阳离子,截留率递增的顺序为 $H^+ < Na^+ < K^+ < Ca^{2+} < Mg^{2+} < Cu^{2+}$;一价离子渗透,多价离子有滞留;截留相对分子量在100～1 000。

纳滤主要用途为:抗生素低温脱盐、浓缩、染料脱盐、浓缩,有机酸、氨基酸的分离纯化,单糖与多糖分离精制,生物农药的净化,水中残留农药、化肥、清洗剂、THM 等的脱除,果汁的高浓度浓缩,精细化工产品的脱盐、浓缩,香精的脱色、浓缩,植物、天然产物提取液脱色、浓缩,水溶性目标产物的脱色、脱盐,含盐废水处理。

纳滤可以在许多领域取代传统离心分离、真空浓缩、多效薄膜蒸发、冷冻浓缩等工艺,已经广泛地应用于食品工业、饮料行业、生物发酵、生物医药、化工、水处理行业、环保行业等领域,可以经济高效地实现物料分离、纯化脱盐及浓缩过程。

在应用上述反渗透、电渗析、超滤和纳滤方法处理工业废水时,应注意对产生的浓水进行妥善处置。对于反渗透系统,浓水中污染物主要是高浓度无机盐;而对于电渗析、超滤和纳滤系统,浓水中可能既有高浓度无机盐,也有高浓度有机物。这些浓水如果不能经技术手段精制后资源化,则会成为二次污染物,此时将不宜采用膜分离方法处理。

五、废水的生物处理方法

（一）活性污泥法

普通曝气法是活性污泥法中最原始的一种处理形式,也称为传统曝气法。池为长方形,废水与回流污泥从池的一端进,另一端出,全池呈推流式。

延时曝气是为了适应对水质具有较高要求的工艺而发展起来的一种处理方法,设计污泥负荷 F/M 比一般控制在 $0.1kg(BOD_5)/(kg \cdot d)MLVSS$ 以下。由于污泥负荷低、停留时间长,污泥处于内源呼吸阶段,剩余污泥量少(甚至不产生剩余污泥),因此污泥的矿化程度高、无异臭、易脱水。这种处理工艺的主要缺点是池容大、用气量大,建设费和运行费都较高,而且占地大。

氧化沟属延时曝气活性污泥法。氧化沟既是推流式池型,又具备完全混合的功能。氧化沟与其他活性污泥法相比,具有占地大、投资高、运行费用略高的缺点。

（二）生物膜法

生物膜法处理废水就是使废水与生物膜接触进行固、液相的物质交换,利用膜内微生物将有机物氧化,使废水得到净化。生物膜法有滴滤池、塔滤池、接触氧化池及生物转盘等形式。

（三）厌氧生物处理

废水厌氧生物处理是指在无分子氧条件下通过厌氧微生物(包括兼氧微生物)的作用,将废水中的各种复杂有机物分解转化成甲烷和二氧化碳等物质的过程,也称厌氧消化。

随着高浓度有机废水厌氧处理的广泛应用,厌氧生物处理法有了很大发展。厌氧消化工艺由普通厌氧消化法逐渐演变发展为厌氧接触法、厌氧生物滤池法、上流式厌氧污泥床反应器法、厌氧流化床法等。

普通厌氧消化池又称传统消化池。消化池常用密闭的圆柱形池。废水定期或连续进入池中,经消化的污泥和废水分别由消化池底和上部排出,所产生的沼气从顶部溢出。为便于进料和厌氧污泥充分接触,使产生的沼气气泡及时逸出,池内设有搅拌装置。进行中温和高温消化时,常需对消化液进行加热。

厌氧接触法又称厌氧活性污泥法,工艺上与好氧的完全混合活性污泥法相类似。污水进入消化池后,迅速与池内混合液混合,污水与活性污泥充分接触,伏氧池排出的混合液在沉淀池中进行固液分离,污水自沉淀池上部排出,沉淀污泥回流至消化池。该工艺具有运行稳定、操作较为简单、有较大的耐冲击负荷的特点。

上流式厌氧污泥床反应器,简称 UASB 反应器。废水自下而上通过 UASB 反应器。在反应器的底部有一高浓度(污泥浓度可达 $60\sim80g/L$)、高活性的污泥层,大部分的有机物在此转化为 CH_4 和 CO。UASB 反应器的上部设有气、液、固三相分离器,被分离的消化气从上部导出,污泥自动落到下部反应区。对于一般的高浓度有机废水,当水温在

30℃左右时,COD 负荷可达 0～20kg/(m³·d)。

试验结果表明,一个良好的 UASB 反应器可形成稳定的生物相,较大的絮体具有良好的沉淀性能,有机负荷去除率高,不需搅动设备,对负荷冲击、温度和 pH 的变化有一定的适应性。

六、环境影响评价中废水处理方案

(一)环境影响评价中废水处理方案的要求和深度

对于新建项目,应根据工程分析得出的废水源及源强数据,研制并提出适宜的废水处理方案。

对于技改、扩建项目,如果新废水源中污染因子与现有项目类似,那么可以通过对现有项目废水处理设施的运行状况、达标情况等进行分析,然后根据分析结论采用现有工艺扩建、吸取现有设施的经验教训进行改进等措施完成技改、扩建项目的废水处理方案。

对于直接排放到纳污水体的项目,其废水处理方案要做到达标排放。对于接入区域污水处理厂的项目,废水处理方案的深度通过预处理达到接管标准。

如有多个废水处理子系统,应给出全厂废水处理系统图和各子系统工艺流程图。

(二)生活污水处理流程研制基本原则

(1)对于单纯的城市生活污水,通常采用二级处理即可达到排放标准。一级处理去除悬浮态污染物,二级处理通过好氧生物处理单元去除溶解态有机污染物。

(2)对于以接纳生活污水为主,兼有接纳一般工业废水的情况,由于其中可能会有难降解有机污染物等特征因子,应当强化处理流程,即需要增加混凝等物化单元,并强化生物处理单元,如采用各种 A/O 流程,以达到处理要求。

(3)重金属类污染物不应进入生活污水处理厂,以免因生物处理单元活性污泥吸附重金属使剩余污泥成为危险固废,增加处置难度和费用。

(三)工业废水处理流程研制基本原则和步骤

工业废水与生活污水不同,其水质情况千差万别,不可能有确定的流程,应当根据具体水质进行研制,在研制过程中,应遵守下列基本原则和步骤。

1. 工业废水处理流程研制基本原则

(1)按各单元酸碱度变化趋势排列流程。因废水处理的不同单元过程,要求不同的酸碱度控制值,而频繁调节酸碱度意味着加酸、碱量和处理成本的增加,所加的无机酸、碱中和后形成的盐会对后续处理单元如膜处理、生化处理等产生不利影响,因此,按各单元酸碱度变化趋势排列流程,可使处理成本和生成的盐量最低。

(2)先去除悬浮态污染物,后去除溶解态污染物。悬浮态污染物对于大多数深度处理单元的工艺过程和设备的正常运行都有影响,应当尽量去除;同时悬浮态污染物的存在可能影响 COD 等指标,而去除却最简单,费用最低,因此应当在预处理阶段就去除。

(3)先去除回收特定污染物。当废水中某种组分的浓度高到具有回收价值时,应采用适当方法进行回收,以降低废水处理的综合成本。

(4)先进行低成本单元利用。低成本处理单元先行可大幅度降低污染物浓度,对于保证整个流程的处理效果和降低处理成本都是非常重要的。例如,酸性高色度有机废水常常先进行微电解反应而不先进行中和,因为此时利用废水的酸性进行微电解,可节约成本。

(5)分质处理,指对于含不同特征污染物的废水,首先分别采用对其所含特征污染物有良好回收或去除效果的单元方法进行处理,回收或去除所含的大部分特征污染物,然后再混合采用传统方法处理至排放标准。分质处理具有高效、相对成本较低的特点,特别适用于同一个生产过程或同一个企业含有不同特征污染物的废水产生情况。

分质处理的另一作用是可以减少特征污染物的排放量。如某生产过程排放 Q_1 和 Q_2 两股废水,Q_1 含某重金属而 Q_2 不含,采用化学沉淀法处理,处理后废水中重金属浓度为 C,则将 Q_1 单独处理重金属后再将两股水合并排放时,总排水中的重金属量 W_1 为

$$W_1 = Q_1 \times C \tag{11-2}$$

如果先将 Q_1、Q_2 混合再处理时,总排水中的重金属量 W_2 为

$$W_2 = (Q_1 + Q_2) \times C \tag{11-3}$$

显然,$W_1 < W_2$,即分质处理时总排水中的特征污染物的量小于混合处理时的量。

(6)防止水质恶化或复杂化。所谓"达标排放",是指按某一排放标准考核时,其任一项指标均满足排放标准要求而不能仅仅是几项指标达标。

化学法、物理化学法等废水处理单元中,常需添加一些化学处理药剂如氧化剂、还原剂、中和剂、混凝剂、沉淀剂等,在添加这些化学药剂时,除了需考虑其高效、低用量等要求外,还必须注意所添加的化学药剂不能使水质恶化或复杂化,造成二次污染,从而不能够全面达到排放标准。如含有较高浓度的碱性废水,后接厌氧单元时,其中和剂不能用硫酸,否则中和形成的硫酸根将在厌氧时被还原成硫化氢和硫离子,造成水质恶化和二次污染。

2. 工业废水处理流程步骤

(1)根据废水水质初选处理单元。根据废水所含污染物,选择可在适当的条件下将该污染物回收或去除的单元。

(2)按前述设计原则将初选单元排列形成初列流程。一般来说,一种污染物可以有多种工艺单元对其发挥作用,因此,可以排列出多条初列流程进行比选。

(3)验证各单元的处理效果。确定拟采用流程对各单元的处理效果,进行验证计算,调整、优化处理单元,进行必要的技术、经济可行性分析,最终确定所需单元,得到拟采用工艺流程。

第三节　大气污染控制方法及工艺流程

一、概述

大气污染控制技术是重要的大气环境保护对策措施。大气污染的常规控制技术按控制对象可分为洁净燃烧技术、气态污染物净化技术、颗粒物净化技术和烟气的高烟囱排放技术等。

大气污染控制技术按其作用可以分为回收、无害化和高空排放三类。

吸收、吸附、冷凝等均属于回收。回收类的处理方法要求根据欲回收物质的性质和形态选择具体方法和吸收剂、吸附材料等；回收类处理方法的另一特点是要求处理过程尽可能不带入新物质进入体系，以免造成分离困难，影响回收物料的质量。

无害化如热分解（焚烧）、化学分解、生物法等是通过其处理过程，将废气中的污染物分解、破坏成简单的矿化物，从而降低其对环境和人类健康的影响。电物理化学过程经较长时间、复杂的降解反应，也可以将污染物分解，实现无害化。

对于一些易在空气环境中自然降解的大气污染物，可以采取高空排放的形式。高空排放是利用大气自然环境对污染物的扩散、稀释和分解作用，降低污染物在环境中的浓度，从而消除或减轻污染物对环境的危害。烟气的高烟囱排放就是通过高烟囱把含有污染物的烟气直接排入大气，从而使污染物向更大的范围和更远的区域扩散、稀释，利用大气的作用进一步地降低地面空气污染物的浓度。

除冷凝器外，大气污染控制采用的设备如吸收塔、喷淋塔、吸附器、光催化氧化装置、各类除尘器等主要为非标准设备，可以自行按工艺要求进行设计；大气污染控制设备的另一特点是，其工作压力在 kPa 数量级，设备密封等级低，故有"漏风率"这一设备制造要求，通常不大于 5%。

二、气态污染物控制技术

气态污染物种类繁多，特点各异，因此采用的净化方法也不相同，常用的方法有吸收法、吸附法、热分解、冷凝法、微生物净化法、电物理化学法、高空排放和废气多级处理单元等。

（一）吸收法

吸收法是应用最广泛的废气处理方法之一。吸收法处理废气可以分物理吸收和化学吸收。

（1）物理吸收。废气中很多污染物都可以在各种吸收设备中用水或有机溶剂吸收，使之溶解于吸收剂，再以物理解吸的方法回收该种物质。物理吸收时，污染物溶解于吸收剂，包括水或各种溶剂。饱和后可采用物理或化学方法解吸，典型的例子如用有机溶剂吸收各种有机气体污染物。

（2）化学吸收。吸收剂与被吸收的污染物间发生化学反应，污染物转化成另一种物质。典型的例子如酸性气体或碱性气体可以用对应的碱性或酸性吸收剂进行化学吸收使之中和成为盐。废气中如含有某种特定污染物如有毒物质，可以选用易与之反应而使其成为无毒物质的吸收剂。

吸收法可用于各种浓度的废气处理，也可以用于含有颗粒物的废气净化。

吸收剂有液体和固体两大类，水、酸、碱、盐溶液和各种有机溶剂等液体吸收剂最为常见。一些固体材料也可通过化学吸收处理气态污染物。

采用吸收法处理废气时，应考虑浓吸收液的回收或处置方法和去向。如果废气组分复杂，浓吸收液除了含有待回收物质外，常常会夹带其他污染物，应先采取必要的分离、净化措施才可进行有用物质的回收。如吸收的污染物无回收利用价值，则应将浓吸收液送废水处理或焚烧处理。

(二)吸附法

对精细化工、涂料、油漆、塑料、橡胶等生产过程排出的含溶剂或有机物的废气,可用活性炭、吸附树脂、活性炭纤维、分子筛、其他化合物或某些天然物质等吸附剂吸附净化。例如氧化铝就是一种很好的氟化氢气体吸收剂。吸附饱和后可经解吸再回收物质,因此吸附法通常也用于废气中有一种或几种有回收意义的废气处理。

吸附法可分为物理吸附和化学吸附,但主要是物理吸附,即依靠范德华力吸附。吸附法可以相当彻底地净化空气,即可进行深度净化,特别是对于低浓度废气的净化,比用其他方法有更大的优势;在不使用深冷、高压等手段下,可以有效地回收有价值的有机物组分。

由于吸附剂对被吸附组分有吸附容量的限制,因此吸附法较适于处理低浓度废气,对污染物浓度高的废气一般不采用吸附法治理。

吸附剂吸附吸附质后,其吸附能力将逐渐降低,为了保证吸附效率,对失去吸附能力的吸附剂应进行再生。吸附剂再生的常用方法见表 11.6。

表 11.6 吸附剂再生的常用方法

吸附剂再生方法	特　　点
热再生	使热气流(蒸汽或热空气或热氮气)与床层接触直接加热床层,吸附质可解吸释放,吸附剂恢复吸附性能。不同吸附剂允许加热的温度不同;蒸汽再生多用于难溶于水的吸附质;热空气再生需防止再生气中有机物浓度达到爆炸极限范围,并需考虑活性炭的"碳损"
降压再生	再生时压力低于吸附操作时的压力,或对床层抽真空,使吸附质解吸出来,再生温度可与吸附温度相同
通气吹扫再生	向再生设备中通入基本上无吸附性的吹扫气,降低吸附质在气相中的分压,使其解吸出来;操作温度越高,通气温度越低,效果越好
置换脱附再生	采用可吸附的吹扫气,置换床层已被吸附的物质,吹扫气的吸附性越强,床层解吸效果越好,比较适用于对温度敏感的物质;为使吸附剂再生,还需对再吸附物进行解吸
化学再生	向床层通入某种物质使吸附质发生化学反应,生成不易被吸附物质而解吸下来

可作为净化碳氢化合物废气的吸附剂有活性炭、活性炭纤维、硅胶、分子筛等,目前应用最广泛的是活性炭,而活性炭纤维作为一种新型吸附剂,具有比活性炭的吸附容量大、解吸快等优点。

活性炭可吸附的有机物较多,吸附容量较大,并在水蒸气存在下也可对混合气中的有机组分进行选择性吸附。通常活性炭对有机物的吸附效率随分子量的增大而提高。

活性炭纤维是以有机聚合物或沥青为原料生产的,灰分低,其主要元素是碳,碳原子在活性炭纤维中以类石墨微晶的乱层堆叠形式存在。由于三维空间有序性较差,经活化后生成的孔隙中,90%以上为微孔,因此活性炭纤维的内表面积十分巨大。活性炭纤维第二个特点是具有较大的外表面积,而且大量微孔都开口在纤维表面,在吸附和解吸过程中,分子吸附的途径短,吸附质可以直接进入微孔,这为活性炭纤维的快速吸附,有效地利用微孔提供了条件,而活性炭需要经过由大孔、过渡孔构成的较长的吸附通道。活性炭纤维孔隙结构第三个特点是孔径分布狭窄,孔径比较均匀,暴露在纤维表面的大部分是孔径为 20Å 左右的微孔,因此具有一定的选择吸附性,解吸比活性炭易控制。活性炭纤维的表面含有一系列活性官能团,主要是含氧官能团,如羟基、羰基、羧基、内酯基等。有的活性炭纤维还含有氨基、亚氨基以及磺酸基等官能团,其含氧团的总量一般不超过 1.5meq/g。活性炭纤维表面官能团对吸附有明显的影响,如聚丙烯腈基活性炭纤维表面存在 N 官能团,所以它对含 N、S 化合物具有独特的吸附能力。

活性炭纤维对有机化合物蒸汽有较大的吸附量,对一些恶臭物质,如正丁基硫醇等吸附量比粒状活性炭 GAC 大几倍,甚至几十倍。对无机气体如 NO、NO_2、SO_2、H_2S、NH_3、CO、CO_2 以及 HF、SiF_4 等也有很好的吸附能力。表 11.7 是毡状活性炭纤维与粒状活性炭对一些有机物的平衡吸附量的比较。

表 11.7 毡状活性炭纤维与粒状活性炭对有机物的平衡吸附量的比较

被吸附物质	毡状活性炭纤维（质量%）	粒状活性炭（质量%）	被吸附物质	毡状活性炭纤维(质量%)	粒状活性炭（质量%）
丁基硫醇	4 300	117	三氯乙烯	135	54
二甲基硫	64	28	苯乙烯	58	34
三甲胺	99	61	乙醛	52	13
苯	49	35	四氯乙烯	87	70
甲苯	47	30	甲醛	45	40
丙酮	41	30			

在实际应用中,有两个问题需要注意：如果同一废气源中有多种可被吸附污染物,吸附材料对其中任一污染物的平衡吸附量会小于表 11.7 中单一物质时的最大平衡吸附量;表 11.7 中是指最大平衡吸附量,当吸附单元达到最大平衡吸附量时,出口浓度可能会超过排放标准,因此,当吸附单元位于废气处理装置的末端时,应当根据吸附等温线计算达到排放标准时的平衡吸附量,而不能单纯追求高吸附量而使排放浓度超标。

（三）热分解

某些生产废气中的有机污染物,当数量较少或成分较复杂没有回收价值时,可采用热分解法处理。热分解是在高温下将有害气体、蒸汽或烟尘转变为无害物质的过程,又称为燃烧净化。燃烧净化时所发生的化学作用主要是燃烧氧化作用及高温下的热分解。因此这种方法只能适用于净化那些可燃的或在高温情况下可以分解的有害气体。燃烧方法还可以用来消除恶臭。由于有机气态污染物燃烧氧化会生成 CO_2 和 H_2O,因而使用这种方法不能回收到有用的物质,但由于燃烧时放出大量的热,使排气的温度很高,所以可以回收热量。

目前在实际中使用的燃烧净化方法有直接燃烧和热力燃烧。热力燃烧又可分为传统热力燃烧和催化燃烧法。

直接燃烧也称为直接火焰燃烧,它是把废气中可燃的有害组分当作燃料直接烧掉,因此这种方法只适用于净化可燃有害组分浓度较高的废气,或者用于净化有害组分燃烧时热值较高的废气。

热力燃烧主要用于可燃有机物质含量较低的废气的净化处理。这类废气中可燃有机组分的含量往往很小,废气本身不能燃烧,并且其中的可燃组分经过燃烧氧化,虽可放出热量,但热值很低,仅为 $338\sim750\mathrm{kJ/m^3}$,也不能维持燃烧,因此在热力燃烧中,被净化的废气不是作为燃烧所用的燃料,而是在含氧量足够时作为助燃气体,不含氧时则作为燃烧的对象。在进行热力燃烧时一般是用燃烧其他燃料的方法(如煤气、天然气、油等),把废气温度提高到热力燃烧所需的温度,使其中的气态污染物进行氧化,分解成 CO_2、H_2O、N_2 等。热力燃烧所需温度较直接燃烧低,在 $540\sim820℃$ 即可进行。

催化燃烧法通过固体催化剂,使废气在较低温度下完全分解,可降低能耗,并可对特定污染物进行处理,是一种非常有发展前途的废气处理方法。催化燃烧实际上为完全的催化氧化,即在催化剂作用下,使废气中的有害可燃组分完全氧化为 CO_2 和 H_2O。由于绝大部分有机物均具有可燃烧性,因此催化燃烧法已成为净化含碳氢化合物废气的有效手段之一;又由于很大一部分有机化合物具有不同程度的恶臭,因此催化燃烧法也是消除恶臭气体的有效手段之一。

与其他种类的燃烧法相比,催化燃烧法具有如下特点:催化燃烧为无火焰燃烧,所以安全性好;燃烧温度要求低,大部分烃类和 CO 在 $300\sim450℃$ 即可完全反应,由于反应温度低,故辅助燃料消耗少;对可燃组分浓度和热值限制较少;为使催化剂延长使用寿命,不允许废气中含有尘粒和雾滴。

蓄热式热氧化法的系统由燃烧室、陶瓷填料床和切换阀等组成,工作温度为 $750\sim850℃$,适用于处理中等浓度($1\,000\sim2\,000\mathrm{mg/m^3}$)、不含杂原子、主要由碳、氢、氧组成的有机物废气,其三燃烧室结构的净化效率可以达到 $90\%\sim97\%$。

热分解法适于中、高浓度废气的净化,特别是连续排气的场合。

含卤素有机化合物废气不宜采用焚烧法处理。如混合废气中有含卤素有机化合物,需采用焚烧法处理时,其烟气需考虑(氯代、氟代、溴代)二噁英类污染物的处理,增加急冷、粉状活性炭吸附等处理单元。

根据相关排放标准要求,焚烧法有机废气的实测大气污染物排放浓度,需换算成基准含氧量排放浓度,并与排放限值比较判定排放是否达标。

(四)冷凝法

所谓冷凝法,是指用水或其他介质作为冷却剂直接冷却、冷凝、凝固、凝华废气中的有机物蒸气、升华物等,使粉尘和水蒸气同时被分离,处理后的废气可以达到很高的净化程度。

冷凝法常用于高浓度废气处理,特别是组分单一的废气;作为燃烧与吸附净化的预处理,冷凝回收的方法可减轻后续净化装置的负荷;可处理含有大量水蒸气的高温废气。

冷凝净化法所需设备和操作条件比较简单,回收物质纯度高。但冷凝法对废气的净化程度受冷凝温度的限制,要求净化程度高或处理低浓度废气时,需要将废气冷却到很低的温度,经济上不合算。

（五）微生物净化法

微生物净化法是利用微生物对有机物和某些无机物的降解作用净化废气中污染物。常用的微生物净化废气设备有生物滤床、生物滴滤器（BTF）等。

如：采用筛选出的纤维附着活性炭（ACOF）为载体材料，用经以甲苯为唯一碳源驯化而得的微生物菌种，进行的甲苯废气净化实验表明，采用 ACOF 的 BTF 最大消除能力值可达 $280g/m^3 \cdot h$。在甲苯负荷小于 $280g/m^3 \cdot h$，停留时间 15.7s 的条件下，表观气速 230m/h 时，可保持 90% 以上的净化效率。

（六）电物理化学法

典型的电物理化学法废气处理工艺有低温等离子法、光催化氧化法等。

当外加电压达到气体的放电电压时，气体被击穿，产生包括电子、各种离子、原子和自由基在内的混合体。放电过程中虽然电子温度很高，但重粒子温度很低，整个体系呈现低温状态，所以称之为低温等离子体。低温等离子体降解污染物是利用这些高能电子、自由基等活性粒子和废气中的污染物作用，从而使污染物在极短的时间内发生分解，并发生后续的各种反应以达到降解污染物的目的。光催化氧化法是在一定的催化剂作用下，以可见光或紫外光等方式照射分解废气中的有机污染物。低温等离子法与光催化氧化法共同的短板是反应过程复杂，会产生大量副反应物及碎片产物，使尾气组分复杂化；碎片产物易在催化剂表面和反应器内壁形成胶状物质累积，影响其寿命；同时，为使有机物彻底降解成二氧化碳和水，需要一定的反应时间，使得电耗升高。

（七）高空排放

在一些情况下，对于中、低浓度废气，当满足排放标准，环境容量又允许时，工业废气可以直接采用高烟囱排放。这种方法能充分利用大气自然环境对污染物的稀释、分解作用，是一种经济、有效的方法。

根据《大气污染物综合排放标准》（GB 16297—1996）对新污染源大气污染物排放限值的规定，若干大气污染物随排气筒高度而变化的最高允许排放速率（二级）见表 11.8。

表 11.8　大气污染物随排气筒高度而变化的最高允许排放速率　单位：kg/h

污染物	排气筒高度/m									
	15	20	30	40	50	60	70	80	90	100
氧化硫	2.6	4.3	15	25	39	55	77	110	130	170
氮氧化物	0.77	1.3	4.4	7.5	12	16	23	31	40	52
氯化氢	0.26	0.43	1.4	2.6	3.8	5.4	7.7	10		
硫酸物	1.5	2.6	8.8	15	23	33	46	63		
氟化物	0.10	0.17	0.59	1.0	1.5	2.2	3.1	4.2		
氯气	—	0.52(25)	0.87	2.9	5.0	7.7	11	15		
酚类	0.10	0.17	0.58	1.0	1.5	2.2				
甲醛	0.26	0.43	1.4	2.6	3.8	5.4				
丙烯腈	0.77	1.3	4.4	7.5	12	16				
甲醇	5.1	8.6	29	50	77	100				

污染物	排气筒高度/m									
	15	20	30	40	50	60	70	80	90	100
苯胺类	0.52	0.87	2.9	5.0	7.7	11	—	—	—	—
氯苯类	0.52	0.87	2.5	4.3	6.6	9.3	13	18	23	29
硝基苯类	0.05	0.09	0.29	0.50	0.77	1.1	—	—	—	—

含有毒有害的污染物成分或难以在自然大气环境下分解的污染物成分的废气则不宜采用高空排放。

（八）废气多级处理单元

工业生产过程中,常存在高浓度废气,若采用单级处理单元无法达到排放标准时,就需要采用多级处理单元。

废气处理系统所需总去除率可由式(11-4)确定:

$$\eta_0 = \left(1 - \frac{Q_2 C_2}{Q_1 C_1}\right) \times 100\% \tag{11-4}$$

式中: η_0—系统所需总去除率,%; Q_1—进口风量,m^3/h; Q_2—出口风量,m^3/h; C_1—进口气体污染物浓度,mg/m^3; C_2—排放标准,mg/m^3。

拟采用的多级废气处理系统的总去除率为

$$\eta = 1 - \left[(1-\eta_1)(1-\eta_2)\cdots(1-\eta_n)\right] \tag{11-5}$$

处理单元级数的判断:如果 η_0/η 小于或等于1,则选定的处理单元级数满足;如果 η_0/η 大于1,则选定的处理单元级数不满足,需增加处理单元级数,按增加后的总去除率重新进行计算,直至满足 η_0/η 小于或等于1。

三、颗粒物净化技术

工业上产生颗粒物污染的设备、装置或场所被称为尘源,颗粒物净化技术又称为除尘技术,它是将颗粒污染物从废气中分离出来并加以回收的操作过程。

在尘源处或其近旁设置吸尘罩,以风机提供气体运动动力,将生产过程中产生的粉尘连带运载粉尘的气体捕集吸入罩内,经风管送至除尘器气固分离,达到排放标准后再经一定高度的排气筒排入大气。为了保证系统的正常运行,通常还配有压力、流量、温度、湿度等测量和控制仪表。由此可见,一套完整的除尘系统由下列部分组成。

（一）吸尘罩

吸尘罩是将尘源所散发的粉尘捕集进粉体净化系统的装置,可以是单独的(外部罩)或直接接于产尘设备。吸尘罩设计水平的高低,将直接影响整个系统对粉尘的净化效果。

（二）风管

风管将净化系统的各设备、附件连成一个整体。风管包括管道以及弯头、三通、大小头等管件。

（三）除尘器

除尘器作为气固分离设备，担当了系统中粉体净化、分离的重担。视粉尘进口浓度和排放标准的不同要求，可以选择不同除尘效率的除尘器，可以采用多台除尘器串接形成多级除尘系统。

（四）空气动力设备

为整个系统提供空气动力的，通常为各类风机或空气压缩机。空气压缩机可以提供很高的风压，但流量较小，多用于气力输送系统；粉体净化系统多采用各类风机，特别是风量大、风压适中的离心式通风机。

（五）排气筒

一般来说，经净化的气体中仍含有一定浓度的污染物，因此，在大多数情况下，净化后气体均通过具有一定高度的排气筒排放。工业粉尘的最终排放标准包括排放浓度和速率两个指标，其中排放速率与排气筒高度有关，排气筒越高，相应的排放速率值越大。

（六）控制系统

通过风压、风速、温度、湿度等参数测量、控制仪表以及调节、控制阀门等，以保证整个系统能够正常运行。

（七）附件

主要包括高温气体冷却及热量回收装置，防止风管内粉尘堵塞的清扫装置，消除管道热胀冷缩的管道补偿器，输送易燃易爆粉尘及气体时的静电消除装置，采样孔和测孔，管道保温和噪声消除装置，管道支架和吊架等。

四、除尘器的种类

除尘器是颗粒物净化系统的主体设备，按除尘过程中的粒子分离原理分为重力除尘器（沉降室）、惯性除尘器、旋风除尘器、袋式除尘器、过滤式除尘器、电除尘器、声波除尘器、微孔除尘器等。其中重力除尘器（沉降室）、惯性除尘器因其效率低、耗钢材量大和占地面积大，已经逐渐被各类高效除尘器取代。按是否对含尘气体或分离的尘粒进行润湿，除尘器可分为干式除尘器和湿式除尘器两大类。

（一）旋风除尘器

旋风除尘器是利用其结构使含尘气体高速旋转产生离心力，将粉尘从气流中分离出来的一种除尘设备。

旋风除尘器是一种应用非常广泛的气固分离设备，用于工业领域已有一百多年历史。其结构简单、占地面积小、价格低、操作维护简单、操作弹性大，不受含尘气体的浓度、温度限制，可用不同材料或内衬不同材料提高其防腐耐磨性。旋风除尘器阻力压降中等，但运转维护费用较低。

进入旋风除尘器的气体温度应高于露点 $15\sim20℃$，以避免水汽从气体中冷凝出而在筒壁形成泥浆。旋风除尘器有多种改进形式，高效旋风除尘器对粒径 $5\mu m$ 以上的粉尘有很高的分离效率。当风量较大时，可以使用一组小直径的旋风除尘器代替一台大的旋风除尘器,以提高除尘效率。

旋风除尘器可以单独使用,也可用于多级除尘系统的前级以大幅度降低后续高效除尘器的负荷。

(二) 袋式除尘器

袋式除尘器是一种用途广泛的过滤式除尘器,依靠编织或毡织的滤料作为过滤材料来分离含尘气体中的粉尘。袋式除尘器在18世纪80年代起开始应用于工业领域,正压操作,人工清灰。1890年后普遍采用机械振打清灰;1950年开始出现气环反吹式袋式除尘器,实现连续操作,处理气量成倍提高;1957年出现的脉冲袋式除尘器是清灰技术的一项革命性突破,不但操作和清灰可连续进行,滤袋压力损失稳定,处理气量大,而且内部无运动部件,滤袋寿命长、结构简单,得到了广泛应用。

(三) 电除尘器

电除尘器是使含尘气体在通过高压电场时发生电离,使尘粒带电,在电场的作用下沉积于电极而从气体中分离的一种除尘设备。

1906年,F. G. Cottrel第一次将电除尘器用于工业生产。100多年来,电除尘器得到了飞速发展,广泛应用于电厂、锅炉、水泥厂、钢铁厂和一些特殊粉尘的除尘净化。

电除尘器由供电装置和本体两部分组成,供电装置包括升压变压器、整流器和控制系统;本体包括电晕极、集尘极、清灰装置、气流分布装置等。电除尘器中,产生电晕的电极称为电晕极;吸附粉尘的电极称为集尘极。

电除尘器除尘效率高,几乎不受粉尘粒径的影响,处理风量大,阻力低,能处理高温烟气。但电除尘器投资较大,钢材消耗大,占地面积大,结构复杂,制造和安装要求高。

电除尘器对粉尘的比电阻适宜范围是 $10^4 \sim 5 \times 10^{10} \Omega \cdot cm$。对于一些高比电阻的粉尘,可以通过增湿等手段降低比电阻以适应电除尘器的要求。

(四) 微孔除尘器

微孔除尘器属于过滤式除尘器的一种,以各种多孔性材料如微孔高分子材料、微孔金属材料、微孔陶瓷材料等作为过滤介质,其除尘机理类似于袋式除尘器。由于多孔材料的孔径范围、开孔率、孔的形状等参数可由大工精确控制,因此微孔除尘器对各种粒径分布的粉尘均有很高的除尘效率,最高除尘效率可达99.99%以上;微孔材料的外表面光滑,孔径一致性好,对纤维状粉尘和湿含量较高的粉尘有很高的清灰率;微孔高分子材料、微孔钛材、微孔不锈钢材料、微孔陶瓷材料等耐腐蚀性好,可用于各种腐蚀性气体的除尘;微孔金属材料、微孔陶瓷材料耐高温,可用于高温烟气的除尘。总之,微孔除尘器是很有发展前途的一类高效除尘器。

(五) 湿式除尘器

湿式除尘器是利用水或其他液体与含尘气体相接触产生的惯性碰撞及其他作用分离气体和固体的设备。湿式除尘器投资较低,结构简单,操作和维修方便,占地面积小,可同时进行有害气体的净化、烟气冷却和增湿等操作,因此适合处理高温、高湿、有爆炸危险、能受冷且与水不发生化学反应的气体、含非纤维性粉尘的气体,但不适用于黏性粉尘。湿式除尘器的另一问题是产生的污水和污泥要进行必要的处理。

水浴除尘器是湿式除尘器的一种。含尘气体在喷头处以较高速度喷出，对水层产生冲击后，改变了运动方向从四周逸出水层，净化气体经挡水板分离水滴后从排气管排出；而尘粒由于惯性仍按原方向运动，大部分尘粒与水黏附后便留在水中，另一部分尘粒随气体运动与大量的冲击水滴和泡沫混合形成气、固、液共存区并在此区内被进一步净化。

除此之外，还有如颗粒层除尘器、冲激式除尘器、文丘里除尘器、水膜除尘器等。

合理地选择除尘器，既可保证系统所需的净化效率，又能保证其运行费用最经济，是颗粒物净化系统稳定运行的基础。各种除尘器的性能和适用范围见表 11.9 和表 11.10。

表 11.9　除尘器性能比较

除尘器名称	适用的粒径范围/μm	除尘效率/%	阻力压降/Pa	设备费	运行费
旋风除尘器	5～15，非纤维性	60～90	800～1 500	低	中低
水浴除尘器	1～10	80～95	600～1 200	低	中
旋风水膜除尘器	≥5	95～98	800～1 200	中	中
自激湿式除尘器	25	95	1 000～1 600	中	中上
电除尘器	5～1	90～98	50～130	高	中上
袋式除尘器	非纤维性	95～99	1 000～1 500	中上	高
微孔除尘器	0.5～1	95～99	1 200～2 000	高	中上
文丘里除尘器	0.5～1	90～98	4 000～10 000	低	高

表 11.10　各种除尘器对不同粒径粉尘的除尘效率

除尘器名称	除尘效率/%			除尘器名称	除尘效率/%		
	$50\mu m$	$5\mu m$	$1\mu m$		$50\mu m$	$5\mu m$	$1\mu m$
中效旋风除尘器	94	27	8	湿式电除尘器	＞99	98	92
高效旋风除尘器	96	73	27	中阻文丘里除尘器	100	＞99	97
水浴除尘器	98	85	38	高阻文丘里除尘器	100	＞99	99
自激湿式除尘器	100	93	40	机械振打袋式除尘器	＞99	＞99	99
空心喷淋塔	99	94	55	喷吹袋式除尘器	100	＞99	99
干式电除尘器	＞99	99	86				

除尘器选择应根据粉尘性质、粉尘浓度、要求的排放标准、气体温度、腐蚀性、造价限度、运行费用限度等，确定除尘器的类型和级数。在选择除尘器时，应注意以下问题。

1. 排放标准和除尘单元级数

根据粉尘进口浓度和排放标准要求，可以计算所需的系统总除尘效率，根据该总除尘效率可以确定除尘单元的级数。当进口浓度高或排放标准严格时可设置多级除尘器。系统所需要的总除尘效率公式和拟采用的多级除尘系统总除尘效率公式与废气处理系统的相应公式类似，参见式(11-4)和式(11-5)；除尘单元级数的判断与废气处理系统单元级数的判断类似。

通常高效除尘器的运行费用和维护技术要求较高，因此在满足排放标准的前提下，只要选择具有适当除尘效率的除尘器即可；但对于有毒有害物质粉尘，则应从尽量减少排放量的角度出发，选择高效除尘器。

2. 粉尘性质

粉尘性质对于选择除尘器的类型有很大关系。黏附性大的粉尘易黏结在除尘器内表面，不宜选用干式除尘器；水硬性和疏水性粉尘不宜选用湿式除尘器；对于比电阻过高或过低的粉尘，不宜使用电除尘器，但特殊情况下可以采取增湿等手段调节粉尘比电阻后采用；对于高温气流，通常选择电除尘器、湿式除尘器或选用高温滤料的袋式除尘器等。

当尘源的粉尘粒径分布较广、细微粉尘比例较大时，必须以分级效率考察拟选除尘器的除尘效率；当尘源气体中湿含量较高时，整个净化系统应保温，以免因温度下降含尘气体中水分结露而使尘粒结块黏附在除尘器或管道内壁，破坏除尘器的运行工况。

当处理可燃性粉尘时，净化系统应设置防爆膜等泄放设施；当处理有机物粉尘时，净化系统还应设置静电消除设施。

五、废气源排气量与排气筒设计

（一）废气源排气量的确定

废气源的排气量关系到处理装置能力的大小、动力消耗和尾气排放浓度的达标，因此，在工业废气处理装置的设计中，合理确定工业废气源的排气量大小，是工艺设计的基础。

排气量大小首先取决于工艺要求，如果工艺上没有特定要求，可以按照处理工艺的排放要求进行设定，但设定的排气量不能对工艺过程造成不利影响。

1. 燃烧及生产过程中产生的非产品气态物质

如燃烧过程产生的燃烧废气，其成分主要是 CO_2、CO、SO_3、NO_x、H_2O 等；又如各种生产过程中产生的非产品气态物质，这些物质需排出生产体系外，就会产生相应的废气量。燃烧及生产过程中产生的非产品气态物质量可以通过物料平衡准确计算得到。

净化系统的排气量应等于或略大于生产过程中产生的非产品气态物质量，但不能过大，否则有可能将物料带出或破坏工艺条件。

2. 工艺排气或抽气

某些生产过程需保持一定的正压或负压，正压系统运行完毕需要排气，就会产生一定的排气量，这是一种间歇性的排气，净化系统的风量应略大于该排气量；当生产过程为负压时，为保持负压需有一定的抽气量要求，此时，净化系统的排气量应根据保持生产系统的负压值而需要的抽气量确定。

3. 储罐呼吸阀、水工构筑物等的逸散废气

易挥发物质如有机溶剂的储罐有呼吸阀的大、小呼吸排气；各类水工构筑物在废水处理过程中，有从废水中逸散的氨、有机胺、硫化氢、有机硫以及其他挥发性有机物废气，需要收集处理；固（危）废库、垃圾处置单位的垃圾库会有逸散的恶臭类废气需要收集处理。

上述设施或场所不是需要常年有工作人员工作的场所,为了防止其逸散废气外逸扩散污染环境,应采用负压法进行收集后送废气处理设施。

(二)排气筒合理设置

排气筒是有组织排放大气污染物的重要设施,其设置应当考虑以下问题。

1. 满足排放标准的要求

《大气污染物综合排放标准》(GB 16297—1996)中规定,大气污染物排放时其浓度和速率必须同时达到一定的标准限值,其中,排放浓度不随排气筒高度变化,而排放速率与排气筒高度有关,排气筒高度越高,排放速率越大。同时,对于不同的大气污染物,还规定了不同的排气筒最低高度。

执行不同排放标准的废气,不宜共用排气筒。如注塑过程废气执行《合成树脂工业污染物排放标准》,需核算单位产品非甲烷总烃排放量,若与喷涂废气合并排气筒排放,则无法核算注塑过程单位产品非甲烷总烃排放量。

2. 满足排气参数要求

排气筒直径应当根据排气流速确定,通常排气筒中气流速度为 $10\sim16m^3/s$。

排气筒材质应当根据气体腐蚀性、温度等进行选择。

3. 满足环境监管的要求

应满足图形标示预留、采样孔、便于监测控制等要求。

4. 废气处理装置数与排气筒数目

根据环境管理的要求,为了减少厂区的排气筒数量,提倡同类污染物处理设施的排气筒合并,但理论上,只有污染物、排放浓度和排放时间都相同的尾气才能共用排气筒,监测时才不至于引起误差,而这种情况在实际工业生产中是极少的。因此,对于不同污染物处理设施的尾气,如果合并排气筒排放,则在监测时应暂时关闭其他设施单独监测,如因生产需要不能短时关闭,其监测的气量应以本处理设施的气量计算(非共用排风机),以免造成监测误差。

第四节 噪声污染控制技术

各种生产、经营活动中,由于机械运转、振动、气体和其他流体的流动常产生不同类型的噪声,必须采取相应的技术方法加以控制,以减轻其危害。噪声控制技术通常有吸声、消声、隔声和减震等。

一、噪声污染控制原则

噪声污染控制应遵循以下原则。

(一)源头控制

控制噪声源是防治工业噪声最有效的方法之一。如在风机进出口上加装消声器、在压力机等设备底座上加装减震垫等。

（二）阻断传播途径

阻断传播途径即将噪声在传播的过程中拦截下来。如在罗茨风机旁安装隔音墙等。

二、噪声控制基本方法

（一）吸声降噪

吸声降噪是一种在传播途径上控制噪声强度的方法。物体的吸声作用是普遍存在的，吸声的效果不仅与吸声材料有关，还与所选的吸声结构有关。这种技术主要用于室内空间。

材料的吸声着眼于声源一侧反射声能的大小，吸声材料对入射声能的反射很小，即声能容易进入和透过这种材料。因此，吸声材料的材质通常是多孔、疏松和透气的，一般是用纤维状、颗粒状或发泡材料形成的多孔性结构。吸声材料的结构特征是材料中具有大量互相贯通的、从表到里的微孔。当声波入射到多孔材料表面时，引起微孔中的空气振动，由于摩擦阻力和空气的黏滞阻力以及热传导作用，将相当一部分声能转化为热能，从而起到吸声作用。玻璃棉、岩矿棉等一类材料具有良好的吸声性能。

吸声处理所解决的目标是减弱声音在室内的反复反射，即减弱室内的混响声；缩短混响声的延续时间，即混响时间。在连续噪声的情况下，这种减弱表现为室内噪声级的降低。对相邻房间传过来的声音，吸声材料也起吸收作用，相当于提高围护结构的隔声量。

（二）消声降噪

消声器是一种既能使气流通过又能有效地降低噪声的设备，主要用于降低各种空气动力设备的进出或沿管道传递的噪声。例如在内燃机、通风机、鼓风机、压缩机、燃气轮机以及各种高压、高气流排放的噪声控制中可广泛使用消声器。不同消声器的降噪原理不同，常用的消声技术有阻性消声、抗性消声、损耗型消声、扩散消声等。

消声器的优劣主要从三个方面衡量：消声器的消声性能（消声量和频谱特性）；消声器的空气动力性能（压力损失等）；消声器的结构性能（尺寸、价格、寿命、防火、防潮、防腐性能以及对洁净度要求等）。消声器的一般规律为：消声器的消声量越大，压力损失越大；消声量相同时，如果压力损失越小，消声器所占空间就越大。

（三）隔声降噪

把产生噪声的机器设备封闭在一个小的空间，使它与周围环境隔开，以减少噪声对环境的影响，这种做法叫作隔声。隔声屏障和隔声罩是主要的两种设计，其他隔声结构还有隔声室、隔声墙、隔声幕、隔声门等。

隔声材料要求减弱透射声能，阻挡声音的传播，它的材质应该是重而密实无孔隙或缝隙的，如钢板、铅板、砖墙等一类材料。

隔声处理着眼于隔绝噪声自声源的传播。因此，利用隔声材料或隔声构造隔绝噪声的效果比采用吸声材料的降噪效果要高得多。这说明，当一个噪声源可以被分隔时，应首先采用隔声措施；当声源无法隔开又需要降低室内噪声时，才采用吸声措施。

（四）减震降噪

机械运转时产生的振动会通过支承传递给基础和屋面结构,或者通过管道、管道的支承或吊架传递给屋面结构,使屋面结构产生微振动并导致二次结构噪声,以及屋面结构(梁、楼板、柱和墙体组成的结构)微振动导致的二次结构噪声,从楼板面和墙面等房屋结构向室内辐射产生噪声影响。

这一类噪声以低噪声为主,对设备及管道的减震、隔振是其主要治理手段。当机械噪声以结构传声为主时,均需进行隔振处理,如应对热泵整机、水泵、管道等进行隔振治理。

三、环境影响评价中噪声控制方案的一般原则

（一）采用低噪声设备

营业性、娱乐性声响器材的最高声压级应遵守当地环保管理部门的规定,不得随意使用高音量声响器材;建设项目中,拟采用的生产、经营活动中的各类机械设备、装置、设施等,在设备选型时应考虑选用低噪声、低振动型,以从源头降低噪声。

（二）噪声源与保护目标、敏感目标的距离

建设项目的总图布置设计中,各类噪声源应尽量与保护目标、敏感目标有一定的距离间隔,这样可以减少降噪技术难度和费用。

（三）采用适用的噪声控制措施

通常,各类机械设备、流体动力设备和流体运动的噪声,仅仅依靠距离间隔不足以消除对周边环境的影响,因此需要采取各种降噪技术措施。各种吸声、消声、隔声和减震的量与采用的材料、结构和使用条件有很大关系,可以通过查询有关产品样本得到,再根据需要的降噪量和相关条件采用。

降噪相关条件指噪声源的运行状态、运行条件(温度、湿度、气体含尘量、腐蚀条件等)、操作条件、维护要求等。降噪方式、材料和结构的选型受这些相关条件的影响,只有综合考虑才能得到理想的降噪效果。

第五节 固体废物污染控制技术

固体废弃物指人类在生产、消费、生活和其他活动中产生的固态、半固态废弃物质,主要包括固体颗粒、垃圾、炉渣、污泥、破损器皿、残次品、动物尸体、变质食品、人畜粪便等。

工业固体废弃物是指工业生产过程中产生的固体和浆状废弃物,包括生产过程中排出的不合格的产品、副产物、废催化剂、废溶剂、蒸馏残液以及废水处理产生的污泥。工业固体废弃物的性质、数量、毒性与原料路线、生产工艺和操作条件有很大关系。

按照化学性质进行分类,工业固体废弃物分为无机废物和有机废物。无机废物种类繁多,如铬渣、氢氧化钙类废渣、无机盐类废渣等;有机废物大多是高浓度有机废物,其特点是组成复杂,有些具有毒性、易燃性和爆炸性,其排放量一般较无机废物小。

根据固体废弃物对人体和环境的危害程度不同,通常又将固体废弃物分为一般工业废物和危险废物。《中华人民共和国固体废物污染环境防治法》规定,凡列入《国家危险废物名录》或根据国家规定的危险废物鉴别标准和鉴别方法判定的,有危险特性的废物均属于危险废物。危险废物具有腐蚀性、急性毒性、浸出毒性、反应性、传染性、放射性等一种及一种以上的危害特性。一般工业废渣指对人体健康和环境危害较小的固体废物。未列入危废名录的,可以依据《固体废物鉴别标准通则》、危险废物鉴别标准等进行鉴别。

一、固体废物污染控制原则

《中华人民共和国固体废物污染环境防治法》确定了固体废物污染防治的原则为减量化、资源化、无害化。

所谓减量化,是指通过清洁生产,改进生产工艺、设备、过程控制以及加强管理等,降低原料、能源的消耗量,最大限度地减少生产过程中固体废物产生量。

所谓资源化,是指通过综合利用,将有利用价值的固体废物变废为宝,实现资源的再循环利用。

所谓无害化,是指对无利用价值或在当前技术水平下暂无法利用的固体废物进行最终安全处置。最终安全处置的方法主要是焚烧和填埋,应在严格的管理控制下,按照特定要求进行,以减少对环境的危害性。

二、生活垃圾处置和利用技术

(一) 生物填埋法

填埋是一种将废物放置或储存在环境中,使其与周围环境隔绝的处置方法。

对生活垃圾来说,通过发酵式填埋处理不但可以消除其污染,还可以回收能量,是一种很有发展前途的处理方法。对某些一般废物,填埋可以是暂时的储存手段,以待今后技术发展后再进一步利用其中的有用成分,如稀土化学品生产中产生的酸溶渣等。对于危险废物,填埋是在对其进行各种处理后的最终处置措施,目的是阻断废物同环境的联系,使其不再对环境和人体健康造成危害。

应在陆地或山谷填埋有害废渣。填埋场选址应远离居民区,场区应有良好的水文地质条件;填埋场要设计可靠的浸出液和雨水收集及控制系统,为防止废渣浸出液对地下水和地表水的污染;填埋场应设计不渗透或低渗透层。对两种或两种以上废物混合堆埋时,要考虑废渣的相容性,防止不同废物间发生反应、燃烧、爆炸或产生有害气体。

一个完整的填埋场应包括以下系统:废物预处理系统,填埋坑、渗沥液收集处理系统,最终覆盖层,集、排气及处理系统,雨水排放系统,防尘洒水系统,监测系统和管理系统等。预处理设施包括临时堆放场、分拣破碎、固化、稳定化、养护等。填埋坑是填埋场的核心设施,应有足够的填埋容量,应根据天然基础层的地质情况分别采用天然材料衬层、复合衬层或双层人工材料衬层,以保证防渗要求。

(二) 生活垃圾焚烧发电技术

生活垃圾焚烧发电是生活垃圾资源化和处置方法清洁化的新技术。一个完整的生活垃圾焚烧与热转化产物回收系统,通常包括垃圾的预处理与贮存、进料系统,燃料供给系统,燃烧室,尾气排放与污染控制系统,重金属回收系统,排渣系统,控制系统,能量回收系统等九个支系统,分述如下。

1. 垃圾的预处理与贮存

进入焚烧系统的生活垃圾中不可燃成分不应高于 5%,粒度应小而均匀,含水率应降低到 15% 以下,不含有害物质,因此需要对垃圾进行拣选、破碎、分选、脱水与干燥等工序的预处理。垃圾分拣的另一个作用是回收其中的有用物质,如块状金属、塑料等。

2. 进料系统

焚烧炉进料系统分为间歇与连续两种。连续进料的炉容量大、燃烧带温度高、易于控制,所以现代大型焚烧炉均采用连续进料方式。

3. 燃料供给系统

燃料供给系统为焚烧系统在开始阶段和处理热值较低的废物时提供能量。

4. 燃烧室

燃烧室是固体废物焚烧系统的核心,由炉膛与空气供应系统组成。炉膛结构由耐火材料砌筑或水管壁构成,有单室方型、多室型、垂直循环型、复式方型与旋转窑等多种构型。

5. 尾气排放与污染控制系统

尾气排放与污染控制系统包括烟气通道、废气净化设施与烟囱。焚烧过程产生的主要污染物是粉尘与恶臭、氮、硫的氧化物等。粉尘污染控制的常用设施是旋风分离器、袋式除尘器、静电除尘器等。尾气通过除尘设备,含尘量可达到国家允许排放废气的标准。氮氧化物可经催化转化成氮气排放。恶臭的控制目前尚无十分有效的方法,只能根据某种气味的成分,进行适当的物理与化学处理措施,减轻排出废气的异味。

烟囱的作用一是建立焚烧炉中的负压,使助燃空气能顺利通过燃烧带;二是将燃后的废气由顶口排入高空大气,使剩余的污染物、臭味与热量通过高空大气稀释扩散作用减少对环境的危害。

6. 重金属回收系统

烟气中的金属氧化物微尘经酸洗涤后用离子交换法回收重金属,确保不对环境造成危害。

7. 排渣系统

对燃尽之灰渣,通过排渣系统及时排出,保证焚烧炉正常操作。排渣系统是由移动炉膛、通道与履带相连的水槽组成。灰渣在移动炉膛上由重力作用经过通道,落入贮渣室水槽,经水淬冷却的灰渣,由传送带输送至渣斗,用车辆运走,或以水力冲击设施将湿渣冲至炉外运走。

8. 控制系统

为了保证焚烧系统能够安全稳定地运行,现代焚烧系统均带有完整的控制连锁系统。烟道气的压力和温度是主要的控制点,可以通过设定焚烧系统中的温度和压力值来连锁废物进料、燃料供给、风机供风量、系统的负压值等。控制系统还包括收尘系统监测控制、烟气污染物浓度指示与警报系统。

9. 能量回收系统

回收垃圾焚烧系统的热资源是建立垃圾焚烧系统的主要目的之一。据统计,焚烧 1kg 生活垃圾(经处理分选后),可产生 0.5kg 蒸汽。焚烧炉热回收系统有三种方式:与锅炉合建焚烧系统,锅炉设在燃烧室后部,使热转化为蒸汽回收利用;利用水墙式焚烧炉结构生成蒸汽回收利用;将加工后的垃圾与燃料按比例混合作为大型发电站锅炉的混合燃料。

三、工业固体废弃物处理和利用技术

(一)化学处理法

化学处理法是根据废物的种类、性质采用诸如化学焙烧、中和、转化、氧化还原、化学沉淀等处理方法,提取固体废弃物中有用成分或将废物中某成分转化为另一种形式加以回收利用的方法。

焙烧实质上是热分解或氧化还原反应,其目的是将废物中的有用成分转化为易于浸取的形式,同时经焙烧可分解一部分无用组分,缩小体积。焙烧后的废物以适当的浸取液可浸取出所含有用成分,有些废物可直接浸取不需要焙烧。浸取液以化学沉淀、离子交换、吸附、膜分离等方法将有用成分与其他组分分离,再经精制得到成品。焙烧所产生的烟气中若有有害成分,也应当加以处理。

固体废弃物化学处理工艺设计的内容包括处理流程设计、各处理单元工艺计算、设备选型等。化学沉淀、化学转化等单元按有化学反应的反应器的计算方法进行工艺计算和设备选型;离子交换、吸附、膜分离、过滤、蒸发、蒸馏以及烟气处理的吸收、除尘等单元可按各自的计算方法进行工艺计算和设备选型。

(二)焚烧处理方法

焚烧法是一种高温热处理技术,即将一定的过剩空气量与被处理的有机废物在焚烧炉内进行氧化分解反应,废物中的有毒有害物质在高温中氧化、热解而被破坏。焚烧处置的特点是可以实现无害化、减量化、资源化。焚烧的主要目的是尽可能焚毁废物,使被焚烧的物质变成无害和最大限度地减容,并尽量减少新的污染物质的产生,避免造成二次污染。焚烧不但可以处置城市垃圾和一般工业废物,而且可以用于处置危险废物。

焚烧处理法主要用于处理有机废物。有机物经高温氧化可分解为二氧化碳和水蒸气,并产生灰分。对于含氮、硫、磷和卤素等元素的有机物,经焚烧后还产生相应的氮氧化物、二氧化硫、五氧化二磷以及卤化氢等。焚烧处理法效果好、解毒彻底、占地少、对环境影响较小,但焚烧处理法设备结构复杂、操作费用大,焚烧过程中产生的废气和废渣需进一步处理。

焚烧炉炉型很多,目前主要有旋转炉、流化床炉、固定床炉、液体注入炉等,也有使用工业锅炉和水泥窑焚烧废物的。

流化床炉体积小、占地少,如果被烧物有足够的热值,运转正常后不需添加辅助燃料,适合处理低灰分、低水分、颗粒小的废物;液体注入炉用于处理工业废液,不适合处理固态物;固定床炉结构简单、投资小,适用于小处理量,该种炉因不易翻动炉中的废物,导致燃烧不够充分,加料出料较麻烦,目前已较少使用;旋转炉用于处理固体、半固体和液体废物,该型炉炉体沿轴向倾斜,工作时缓慢旋转,可使燃烧的废物不断沿轴向下移并被翻动,能使废物燃烧充分,有害成分的破坏率达 99.99%。

适用于不同形态的焚烧炉类型比较如表 11.11 所示。

表 11.11　适用于不同形态的焚烧炉类型比较

废物状态		液体注入炉	回转炉	固定床炉	流化床炉
固体	粒状		√	√	√
	不规则、松散型		√	√	√
	废物(焦油等)	√	√	√	
	低熔点粉尘组分的有机化合物		√		
	未加工的大体积松散物		√		
液体	高浓度有机化合物液体	√	√		
	有机化合物液体	√	√		
固体或液体	含卤代芳烃的废物	√	√		√
	含水有机污泥		√		

焚烧法需特别关注的问题是要防止产生二噁英污染。按卤素取代物的不同,二噁英分为氯代、溴代和氟代二噁英,其中,氯代二噁英是由两大类组成的有毒物质。一类是多氯二苯并二噁英,按氯在苯环上的取代位置不同有 75 种被关注的同系物。其中 2,3,7,8-四氯-苯并二噁英毒性最大,相当于氰化钾的 1 000 余倍;另一类是多氯二苯并呋喃,按氯在苯环上的取代位置不同有 135 种被关注的同系物。因此,通常所说的二噁英共包含了两类 210 种。二噁英类物质的毒性以毒性当量 TEF 表示,2,3,7,8-四氯-苯并二噁英的毒性当量系数 TEF 为 1,其余二噁英类物质与其相比较,得出各自的毒性。

含碳、含氯类物质在 200～400℃下容易生成二噁英类。在 750℃以上,二噁英类完全分解。因此在焚烧时要特别注意焚烧后应快速冷却,避免烟气中某些物质生成二噁英。

危险固废焚烧炉的炉膛温度、停留时间、焚毁去除率、排放尾气的相关因子应符合《危险废物焚烧污染控制标准》(GB 18484—2001)的规定。

(三) 生物处理法

有机废物中的石机物在微生物作用下,会发生生物化学反应而降解,形成一种类似腐殖土土壤的物质,可用作肥料并改良土壤。填埋时由于微生物的分解作用可以产生大量的甲烷,因此还可以回收能源。

1. 安全填埋方法

安全填埋是一种把危险废物放置或贮存在环境中,使其与环境隔绝的处置方法,也是对其经过各种方式的处理之后所采取的最终处置措施,目的是割断废物和环境的联系,使其不再对环境和人体健康造成危害。所以,是否能阻断废物和环境的联系便是填埋处置成功与否的关键,也是安全填埋潜在风险之所在。

一个完整的安全填埋场应包括废物接收与贮存系统、分析监测系统、预处理系统、防渗系统、渗滤液集排水系统、雨水及地下水集排水系统、渗滤液处理系统、渗滤液监测系统、管理系统和公用工程等。

2. 固化

所谓固化,是使用固化剂通过物理和化学作用将有害废物包裹在固体本体中,以降低或消除有害成分的流失。常用的固化剂包括水泥、沥青、热塑性物质、玻璃、石灰等。本方法常用于处理含有重金属和浓度过高的有毒废渣、放射性废物等。固化后的废物再进行填埋处理。

3. 脱水

脱水处理常用于生化污泥的减量化处理。生化处理产生的剩余活性污泥、沉淀渣和气浮浮渣通常含水量在99.8%以上,体积庞大,因此为了便于处置,应当对其进行脱水处理,使其体积缩小至原来的2%～5%,以减少占地面积,降低处置费用。常用的脱水设备有板框压滤机、真空转鼓脱水机、带式压滤机、卧式螺旋离心机等。可按污泥的含油浓度、含水量、处理量和处理后指标等进行设备选型,并应选择适当的药剂。

4. 危险废物的收集、贮存及运输

由于危险废物固有的属性包括化学反应性、毒性、腐蚀性、传染性或其他特性,可对人类健康或环境产生危害,因此,在其收、存及转运期间必须注意进行不同于一般废物的特殊管理。

符合要求的工厂危险废物暂存场所由砌筑的防火墙及铺设有混凝土地面并进行了防腐处理的具有防雨、防火、防渗、防漏的库房式构筑物所组成。室内应保证空气流通,以防具有毒性和爆炸性的气体积聚而发生危险。收进的废物应翔实登记其类型和数量,并应按不同性质分别妥善存放。

四、环境影响评价中固体废弃物处置方案

(一)提高资源化

各类固体废弃物首先应考虑资源化,即通过厂内、区域和固废处理中心等方式,使生活和生产过程中产生的固体废弃物得到综合利用。实现资源化重要的一点是各类固废应分类收集、分类暂存、分类利用,在环境影响评价中应提出明确的技术措施和管理要求。

(二)不产生二次污染

由于某些固体废弃物组分的不确定性,采用填埋法处理这些固体废弃物时,易造成对地下水、土壤的污染;采用焚烧法时则可能因在高温条件下发生某些化学反应产生新的污染物,如二噁英等,因此,在环境影响评价中应通过物料平衡分析,给出各类固体废弃物的组分,根据其物理化学性质,在综合利用的基础上,提出妥善的最终处置方案。

一些工业副产物中常含有各种无机、有机污染物甚至有毒有害物质,应通过物料平衡分析,给出其中各种污染物组分及含量,当其中污染物组分有可能在这些副产品综合利用过程中形成二次污染或污染物多介质转移时,应提出必要的净化措施,并应明确最终出售的副产品中各种污染物组分的浓度控制要求。

（三）处置方法的经济性

固体废弃物的最终处置方法如安全填埋、焚烧等方法，其处置费用均较高，因此，对于各类固体废弃物首先考虑资源化的原因之一就是为了减少最终处置费用，避免建设项目在投运后产生经济性障碍。

第六节　污染防治措施的技术经济可行性论证

一、污染防治措施的技术可行性论证

各类污染防治措施的技术可行性论证可以从以下几个方面进行论证：处理能力、污染源中各污染因子的达标可靠性、处理后污染源组分的复杂性变化、污染物排放总量指标以及是否可能形成二次污染等。

（一）处理能力

由于环境影响评价中工程分析属于预测性核算，实际项目投运后，情况随时可能发生较大变化，因此，各项拟定污染防治措施的处理能力均应有足够的裕量，一般为15％～20％。

（二）处理流程表述

当项目存在多个废气源时，常常会采取同类污染物合并处理，同一车间的达标尾气合并排气筒排放的措施。为了清楚地说明废气污染源、处理设施和排气筒之间的关系，需要给出项目的废气收集—处理系统图。

同样，当项目存在多个废水源，需要采取分质处理时，为了清楚地说明污染源和处理流程之间的关系，需要给出项目的废水处理系统图。

在项目废气收集—处理系统图的基础上，逐套给出废气处理设施的工艺流程图、主要工艺及设备参数、预期处理效果、运行费用估算等内容。

（三）污染源中各污染因子的达标可靠性

对于一个污染源来说，经过一个处理流程，其中的各污染因子包括特征污染因子均可以稳定地达到一定的排放标准，是基本的技术指标。应当通过对处理工艺流程中各工艺单元预期处理效率分析，得到整个流程对于各污染因子的总去除效率，验证其是否能保证各污染因子均可稳定地达到排放标准。考虑到采样、分析等误差，处理流程对于各污染因子的总去除效率应留有15％～20％的裕量。

为说明对各污染因子的处理效果，需按工艺流程给出各单元对各污染因子的预期处理率。

在论证处理工艺流程的达标可靠性时，应当采用技术措施，防止采用稀释的方法降低处理设施进口浓度，以达到处理设施出口"达标"的目的。

（四）处理后污染源组分的复杂性变化

理论上，经过一个处理工艺流程，污染源中的污染物种类应当减少，有机物从复杂大

分子降解为简单小分子甚至矿化成无机物,即经过处理流程后,污染源中组分应当趋于简单。如果经过一个处理流程,反而给污染源中带进较多新的化学物质,特别是带进有毒有害物质、大分子、难降解有机物,说明该工艺为非先进工艺。

(五)次生污染物的处理处置可行性

很多"三废"处理过程会产生次生污染物,如废水蒸发析盐产生的废盐渣、氧化钙沉淀法处理重金属废水时产生的重金属—氢氧化钙共沉淀渣、吸附法产生的高浓度脱附液等。因此,拟采用这类"三废"处理方法时,需充分考虑次生污染物的综合利用或妥善处置问题。

(六)污染物排放总量指标

对于污染防治措施,其技术先进性的考核标准之一是产生的污染物的实际消减率,即建设项目由工程分析核定的各类污染物产生量,以拟定污染防治措施的设计去除率被消减,而不是通过大量配水、加大排气量后的虚拟"浓度达标排放"。例如,某项目工程分析核定其 COD 产生量为 100t/a,其拟定废水处理流程的总 COD 浓度去除率为 95%,即理论上 COD 排放量仅为 5t/a,由于废水中有难降解物质,进行了 2 倍配水,在拟定废水处理流程的总 COD 浓度去除率不变的情况下,COD 排放量将达到 15t/a,COD 实际处理率仅 85%,工程效率为 85/95,即 89.5%。

(七)污染控制措施有效性评估方法

分析论证拟采取措施的技术可行性、经济合理性、长期稳定运行和达标排放的可靠性、满足环境质量改善和排污许可要求的可行性、生态保护和恢复效果的可达性。各类措施的有效性判定应以同类或相同措施的实际运行效果为依据。没有实际运行经验的,可提供工程化实验数据,特别是大气污染物控制设施,其实际运行效果,需按明确生产工况条件和参数(产品种类、单位时间生产量等)下的进、出口监测数据(标态气量差不大于5%、综合性指标及特征因子的排放限值、行业排放标准的净化率要求、行业排放标准的基准排气量浓度或焚烧法的基准含氧量浓度对标等)进行评估。

二、污染防治措施的经济可行性论证

污染防治措施的经济可行性论证主要从投资匡算和运行费用估算两个方面进行。

(一)投资匡算

污染防治措施的投资匡算内容分工程直接费用和间接费用两大部分。直接费用是指设备、水工构筑物、建筑物、绿化、厂区内污水管网、界区内道路、管道、地坪、设备基础、安装费、运输费等;间接费用是指技术费、设计费、调试费等。

在设备和水工构筑物选型计算完成后,即可通过询价从制造商处获取设备、器材、管道管件、电气仪表等的价格;非标准设备可在完成设计图纸后请制造商估价;水体构筑物按池体、构件、配件、附属设备、防腐处理等分别进行造价估算;池体造价通常根据砖壁、砼结构等不同结构按每立方米池容积估价;构件、配件、附属设备等可按设计图纸或选型进行询价。

各类污染防治措施的投资在建设项目总投资中应占一定比例,通常合理比例为 3%～10%。污染物产生极少的建设项目污染防治措施投资所占比例可以较小,而某些建设项目如精细化工类,其单位产品产污系数相对较高,但其利润也较高,这类项目污染防治措施投资占项目总投资的比例往往会高于 10%。因此,污染防治措施的投资在建设项目总投资中的比例应根据建设项目的具体情况确定,过低难以保证污染防治措施达到预期效果,过高则增大投运后的运行费用,可能影响项目的正常投运。

(二)运行费用估算

从某种角度说,污染防治措施的运行费用更值得关注。运行费用过高,建设项目投运后无法承受,将严重影响污染防治设施的正常运行,因此,较为正确地估算出污染防治措施的运行费用,是污染防治措施的技术、经济可行性论证不可或缺的一部分。

污染防治措施运行时,需要根据各种原辅材料(药剂)、水、电、蒸汽、压缩空气费用、人员工资、设备及构筑物折旧费用、维护费用等,最终计算给出吨产品污染治理费用或单位数量的污染物处理成本。运行费用的构成可用下列公式表述:

$$运行费用 = 原辅材料(药剂)费 + 水、电、蒸汽、压缩空气费用等$$
$$+ 人员工资 + 设备及构筑物折旧费 + 维护费用$$

原辅材料(药剂)包括酸碱中和剂、混凝剂、沉淀剂、氧化还原剂、营养盐、消泡剂等。

在编制环境影响评价时通常无法进行实验,技术支持单位可能也不能提供详细的数据,这就需要编制人员估算单位废弃物的原辅材料(药剂)用量。其中,酸碱中和剂、营养盐等用量可以根据废弃物物性计算;沉淀剂、氧化还原剂等则可以根据对象物质的浓度以化学反应式计算;也可以根据处理同类污染物的文献资料类比得到。不管采用何种方法得到基础数据,需按下式给出计算过程:

$$原辅材料(药剂)费 = \sum(单位废弃物用量 \times 废弃物量) \times 单价$$

式中:废水的废弃物以立方米计,废气的废弃物量以万立方米计;单位废弃物用量是指处理每立方米废水所需的某种原辅材料(药剂)量或处理每万立方米废气所需的某种原辅材料(药剂)量。

水、电、蒸汽等费用的计算与原辅材料(药剂)费的计算方法类似,单价均以建设项目所在地当前市场价格计算;人员工资以建设项目平均工资和项目所在地相关政策确定。

设备折旧期通常以 8～10 年计算,厂房及水工构筑物通常以 15～20 年计算。

设备及水工构筑物维护费用可根据建设项目内部规定确定。

最终的运行费用单位,废水以"元/m^3"给出,废气以"元/万 m^3"给出,固体废弃物以"元/t"给出。

思 考 题

(1) 环境影响评价中污染防治措施技术经济可行性论证的作用和内容是什么?

(2) 工业废水处理流程设计基本原则有哪些?为何要强调分质处理?

(3) 如何估算污染防治措施的运行费用?

参 考 文 献

[1] 钱瑜.环境影响评价[M].南京：南京大学出版社,2020.

[2] 环境影响评价技术导则 总纲(HJ 2.1—2016)[S].

[3] 环境影响评价技术导则 地表水环境(HJ 2.3—2018)[S].

[4] 环境影响评价技术导则 地下水环境(HJ 610—2016)[S].

[5] 环境影响评价技术导则 大气环境(HJ 2.2—2018)[S].

[6] 环境影响评价技术导则 声环境(HJ 2.4—2009)[S].

[7] 环境影响评价技术导则 生态影响(HJ 19—2022)[S].

[8] 环境影响评价技术导则 土壤环境(试行)(HJ 964—2018)[S].

[9] 建设项目环境风险评价技术导则(HJ 169—2018)[S].

[10] 污染源源强核算技术指南 锅炉(HJ 991—2018)[S].

[11] 环境空气质量标准(GB 3095—2012)[S].

[12] 地表水环境质量标准(GB 3838—2002)[S].

[13] 声环境质量标准(GB 3096—2008)[S].

[14] 土壤环境质量 建设用地土壤污染风险管控标准(试行)(GB 36600—2018)[S].

[15] 土壤环境质量 农用地土壤污染风险管控标准(试行)(GB 15618—2018)[S].

[16] 污水综合排放标准(GB 8978—1996)[S].

[17] 大气污染物综合排放标准(GB 16297—1996)[S].

[18] 孔德娣.浅谈大气污染治理形势和存在问题及建议[J].皮革制作与环保科技,2022,3(20)：139-141.

[19] 李军艳,宋晓雨.城市大气污染与治理策略研究[J].环境与生活,2022(10)：90-93.

[20] 吴吉春,孙媛媛,徐红霞.地下水环境化学[M].北京：科学出版社,2021.

[21] 包存宽,陆雍森,尚金城.规划环境影响评价方法及实例[M].北京：科学出版社,2004.

[22] 蔡艳荣.环境影响评价[M].北京：中国环境科学出版社,2004.

[23] 陈晓宏.水环境评价与规划[M].广州：中山大学出版社,2007.

[24] 崔莉凤.环境影响评价和案例分析[M].北京：中国标准出版社,2005.

[25] 丁桑岚.环境评价概论[M].北京：化学工业出版社,2005.

[26] 郭静.大气污染控制工程[M].北京：化学工业出版社,2001.

[27] 郭廷忠,刘玉振,等.环境影响评价[M].北京：科学出版社,2007.

[28] 何燧源.环境化学[M].南京：华东理工大学出版社,2005.

[29] 蒋维楣,孙鉴泞,等.空气污染气象学教程[M].北京：气象出版社,2004.

[30] 蒋展鹏.环境工程学[M].2版.北京：高等教育出版社,2005.

[31] 李彦武,刘锋,段宁.环境影响后续评估机制的研究[J].环境科学研究,1997,10(1)：52-56.

[32] 李宗恺,潘云仙,等.空气污染气象学原理及应用[M].北京：气象出版社,1985.

[33] 柳劲松.环境生态学基础[M].北京：化学工业出版社,2003.

[34] 刘绮.环境质量评价[M].广州：华南理工大学出版社,2004.

[35] 陆书玉.环境影响评价[M].北京：高等教育出版社,2001.

[36] 毛文永.生态环境影响评价概论[M].北京：中国环境科学出版社,2003.

[37] 钱瑜.从瑞典交通项目案例看环境影响评价的分层[J].环境影响评价动态,2004(11)：14-16.

[38] 尚金城,包存宽.战略环境评价导论[M].北京：科学出版社,2003.

[39] 沈珍瑶.环境影响评价实用教程[M].北京：北师大出版社,2007.

［40］盛连喜.环境生态学导论[M].北京：高等教育出版社,2002.

［41］王金南.美国环保局的环境法规影响分析[J].环境科技,1992,12(2)：21-25.

［42］叶文虎.环境质量评价学[M].北京：高等教育出版社,1997.

［43］曾光明,钟政林,曾北危.环境风险评价中的不确定性问题[J].中国环境科学,1998,18(3)：252-255.

［44］张征,沈珍瑶,韩海荣,等.环境影响评价[M].北京：高等教育出版社,2004.

［45］朱世云,等.环境影响评价[M].北京：化学工业出版社,2007.

［46］庄国泰.我国土壤污染现状与防控策略[J].中国科学院院刊,2015,30(4)：477-483.

［47］周建军,周桔,冯仁国.我国土壤重金属污染现状及治理战略[J].中国科学院院刊,2014,29(3)：315-320.

［48］郭玲.土壤重金属污染的危害以及防治措施[J].中国资源综合利用,2018,36(1)：123-125.

［49］骆永明.中国污染场地修复的研究进展、问题与展望[J].环境监测管理与技术,2011,23(3)：1-6.

［50］林玉锁.我国土壤污染问题现状及防治措施分析[J].环境保护,2014,42(11)：39-41.

［51］邵明安.土壤物理学[M].北京：高等教育出版社,2006.

［52］方淑荣.环境科学概论[M].北京：清华大学出版社,2011.

［53］曲向荣.土壤环境学[M].北京：清华大学出版社,2010.